Volker und Cornelia Quaschning

ENERGIE-REVOLUTION
JETZT!

**Mobilität, Wohnen, grüner
Strom und Wasserstoff:
Was führt uns aus der
Klimakrise – und was nicht?**

Hanser

2. Auflage 2022

ISBN 978-3-446-27301-6
© 2022 Carl Hanser Verlag GmbH & Co. KG, München
Umschlag: Birgit Schweitzer, München
Motiv: © Professor Ed Hawkins (University of Reading), showyourstripes.info;
Malte Müller/Getty Images
Satz im Verlag
Druck und Bindung: GGP Media GmbH, Pößneck
Printed in Germany

Cradle to Cradle Certified® ist eine eingetragene Marke
des Cradle to Cradle Products Innovation Institute.

Mit diesem Buch unterstützen wir das Projekt
»Bäume pflanzen in Deutschland«

INHALT

VORWORT

Beginnen wir mit einer Alarmmeldung: Auf der Erde herrscht Alarm-stufe rot. Bekommen wir die Klimakrise nicht in den Griff, wird sie voraussichtlich unsere komplette Zivilisation zerstören. Diese fatale, von der Menschheit selbst verschuldete Entwicklung ist schwer zu er-tragen. Wir, Cornelia und Volker, versuchen schon seit über 30 Jahren im Rahmen unserer Möglichkeiten etwas gegen die zunehmenden Umwelt- und Klimakatastrophen zu unternehmen. In unserer Jugend prägten Themen wie Smog, Ozonloch, saurer Regen, Müllberge, Schutz der Regenwälder, Überfischung, atomare Risiken und auch schon die Anfänge der Klimakrise das Nachrichtengeschehen. Damals fingen wir an, uns im Umweltbereich zu engagieren, uns anders zu er-nähren, unseren Konsum, unsere Mobilität und unseren Energiebe-darf zu überdenken und, so gut es geht, zu verändern sowie mit ande-ren Menschen darüber zu diskutieren. Es waren oft hitzige Diskussio-nen, und einige Menschen wandten sich von uns ab. So haben wir gelernt, dass es gar nicht so einfach ist, andere zum Mitmachen zu ani-mieren, und mussten erst einmal akzeptieren, dass andere Menschen die Probleme einfach ignorierten. Wir hatten gehofft, dass mit der Zeit durch Wissensvermittlung die Notwendigkeit, unseren Lebens-stil zu verändern, besser verstanden wird und dass irgendwann einmal Rahmenbedingungen geschaffen werden, unter denen die notwendi-gen Veränderungen von allen leichter akzeptiert werden können. Eini-ge Umweltprobleme wie das Ozonloch haben wir tatsächlich in den Griff bekommen. Die existenzbedrohende Klimakrise aber verschärfte sich von Jahr zu Jahr, die Treibhausgasemissionen stiegen und stiegen.

Viel Zeit ist seitdem vergangen. Volker ist inzwischen Professor für Regenerative Energiesysteme. Wir haben drei Kinder bekommen. Genauso, wie wir es als Selbstverständlichkeit ansehen, ihre Grundbedürfnisse zu befriedigen, ihnen Liebe und Aufmerksamkeit zu schenken, zu verdammt vielen Elternabenden zu gehen, gefühlte Millionen Vokabeln mit ihnen zu pauken, genauso ist es für uns eine Selbstverständlichkeit, uns dafür einzusetzen, dass sie eine lebenswerte Zukunft haben. Deshalb sind Klimaschutz und Energierevolution wichtige Leitlinien in unserem Leben und bei unserem täglichen Handeln. Die Toleranz und das Verständnis für die viel zu langsamen Fortschritte im Klimaschutz schwinden bei uns immer mehr, wenn wir auf unsere Kinder schauen und miterleben, wie verzweifelt und manchmal schon resigniert sie sind, wenn sie an ihre Zukunft denken.

Warum gelingt es unserer Gesellschaft seit Jahrzehnten nicht, die nötigen Maßnahmen zu ergreifen, um die Krise in den Griff zu bekommen? Das ist eine gute Frage, die uns beschäftigt, seit wir zum ersten Mal von der Klimakrise gehört haben. »Das ist eine gute Frage«, lautet darum auch der Titel unseres Podcasts, in dem wir seit 2020 regelmäßig Themen zur Energierevolution und Klimakrise aufgreifen. Wir waren selber vom Erfolg des Podcasts überrascht. Einzelne Folgen erreichten mehr als 50 000 Aufrufe. Immer wieder wurden wir angesprochen, ob es Transkripte zum Nachlesen gibt. Transkripte von gesprochenen Texten bieten aber nur selten wirklichen Lesegenuss – zu unterschiedlich sind das gesprochene und das geschriebene Wort. Darum haben wir uns entschieden, die wichtigsten Folgen unseres Podcasts in Buchform zu bringen. Für dieses Buch haben wir die wichtigsten Themen ausgewählt und um zahlreiche Fakten, neue Inhalte sowie informative Grafiken ergänzt. Auch treue Hörer:innen unseres Podcasts werden also sehr viel Neues entdecken können.

Achtung, der letzte Satz enthielt einen Doppelpunkt und dieser auch gleich wieder einen, werden Gegner:innen der gendergerechten Sprache jetzt denken. Wir werden in diesem Buch konsequent geschlechtsneutrale Formulierungen benutzen, beide Geschlechter ansprechen und in einigen wenigen Fällen auch auf den Gender-Doppelpunkt zurückgreifen. Die vielen guten Gründe dafür haben wir in einer Extrafolge unseres Podcasts besprochen und werden sie hier nicht wiederholen. Wir machen das aus Respekt vor allen Menschen. Wir zwingen niemanden, unsere Schreibweise zu übernehmen. Wir möchten aber auch nicht gezwungen werden, auf die von uns gewählte Schreibweise zu verzichten.

Darum zurück zur immer schneller voranschreitenden Erderhitzung: Seit die junge Generation mit der Fridays-for-Future-Bewegung das Thema Klimakrise ins öffentliche Rampenlicht gerückt hat, ist einiges in Bewegung geraten. Keine ernst zu nehmende politische Partei und kein Unternehmen kann sich heute noch eine negative Kommunikation beim Thema Klimaschutz erlauben. Wir werden mit Klimaschutzversprechungen und grünen Werbebotschaften geradezu überhäuft. Doch bei der Umsetzung der nötigen Maßnahmen tun sich alle immer noch extrem schwer. Fast nirgendwo klaffen Anspruch und Wirklichkeit so weit auseinander wie beim Klimaschutz. Leider benutzen Journalist:innen und Politiker:innen bei diesem Thema sehr häufig Wörter wie Verzicht, Verbot, Arbeitsplatzverlust und Wirtschaftskrise. Wir brauchen aber Entscheider:innen mit Visionen, die im Klimaschutz die echte Chance sehen und diese auch mit Überzeugung kommunizieren.

Deshalb wollen wir mit diesem Buch einen wichtigen Baustein für die Klimadebatte liefern und vor allem Fakten präsentieren. Wir wollen zeigen, wie ernst es um die Lebensgrundlagen der künftigen Generationen bestellt ist. Das Verfallen in eine Despression, Angst, Verdrängung oder Verleugnen der Probleme sind aber die falschen Reaktionen auf die Bedrohung. Noch haben wir es selbst in der Hand, die schlimmsten Folgen der Klimakrise zu verhindern. Ein bisschen Pillepalle-Klimaschutz mit einer lauwarmen Energiewende reicht dazu aber nicht mehr aus. Die Zeit dafür haben wir verspielt. Jetzt brauchen wir mutige und visionäre Politikerinnen und Politiker, die die nötigen Rahmenbedingungen für eine echte Energierevolution setzen, sowie engagierte Bürgerinnen und Bürger, die Lust auf positive Veränderungen haben.

Dieses Buch ist während des letzten Bundestagswahlkampfes entstanden. Die letzten Monate haben gezeigt, dass bei der aktuellen Klimaschutzdiskussion viel in Bewegung geraten ist. Trotzdem hat keine der großen Parteien im Wahlkampf alle nötigen Maßnahmen zum Stoppen der Klimakrise gefordert. Die jetzige Bundesregierung ist die letzte, die noch das Einhalten des Pariser Klimaschutzabkommens erreichen kann. Aber auch bei ihr klaffen Anspruch und Wirklichkeit auseinander. Wenn jedoch der Druck der Bevölkerung, wirksame Klimaschutzmaßnahmen zu ergreifen, weiter steigt, können wir gemeinsam doch noch den Weg zum Erfolg einschlagen. Dazu müssen wir uns alle im Rahmen unserer Möglichkeiten für den Klimaschutz engagieren. Wir werden in diesem Buch für die wichtigsten Bereiche der Energierevolution erläutern, was getan werden muss. Damit möchten wir auch wichtige Argumente für die private und öffentliche Klimaschutzdiskussion liefern.

Echter, ambitionierter Klimaschutz bedeutet für uns Veränderung – Veränderungen, die uns in eine bessere Welt führen. Wir reden von einer Welt, die schöner, leiser, grüner, gesünder, stressfreier, nachhaltiger und gerechter sein wird. Durch eine kluge Energierevolution können wir schon sehr bald eine sichere, klimaneutrale Energieversorgung allein auf Basis preiswerter, erneuerbarer Energien aufbauen. Wir beenden damit auch die Abhängigkeit von fragwürdigen Ölförderländern, denen Menschenrechte oft wenig bedeuten. Wir brauchen so gut wie keine lärmenden und durch giftige Abgase krank machenden antiken Verbrennungsmaschinen oder -kraftwerke mehr. Wir werden in Städten eine viel höhere Lebensqualität genießen als heute. Mit dem Umbau unserer Energieversorgung schaffen wir unzählige neue, zukunftsfähige, sichere Arbeitsplätze – Arbeitsplätze, an denen man seine Tätigkeit mit der Gewissheit verrichten kann, damit auch einen wichtigen Beitrag für eine gute Zukunft unserer Kinder und Enkelkinder zu leisten. Es lohnt sich, aufzubrechen und den Weg in die neue bessere Zukunft zu gehen – einen Weg, den wir in diesem Buch mit allen wichtigen Schritten beschreiben. Lassen Sie uns den Weg gemeinsam gehen und dafür sorgen, dass die kommenden Generationen noch eine Zukunft haben.

Berlin, im September 2021

Cornelia und Volker Quaschning

IST DIE WELT ÜBERHAUPT
NOCH ZU RETTEN?

Mit den immer schneller sichtbar werdenden Klimaveränderungen, spätestens aber seit die junge Generation mit der Fridays-for-Future-Bewegung ihre Rechte einfordert, kann die breite Öffentlichkeit nicht mehr die Augen vor der immer bedrohlicheren Klimakrise verschließen. Doch auf Bedrohungen reagieren Menschen ganz unterschiedlich. Einige versuchen sie zu ignorieren und wegzuleugnen, andere verfallen in Panik oder gar Lethargie, und nur wenige schaffen es, ganz nüchtern das Nötige zu tun. Für viele Menschen drängen sich Fragen auf wie »Gibt es überhaupt eine Klimakrise?«, und wenn ja, »Ist die Welt überhaupt noch zu retten?«, »Wie kommen wir aus der Klimakrise?«, »Welchen Beitrag kann ich leisten?«, »Reicht die Zeit dafür überhaupt noch aus?« oder »Ist das alles am Ende nicht einfach nur Panikmache und reine Klimahysterie?«. Wir werden in diesem Buch diese Fragezeichen aus der Welt schaffen, Lösungen aufzeigen und Argumente für die leider immer noch nötige Überzeugungsarbeit liefern. Beginnen wir hier mit der ersten Frage.

Gleich einmal vorab: Wären wir der Meinung, dass die Welt nicht mehr zu retten ist, hätten wir dieses Buch nicht geschrieben. Stattdessen hätten wir vermutlich einen Ratgeber über »Zehn Dinge, die Sie vor dem Weltuntergang noch unbedingt erledigen müssen« verfasst. Aber wir müssen nun endlich mal die Ärmel hochkrempeln. Einfach nur die Augen zuhalten oder auf rettende Erfindungen hoffen hilft gegen die Klimakrise gar nichts. Querschüsse von Menschen, die die Klimakrise nicht ernst nehmen, verharmlosen oder sogar völlig ignorieren, sind ebenfalls kontraproduktiv.

Das Wort »Klimahysterie« wurde 2019 völlig berechtigt zum Unwort des Jahres gewählt. In ihrer Pressemitteilung schreibt die Jury vom Unwort des Jahres (2020): »Das Wort Klimahysterie pathologisiert pauschal das zunehmende Engagement für den Klimaschutz als eine Art kollektiver Psychose. Vor dem Hintergrund wissenschaftlicher Erkenntnisse zum Klimawandel ist das Wort zudem irreführend und stützt in unverantwortlicher Weise wissenschaftsfeindliche Tendenzen.« Über die Diffamierung der Klimaschutzbewegung gibt es schon viele Bücher. Ein weiteres braucht es nicht. Wir schauen lieber nach vorne auf das, was getan werden muss, und wir werfen einen intensiven Blick auf Fakten. Denn die Fakten zur Klimakrise sprechen für sich.

Die Zeichen der Klimakrise

Der weltweite Temperaturanstieg seit Beginn der Messungen im Jahr 1880 liegt bei etwas über einem Grad Celsius, verteilt sich nicht gleichmäßig über den Globus. Das Meer absorbiert Wärme deutlich besser als das Land. In der Folge steigen die Temperaturen über den Ozeanen langsamer und über Land dadurch deutlich schneller. In Deutschland sind die Temperaturen schon um 1,6 Grad Celsius angestiegen, und es gibt sogar Gebiete in der Arktis, in denen der Temperaturanstieg schon mehr als zwei Grad Celsius ausmacht. Dass sich das Klima in Deutschland verändert hat, kann die mittlere und ältere Generation aus eigener Erfahrung bestätigen. Vor einigen Jahrzehnten waren die Winter in der Regel strenger, es gab mehr Schnee, es regnete häufiger, und es gab im Sommer viel seltener Hitzewellen. Die Vegetationsperioden haben sich verschoben, und Gartenbesitzer müssen immer häufiger gießen, um das Grün vor der Haustür vor dem Vertrocknen zu bewahren.

Auf den ersten Blick mag ein Anstieg von etwa einem Grad Celsius gar nicht so dramatisch erscheinen. Für unseren Alltag ist es ziemlich egal, ob wir draußen acht oder neun Grad Celsius haben. Wir werden immer die gleiche Jacke mitnehmen. Doch bei der aktuellen Temperatur draußen geht es um das Wetter, nicht um das Klima. Diesen Unterschied haben einige Menschen noch nicht verstanden. So twitterte der ehemalige US-Präsent Donald Trump im Jahr 2014: »Es ist Ende Juli und echt kalt draußen in New York. Wo zum Teufel ist die Erderwärmung? Wir brauchen dringend was davon.« Aber Trump war schon immer ein Freund alternativer Fakten und wollte auch die Coronapandemie durch Injektion von Desinfektionsmitteln bekämpfen.

Bleiben wir bei den echten Fakten. Unter dem Weltklima verstehen wir den weltweiten Durchschnitt des Wetters und damit auch der Temperatur über längere Zeiträume hinweg. Zwischen den Mittelwerten der Temperatur einzelner Jahre beträgt der Unterschied immer nur einige Zehntelgrad Celsius. Über längere Zeiträume kommt es zu kleinen Abweichungen, nach oben wie nach unten. Doch in den vergangenen vier Jahrzehnten kannte der gleitende Durchschnitt der Temperatur nur eine Richtung: steil nach oben. Laut NASA (2021) lagen die 19 wärmsten Jahre dieser Zeitspanne alle nach dem Jahr 2000.

>»Die 19 wärmsten Jahre lagen alle nach dem Jahr 2000.«*

Die ganze Dramatik zeigt sich beim Vergleich des aktuellen Temperaturanstiegs mit dem seit der letzten Eiszeit. Die systematische Erfassung von Wetterdaten begann in Deutschland vor etwa 300 Jahren. Weltweite Messungen liegen für die letzten 170 Jahre vor. Mit Hilfe der Wissenschaft haben wir aber die Möglichkeit, die Klimageschichte noch viel weiter zurückzuverfolgen. In der Arktis und Antarktis sind im ewigen Eis die Niederschläge der letzten Jahrhunderttausende gespeichert. Eisbohrkerne erlauben einen Blick in die Vergangenheit. Je tiefer wir bohren, desto älter ist das Eis. Lufteinschlüsse zeigen, wie sich damals die Atmosphäre zusammengesetzt hat, und über eine Analyse von Sauerstoffisotopen lässt sich sogar die Temperatur rekonstruieren.

In unserer Vorstellung lag die Temperatur während der letzten Eiszeit um zehn oder 20 Grad Celsius niedriger als heute. An einigen Extremorten mag das sogar der Fall gewesen sein. Doch die Rekonstruktion des weltweiten Mittels zeigt, dass vor 20 000 Jahren die Temperaturen gerade einmal um drei bis vier Grad Celsius unter dem Mittelwert von 1951 bis 1980 lagen (Bild 1).

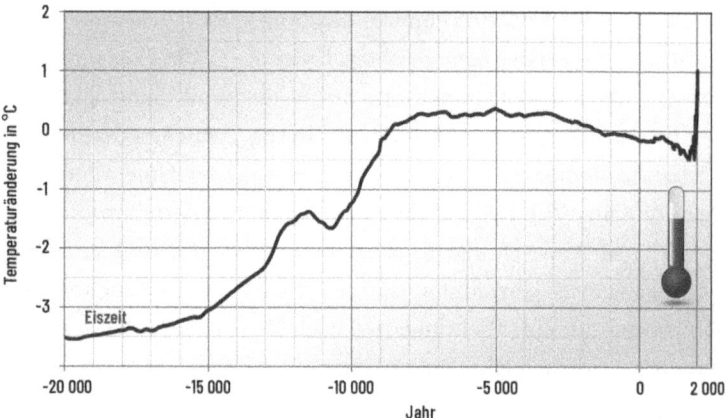

BILD 1 Temperaturänderung seit 20 000 v. Chr. bis 2020, Zeitraum von 1951 bis 1980 entspricht null (Daten: Marcott et al. [2013], Shakun et al. [2012], NASA [2021])

Vor 20 000 Jahren hatte die Eiszeit die Erde noch fest im Griff. Ganz Nordeuropa war von einem Eispanzer bedeckt. Niemand wäre damals auf die Idee gekommen, dort, wo heute Berlin steht, eine Stadt zu gründen. Die Eismassen waren hier weit über 100 Meter dick. Mammuts und Säbelzahntiger streiften über das Land, und die Meeresspiegel waren mehr als 100 Meter niedriger als heute. Die Erde war eine komplett andere. Eine Temperaturänderung um nur wenige Grad Celsius katapultiert unseren Planeten in einen komplett anderen klimatischen Zustand. Für alle Lebewesen sind solche Veränderungen immer dramatisch. Sie müssen sich neue Lebensräume suchen. Viele Arten schaffen die Anpassung an die neuen Temperaturen nicht und sterben aus.

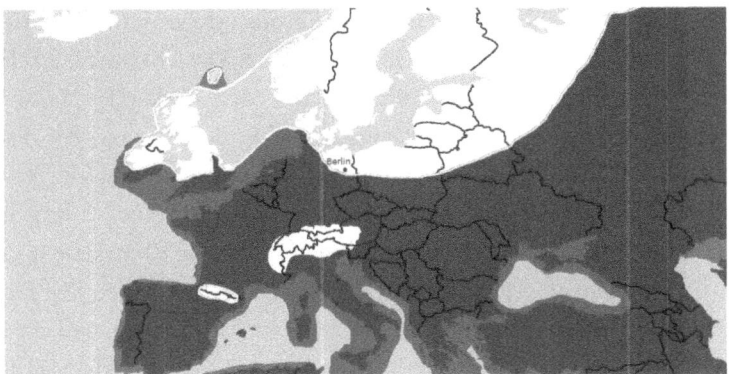

BILD 2 Europa um 20 000 v. Chr. bei einem Klima mit weltweiten Durchschnittstemperaturen von etwa vier Grad Celsius unter dem Zeitraum von 1951 bis 1980

Das unterstreicht die Dramatik des jüngsten Temperaturanstiegs. Ein Grad plus entspricht fast einem Drittel des Temperaturanstiegs seit dem Übergang der letzten Eiszeit zur heutigen Warmzeit – nur dass dieser Übergang rund 10 000 Jahre dauerte. Die heutige Erderhitzung erfolgt rund hundertmal schneller. Durch die Erwärmung um ein Grad Celsius nehmen Wetterextreme dramatisch zu, die Folgen der Klimakrise treten in einem Expresstempo zutage.

Im Jahr 2018 ist die Getreideernte in Deutschland infolge der Rekorddürre um 26 Prozent zurückgegangen. Die Schäden für die Landwirtschaft betrugen rund zwei Milliarden Euro. Im Mittelalter wäre eine katastrophale Hungersnot die Folge gewesen. Der Globalisierung sei Dank, haben wir davon praktisch nichts gemerkt. Weltweite Getreidevorräte konnten die Einbrüche ausgleichen. Doch ob das in Zukunft immer noch gelingen wird, ist ungewiss. Treffen Dürreperioden gleichzeitig mehrere Kornkammern der Erde, käme es zu weltweiten Nahrungsmittelengpässen und Verteilungskämpfen.

Im Jahr 2019 wurde mit 42,6 Grad Celsius der bisherige Temperaturrekord in Deutschland geradezu pulverisiert. 1952 lag der Rekord gerade einmal bei 39,6 Grad, 1983 bei 40 Grad Celsius. Vor allem für alte und kranke Menschen sind solche Extremtemperaturen lebensbedrohlich. Die Zahl der Todesopfer in Europa infolge der Hitzewelle des Jahres 2003 wird auf bis zu 70 000 geschätzt. Die Übersterblichkeit durch die Hitzewelle im August 2020 war nach Zahlen des Statistischen Bundesamts (2020) in Deutschland vergleichbar mit der der ersten Coronawelle im Frühjahr 2020. Wir registrieren solche Zusammenhänge aber häufig gar nicht. Denn während 2020 die Coronakrise die Nachrichten beherrschte, wurde über die Klimakrise und den Zusammenhang mit Hitzetoten recht wenig berichtet. Erst die Hochwasserkatastrophe im Sommer 2021 mit fast 200 Toten und über 30 Milliarden Euro an Schäden allein in Deutschland sowie die apokalyptischen Waldbrände in Südeuropa katapultierten die Klimakrise wieder in die Medien.

Im Jahr 2020 ist in der Gemeinde Lauenau im Landkreis Schaumburg während einer Hitzewelle sogar die Trinkwasserversorgung zusammengebrochen. Tankfahrzeuge der Feuerwehr mussten aushelfen. Wenn es nicht regnet, stirbt auch der Wald. 277 000 Hektar Wald wurden durch die Dürren der Jahre 2018 bis 2020 in Deutschland zerstört. Das entspricht der Fläche des Saarlandes. Selbst die deutsche Industrie bleibt von der Klimakrise nicht verschont. 2018 war die BASF eines der ersten DAX-Unternehmen, das wegen Dürre eine Gewinnwarnung herausgeben musste. Weil das Wasser im Rhein so niedrig war, konnten keine Rohstoffe mehr per Schiff transportiert werden. Produktions- und Lieferausfälle in Höhe von 250 Millionen Euro waren die Folge. Der Klimawandel trifft also am Ende auch diejenigen, die sich lange Zeit gegen wirksamen Klimaschutz gesperrt haben.

International sind die Entwicklungen noch besorgniserregender. Buschbrände vernichteten 2019/20 in Australien 126 000 Quadratkilometer Buschland. Das ist mehr als ein Drittel der Fläche Deutschlands. Über eine Milliarde Tiere kamen in den Flammen um, und über 400 Menschen starben. Im Jahr 2020 wurde mit 20,75 Grad Celsius auch eine neue Rekordtemperatur in der Antarktis gemessen. Im gleichen Jahr kletterte das Thermometer in Werchojansk in Sibirien auf 38 Grad Celsius. Noch nie war es so weit im Norden so heiß. Ein Jahr später gab es im sonst eher kühlen Kanada mit 49,5 Grad Celsius den nächsten extremen Temperaturrekord. Auch in der Arktis sorgten Rekordfeuer für die Zerstörung großer Waldflächen und die Freisetzung enormer Mengen an Kohlendioxid. Das arktische Meereis hat im Sommer bereits um 50 Prozent abgenommen. Der Nordpol wird irgendwann in naher Zukunft eisfrei sein. Vor 50 Jahren konnte man sich eine solche Entwicklung noch gar nicht vorstellen.

Die Ursachen der Klimakrise sind bekannt

Für den Übergang von der letzten Eiszeit zur heutigen Warmzeit machen Klimaskeptiker:innen Änderungen der Parameter der Erdbahn, der Meeresströmungen und der Sonnenaktivität verantwortlich. Nichts davon hat unser Klima in den letzten Jahrhunderten signifikant beeinflusst. Für die jüngste Erderhitzung ist ein einziges Lebewesen verantwortlich: der Mensch. Im alten Griechenland wurde der Mensch als *anthropos* bezeichnet. Darum heißt der vom Menschen verursachte Klimawandel auch anthropogener Treibhauseffekt.

Die Atmosphäre unserer Erde besteht zu über 78 Prozent aus Stickstoff, zu knapp 21 Prozent aus Sauerstoff, zu rund einem Prozent aus Argon und nur zu 0,05 Prozent aus andern Spurengasen. Zu den Spurengasen zählen Kohlendioxid, Methan und Lachgas. Weil die Konzentration der Spurengase so gering ist, wird diese meist nicht in Prozent, sondern in Parts per Million (ppm) angegeben. 1 ppm ist also ein Teil pro eine Million. Seit Beginn der Industrialisierung erhöht der Mensch mit seinen Aktivitäten den Anteil der Spurengase signifikant. Zwischen dem Jahr 1750, in dem die Industrialisierung noch in den Kinderschuhen steckte, und dem Jahr 2020 ist die Konzentration von Kohlendioxid um 50 Prozent von 280 ppm auf 412 ppm angestiegen. Die Methankonzentration ist sogar um rund 150 Prozent auf 1,8 ppm nach oben geschnellt, und die Lachgaskonzentration legte um 17 Prozent zu und liegt heute bei 0,3 ppm.

»Seit Beginn der Industrialisierung ist die Konzentra-
tion des Treibhausgases Kohlendioxid in der Atmo-
sphäre um 50 Prozent angestiegen, die von Methan
sogar um 150 Prozent.«

All diese Spurengase haben eines gemeinsam. Bei einer höheren Konzentration lassen sie die Strahlung der Sonne weitgehend unvermindert durch die Atmosphäre passieren. Diese Strahlung trifft dann auf die Erdoberfläche, die sie zum Großteil absorbiert. Damit sie sich nicht unendlich aufheizt, strahlt sie genauso viel Infrarotstrahlung, also Wärmestrahlung, ins Weltall ab, wie sie zuvor absorbiert hat. Die Spurengase absorbieren nun wiederum einen Teil der Wärmestrahlung und strahlen ihn wie in einem Treibhaus zur Erdoberfläche zurück. Dort wird es wärmer, und deshalb sprechen wir dann auch vom Treibhauseffekt. Dabei haben die verschiedenen Spurengase einen unterschiedlichen Einfluss auf diese Rückstrahlung. Als Vergleich wird immer Kohlendioxid über einen Zeitraum von 100 Jahren betrachtet. Ein Kilogramm Methan verursacht eine 28-mal höhere zusätzliche Erwärmung als ein Kilogramm Kohlendioxid. Bei einem Kilogramm Lachgas ist diese sogar 265-mal so groß. Diese zusätzliche Erwärmung heißt auch relatives Treibhauspotenzial, in der englischen Fachsprache spricht man von Global Warming Potential (GWP). Neben den genannten Spurengasen gibt es weitere künstliche Spurengase wie halogenierte Kohlenwasserstoffe, kurz FKW, die ein Global Warming Potential von über 10 000 erreichen können. FKW werden zum Beispiel als Kältemittel in Klimaanlagen eingesetzt. Dann trägt ein Kilogramm FKW so stark zum Treibhauseffekt bei wie 10 000 Kilogramm oder 10 Tonnen Kohlendioxid.

Auch unabhängig vom Menschen finden sich Spurengase in der Atmosphäre. Diese Gase erzeugen einen natürlichen Treibhauseffekt. Für uns Menschen ist das erst einmal gut. Ohne unsere Atmosphäre wäre die Temperatur auf der Erde um rund 33 Grad Celsius niedriger –

also ziemlich ungemütlich. Erst die natürliche Atmosphäre hat das Leben auf der Erde, wie wir es kennen, ermöglicht. Durch die zusätzlichen, von Menschen verursachten Spurengase kommt nun zum natürlichen Treibhauseffekt ein anthropogener Treibhauseffekt hinzu. Zum Glück sind die Zusammenhänge nicht linear. Eine Verdopplung der Spurengase führt nicht zu einer Verdopplung des Temperaturanstiegs. Die strahlungsphysikalischen Zusammenhänge sind aber gut erforscht. Die Wissenschaft kann damit sehr gut ausrechnen, wie stark die Temperatur bei einer bestimmten Konzentration der Spurengase ansteigt.

Trotzdem wird immer wieder der Zusammenhang zwischen den vom Menschen ausgestoßenen Spurengasen und der Erderwärmung in Zweifel gezogen. Die extrem geringe Konzentration von 0,04 Prozent Kohlendioxid könne gar keinen Einfluss haben – ein sehr zweifelhaftes Argument. Der Schweizer Arzt Paracelsus stellte bereits 1538 fest: Die Dosis macht das Gift. Wer 0,5 Gramm Kochsalz pro Kilogramm Körpergewicht zu sich nimmt, kann eine lebensbedrohliche Elektrolytstörung verursachen. 0,5 Gramm pro Kilogramm sind auch nur 0,05 Prozent. Wer über längere Zeit gar kein Salz zu sich nimmt, bekommt auch gesundheitliche Probleme. Es gibt also nur einen schmalen Bereich, der für uns gesund ist.

Wer nicht glauben will, dass Kohlendioxid die Oberflächentemperatur eines Planeten beeinflussen kann, muss nur auf unseren Nachbarplaneten Venus schauen. Eigentlich müssten wir dort genauso wie auf unserem Nachbarplaneten Mars für den Menschen akzeptable Temperaturen vorfinden. Doch auf der Venus besteht die sehr dichte Atmosphäre zu etwa 96 Prozent aus Kohlendioxid, das die dortige Atmosphäre auf über 460 Grad Celsius erhitzt. Ein Pizzaofen ist im Vergleich dazu eine gemütliche Umgebung. An dieser Stelle können wir erst einmal etwas beruhigen. Die Menschheit wird es selbst bei größter Anstrengung nicht schaffen, die Kohlendioxidkonzentration auf der Erde auch nur annähernd in diese Größenordnung zu bringen. Die Erdoberfläche wird nicht wie die Oberfläche der Venus verglühen. Aber wir haben bereits festgestellt, dass für uns bereits wenige Grad Celsius eine enorme Bedrohung darstellen. Und damit sind auch Änderungen der Kohlendioxidkonzentration um wenige ppm und nicht erst um einige Prozent ein ernstes Problem.

Kohlendioxid, kurz CO_2, hat auf der Erde den größten Anteil am anthropogenen Treibhauseffekt. Das meiste Kohlendioxid entsteht bei der Verbrennung fossiler Energieträger. Erdöl zum Heizen oder Autofahren, Erdgas für die Stromerzeugung, die Industrie oder Haushalte oder Stein- und Braunkohle für die Stromerzeugung und Industrie tragen mehr als zwei Drittel zum von Menschen verursachten Treibhauseffekt bei. Nach Angaben des Umweltbundesamts (2021) haben fossile Energieträger sogar einen Anteil von deutlich über 80 Prozent am Ausstoß der deutschen Treibhausgase. Unsere heutige Energieversorgung ist die Achillesferse Deutschlands. Wollen wir die Klimakrise in den Griff bekommen, müssen wir unsere Energieversorgung vollständig dekarbonisieren, also vom Kohlenstoff befreien. Erdöl, Erdgas und Kohle müssen im Boden bleiben und durch erneuerbare Energien ersetzt werden. Da wir dafür nur noch wenig Zeit haben, kann das nur durch eine Energiewende im Expresstempo gelingen. Wir brauchen also keine laue Energiewende. Wir brauchen eine Energierevolution, und zwar jetzt! Gut, dass wir die Lösungen dafür kennen und viele davon in diesem Buch vorstellen.

Auch bei der Vernichtung oder Bränden von Wäldern entstehen gigantische Mengen an Kohlendioxid. Weltweit tragen sie derzeit zu mehr als zehn Prozent zum anthropogenen Treibhauseffekt bei. Wenn es zu gigantischen Busch- und Waldbränden in Australien, Kalifornien, Südeuropa oder andernorts kommt oder Regenwälder vernichtet werden, ist das nicht nur ein Drama für die Menschen vor Ort, sondern auch für das Weltklima. Auf einige Gründe der Waldvernichtung werden wir später noch einmal näher eingehen, wenn es um die Landwirtschaft geht.

Besonders schlaue Klimawandelskeptiker:innen empfehlen übrigens, wir müssten, um die Klimakrise zu stoppen, auch aufhören zu atmen. Schließlich gelange so ebenfalls zusätzliches Kohlendioxid in die Atmosphäre. Dieses Argument ist aber völliger Nonsens. Tatsächlich atmet ein Mensch bis zu beachtliche zwei Tonnen Kohlendioxid pro Jahr aus. Wie viel wir ausatmen, hängt sehr stark von der körperlichen Aktivität ab. Die meisten Menschen dürften deutlich unter dem Spitzenwert liegen. Der Mensch ist allerdings in einen biologischen Kreislauf eingebunden. Wir essen Pflanzen, verarbeiten diese zu Kohlendioxid und pusten es in die Atmosphäre. Die Pflanzen entziehen wiederum beim Wachsen genau die gleiche Menge an Kohlendioxid, die wir später wieder ausatmen. Wenn wir leckere Spaghetti essen, hat das Getreide darin beim Wachsen möglicherweise sogar das Kohlendioxid eingebaut, das wir bei unserem Spaziergang entlang des Getreidefeldes im letzten Jahr ausgeatmet haben.

Auf Platz zwei der anthropogenen Treibhausgase steht Methan mit der chemischen Bezeichnung CH_4. Methan hat ein sechstel Anteil am vom Menschen gemachten Treibhauseffekt. Methan entsteht bei der Viehzucht, beim Reisanbau, in Kläranlagen und Mülldeponien, im Steinkohlebergbau und bei der Erdgas- und Erdölproduktion. Fossile Energieträger sind auch an den Methanemissionen beteiligt. Besonders schlecht schneidet hier das Erdgas ab, das darum völlig zu Unrecht den Ruf eines klimafreundlichen Energieträgers hat. Auf die problematischen Methanemissionen durch die Viehzucht gehen wir später noch einmal bei der Ernährung intensiver ein.

Gigantische Mengen an Methan sind auch am Meeresboden oder in Permafrostgebieten in der Arktis in Form von Methanhydraten gebunden. Methanhydrate sind eine eisartige Verbindung von Wasser und Methan. Tauen diese auf, wird das gebundene Methan freigesetzt.

Beim Auftauen des Permafrostes wird außerdem dort eingefrorenes organisches Material in Kohlendioxid und Methan umgewandelt und gelangt damit in die Atmosphäre. Überschreitet die globale Erwärmung bestimmte Schwellen, werden selbstverstärkende Effekte ausgelöst: Die globale Erwärmung setzt große Mengen an Methan in der Arktis frei, das, wie bereits erwähnt, ein viel größeres spezifisches

Treibhauspotenzial als Kohlendioxid hat. Dadurch wird die Erderhitzung weiter verstärkt, wodurch noch mehr Methan im Permafrost auftaut. Auch deshalb ist es so wichtig, den weiteren Temperaturanstieg so schnell wie möglich zu stoppen.

Distickstoffoxid, auch Lachgas genannt, hat die chemische Bezeichnung N_2O und stammt im Wesentlichen aus Stickstoffdünger in der Landwirtschaft, aber auch Tierhaltung, Prozessen in der chemischen Industrie sowie Verbrennungsprozessen. Auf die Lachgasemissionen in der Landwirtschaft gehen wir später noch einmal genauer ein. Lachgas hat gut sechs Prozent Anteil am anthropogenen Treibhauseffekt.

Weitere Spurengase, die zum Treibhauseffekt beitragen, sind die oben schon erwähnten Fluorkohlenwasserstoffe (FKW). Daneben gibt es noch Stickstofftrifluorid (NF_3), das bei der Herstellung von Halbleitern verwendet wird, sowie Schwefelhexafluorid (SF_6), das in der Industrie und in elektronischen Schaltanlagen zum Einsatz kommt. In der Summe werden diese Gase erheblich weniger ausgestoßen als Kohlendioxid, Methan oder Lachgas. Da die Gase aber ein sehr großes spezifisches Treibhauspotenzial haben, tragen sie mit rund zwei Prozent zum anthropogenen Treibhauseffekt bei. Für die meisten dieser Gase gibt es klimaverträgliche Alternativen, die aber wegen fehlender gesetzlicher Vorschriften nicht im möglichen Umfang verwendet werden.

Das Klimasystem vor dem Kippen

Die Verursacher des vom Menschen gemachten Treibhauseffekts sind also ziemlich genau bekannt, genau wie die bislang aufgetretenen Klimaveränderungen. Die Höhe der schon verursachten Klimaschäden ist hingegen noch umstritten. Hitzewellen, Starkregen, Überschwemmungen und Stürme hat es bereits auch vor der jüngsten Erderhitzung gegeben. Durch den Einfluss des Menschen treten sie aber sehr viel häufiger auf. Inzwischen lässt sich das auch durch die sogenannte Attributionsforschung oder auch Zuordnungsforschung nachweisen. Klimatolog:innen wie Friederike Otto (2016) berechnen dazu die Wahrscheinlichkeit auftretender Extremwetterereignisse mit und ohne Einfluss des anthropogenen Treibhauseffekts. Bei vielen Extremwetterereignissen der jüngsten Vergangenheit ist die Wahrscheinlichkeit gering, dass sie auch ohne die Klimakrise stattgefunden hätten.

Deutlich interessanter als ein Blick in die Vergangenheit ist aber ein Blick in die Zukunft. Der Klimawandel verläuft nicht linear. Es lauern Kipppunkte, die ganz plötzlich dramatische Veränderungen anstoßen. Was Kipppunkte bedeuten, haben wir schmerzlich bei der Coronakrise gelernt. Steigt in der Pandemie die Zahl der Infizierten zu schnell, bricht das Gesundheitssystem und im schlimmsten Fall auch die öffentliche Ordnung völlig zusammen. Das System kippt von einer noch völlig beherrschbaren Situation unvermittelt in einen katastrophalen Zustand. Einige Länder wie Indien mussten das während der Coronakrise in den Jahren 2020 und 2021 erfahren. Diese hochgefährlichen Kipppunkte im Klimasystem sind die Hauptgründe für die immer lauter werdenden Warnungen aus der Klimaforschung.

Die Berechnung, wie stark sich die Erde bei einem bestimmten Anstieg der Treibhausgase erwärmt, ist dabei noch einigermaßen simpel. Wäre die Erde eine gigantische homogene Bowlingkugel ohne Löcher, aber mit glatter Oberfläche und einer Atmosphäre, ließe sich mit den bekannten physikalischen Zusammenhängen der Temperaturanstieg bei einem bestimmten Treibhausgasausstoß ganz exakt berechnen. Die Zusammenhänge auf der Erde sind allerdings deutlich komplexer. Ein Teil der ausgestoßenen Treibhausgase wird von den Ozeanen und den Wäldern wieder aufgenommen. In einigen Gebieten wirkt die starke Luftverschmutzung dem zusätzlichen Treibhauseffekt entgegen. Durch die zunehmende Eisschmelze verändert sich die Erdoberfläche. Taut weißes, gut reflektierendes Eis ab und bleibt dunkler Untergrund zurück, der die Sonnenstrahlung viel stärker absorbiert, beschleunigt sich dadurch die Erderhitzung zusätzlich. Alle diese Effekte müssen bei der Berechnung der künftigen Temperaturentwicklung mit einbezogen werden. In der Klimaforschung wird die Erdoberfläche dazu in kleine Segmente unterteilt, in denen überall physikalische Veränderungen durch die zusätzlichen Treibhausgase und verschiedene Wechselwirkungen berechnet werden. Damit lassen sich auch Prognosen über lokale Klimaveränderungen und auch die befürchteten Kipppunkte erstellen. Hochaufgelöste Berechnungen über längere Zeiträume sind extrem komplex und können nur mit speziellen Hochleistungscomputern durchgeführt werden. Trotzdem werden diese Ergebnisse immer wieder von Klimaskeptiker:innen angezweifelt, ganz nach dem Motto: »Ich habe das mal zu Hause nachgerechnet und komme auf ganz andere Ergebnisse.«

Die Modelle verschiedener internationaler Forschungsgruppen unterscheiden sich, was zu unterschiedlichen Ergebnissen führt. Einen verlässlichen Stand der Wissenschaft veröffentlicht regelmäßig der IPCC. IPCC steht für »Intergovernmental Panel on Climate Change«. Wenn man das wörtlich übersetzt, heißt das: »Zwischenstaatlicher Ausschuss für Klimaveränderungen«. Das ist ein bisschen sperrig und wenig aussagekräftig. Deswegen wird der IPCC umgangssprachlich auch Weltklimarat genannt. Der Weltklimarat wurde 1988 von der UN und der WMO, also der »World Meteorological Organization«, gegründet, und seine Sachstandsberichte gehören zum Besten, was die Klimaforschung zu bieten hat. Die Zusammenfassungen müssen auch von allen Regierungen, die in der UN in dem Klimaprozess mit beteiligt sind, abgesegnet werden. Deswegen gelten die Berichte durchaus als ausgewogen, sind aber eben auch so konservativ, dass wirklich alle Regierungen mitgehen können. Deswegen findet man darin auch einige Passagen, die zum Beispiel die Kernenergie oder das Abtrennen und Endlagern von Kohlendioxid als Optionen für den Klimaschutz aufführen. Damit werden die Ansichten von Ländern wie Frankreich, mit einer starken Kernenergienutzung, oder von Ölförderländern berücksichtigt. Warum beides bei nüchterner Betrachtung wenig Aussicht auf Erfolg hat, erläutern wir später.

Einige stellen aus diesen oder anderen Gründen die Arbeit des IPCC insgesamt infrage. Bei solchen Aussagen geht es aber nur um die Darstellung von Möglichkeiten zur Bekämpfung der Klimakrise. Hier sind unterschiedliche Meinungen und unterschiedlich favorisierte Wege durchaus legitim. Bei der Prognose der künftigen Klimaentwicklung sprechen die IPCC-Berichte aber eine klare und unmissverständliche Sprache, und mögliche Unsicherheiten werden stets klar benannt.

Die exakte mittlere Temperatur auf der Erde im Jahr 2100 lässt sich nicht voraussagen. Sie wird entscheidend davon abhängen, wie viel Treibhausgase wir bis dahin noch ausstoßen. Darum erstellt der IPCC verschiedene Szenarien mit unterschiedlichen Entwicklungen der Treibhausgasemissionen. Die Worst-Case-Szenarien, die den stetigen Anstieg der Nutzung fossiler Energieträger der letzten Jahrzehnte einfach fortschreiben, liefern Ergebnisse, die sich ein Drehbuchautor für einen Horrorfilm in Hollywood nicht besser hätte ausdenken können.

Ein Worst-Case-Szenario des IPCC (2013) hat die wenig verständliche und stark wissenschaftlich klingende Bezeichnung RCP8.5. Hier steigen die weltweiten Temperaturen im Mittel bis zum Jahr 2100 um mehr als vier Grad Celsius an. Ein Grad Celsius ist, wie bereits erläutert, der bisherige Temperaturanstieg. Wir könnten also den Temperaturanstieg von der letzten Eiszeit bis vor Beginn der Industrialisierung in weniger als 100 Jahren noch einmal verdoppeln. Man muss nicht in der Klimaforschung arbeiten, um zu verstehen, dass das nicht gut für uns Menschen ausgehen wird. Dieser schnelle Anstieg würde die meisten Ökosysteme völlig überfordern. Da bleibt keine Zeit, um sich auf natürliche Weise irgendwie anzupassen. Die Folge wird ein dramatisches Artensterben sein, das heute bereits begonnen hat. Der Mensch befindet sich am Ende der Nahrungskette.

Der Temperaturanstieg findet auch nicht überall auf der Erde gleichmäßig statt. Über Land kann stellenweise durchaus eine Erwärmung von acht Grad Celsius erreicht werden – im Jahresmittel wohlgemerkt. Acht Grad Celsius beträgt der Unterschied zwischen der

Mitte Deutschlands und Malta. Bereits heute fordern Hitzewellen zahlreiche Todesopfer. Mora et al. (2017) haben ausgerechnet, was eine derartige Erhitzung für die Menschen bedeuten würde. Riesige Gebiete vor allem in Tropenregionen würden sich so stark erhitzen, dass Menschen dort kaum mehr leben könnten. Dort drohen dann das ganze Jahr über tödliche Hitzetage, an denen Menschen sich besser nicht mehr im Freien aufhalten. Große Teile Brasiliens, Indonesiens, Indiens und auch von Afrika würden sich dann nicht mehr als Lebensraum eignen. Weit über eine Milliarde Menschen leben bereits heute dort. Im Jahr 2100 könnten es zwei bis drei Milliarden Menschen sein. Kaum vorstellbar, dass die Menschen einfach dort bleiben und das Jahr über in Kellern oder klimatisierten Räumen ausharren. Eine Klimaanlage müssten sich die Menschen auch erst einmal leisten können. Außerdem wären sie ständig dem Risiko ausgesetzt, beim Ausfall der Technik den Hitzetod zu erleiden.

Mit den steigenden Temperaturen taut auch das Eis. Etwa ein bis zwei Meter Meeresspiegelanstieg gelten im Worst-Case-Fall bis zum Jahr 2100 durchaus als möglich. Setzt eine Sturmflut ein, potenziert sich der Anstieg noch einmal. In vielen Regionen der Erde werden die Meere nicht mehr durch Deichbau vom Land abgehalten werden können. Wir werden dann Küstenregionen in großem Umfang verlieren, sodass extrem viele Menschen auch von dort umgesiedelt werden müssen. Vor dem Hintergrund hat der Schlachtruf von Fußballfans »Ohne Holland fahren wir zur WM« geradezu etwas Prophetisches. Einmal angestoßen, wird der Meeresspiegelanstieg über viele Jahrhunderte weitergehen. Taut ganz Grönland ab, würden die Meeresspiegel um acht Meter steigen. Bei einer eisfreien Erde lägen die Meeresspiegel sogar 66 Meter höher als heute. Berlin liegt gerade mal gut 30 Meter über null. Doch so lange brauchen wir gar nicht erst zu warten. Metropolen an den Küsten wie New York, Miami, Shanghai oder Rio de Janeiro könnten bereits in diesem Jahrhundert massive Probleme bekommen.

Mit dem Klimawandel verändern sich auch die Niederschläge. Es kommt zu häufigeren extremen Hochwasserereignissen, aber auch zu mehr Ernteausfällen und Problemen mit der Trinkwasserversorgung durch die Zunahme von Dürren. Die Rekorddürre in den Jahren 2018 bis 2020 und die Hochwasserkatastrophe im Jahr 2021 geben uns in Deutschland darauf einen ersten Vorgeschmack. Gerade Gebiete, die heute schon von Trockenheit gezeichnet sind, werden noch viel schlimmer betroffen sein. Auch hier werden viele Menschen letztendlich vor den Klimaveränderungen fliehen müssen.

In der Summe müssen wir im Worst-Case-Fall Ende des Jahrhunderts mit mehreren Milliarden Klimaflüchtlingen rechnen. Sie werden versuchen, sich in vergleichsweise sichere Gebiete in Europa und anderswo zu retten. Aber wir sind bereits heute mit einer vergleichsweise lächerlich kleinen Zahl an Flüchtlingen politisch total überfordert. Man braucht wenig Fantasie, um sich auszumalen, dass diese gigantischen Flüchtlingsströme vielerorts nicht mehr kontrollierbare Konflikte auslösen werden. Der Planet an sich wird nicht in Flammen aufgehen. Klimabedingungen wie auf der Venus werden wir nie erreichen. Aber die Auswirkungen der Klimakrise werden die Zivilisation an den äußersten Rand der Belastungsgrenze bringen. Am Ende ist es bei einer ungebremsten Erderhitzung sogar sehr wahrscheinlich, dass unsere Zivilisation in der Form, wie wir sie kennen, die Klimakrise nicht überlebt.

Menschen, die sich mit den möglichen Folgen der Klimakrise intensiver auseinandersetzen, müssen sich früher oder später mit der Frage auseinandersetzen, wie man mit solch einer Bedrohung umgeht. Dem Unvermeidbaren einfach ins Auge schauen, es ignorieren, in Panik und Depression verfallen?

Das sind alles nicht die richtigen Antworten auf die Klimakrise. Die Klimakrise ist nicht mit einem gigantischen Meteorit vergleichbar, der auf die Erde zurast und mit unseren heutigen Mitteln nicht aufzuhalten ist. Im Gegenteil. Die Berichte des IPCC zeigen auch Szenarien auf, mit denen es gelingen kann, die globale Erwärmung auf 1,5 Grad Celsius zu begrenzen. Damit ließen sich die skizzierten Horrorszenarien noch weitgehend verhindern und unsere Zivilisation retten. Doch die Berichte sprechen eine klare Sprache: Wir müssen schnell handeln, und die nötigen Veränderungen sind weitreichend. Mit weiterhin ein paar netten Worten zum Klimaschutz und einigen Alibimaßnahmen werden wir das Ruder nicht herumreißen können. Aber wir sind fest davon überzeugt, dass wir die Klimakrise noch verhindern können.

Seit wir von der Schule gegangen sind, haben Umwelt- und Klimaschutz einen sehr hohen Stellenwert gewonnen. Das ist jetzt bereits über 30 Jahre her. In den vergangenen Jahren gab es zahlreiche Phasen, in denen selbst Optimistinnen und Optimisten fast den Mut verloren hätten. Es waren Phasen, in denen die Energierevolution durch Maßnahmen der Politik immer mehr verschleppt und ausgebremst wurde und in denen der Rat der Wissenschaft ungehört verhallte. Eine Zeit lang nahm die Entwicklung regelrecht surreale Züge an. Während die Klimakrise immer schneller voranschritt und die Klimaforschung immer dringlicher zum Handeln aufforderte, verabschiedete die Politik das Pariser Klimaschutzabkommen. Aber anstatt die Energierevolution wie benötigt zu beschleunigen, trat die deutsche Politik weiter kräftig auf die Bremse.

In den letzten Jahrzehnten gab es aber auch immer Ereignisse, die die Menschen aufgerüttelt haben und schnelle Veränderungen einleiteten. Das Reaktorunglück von Tschernobyl in den 1980er-Jahren führte uns die enormen Risiken der konventionellen Energieversorgung vor Augen. Nachdem immer und immer wieder versichert wurde, dass solche Ereignisse mit westlichen Kernkraftwerken nicht passieren können, kam Fukushima. Über Nacht hatte ein katastrophales Ereignis in Japan geschafft, was eine jahrzehntelange Anti-Atom-Bewegung nicht erreichte: einen parteiübergreifenden Konsens für einen Kernenergieausstieg. Kein anderes Land hat nach Fukushima in der Frage so konsequent gehandelt wie Deutschland. Das zeigt wiederum, dass das zivilgesellschaftliche Engagement wie die Anti-AKW-Bewegung in Deutschland dann doch von zentraler Bedeutung ist, um schnell weitreichende Veränderungen im großen Konsens zu erzielen.

Was Fukushima für den Kernenergieausstieg bedeutete, erreichte Greta Thunberg für den Klimaschutz. Genau wie bei der Kernkraft haben wir während der Klimakrise über Jahrzehnte mögliche fatale Konsequenzen hoch und runter diskutiert, ohne wirklich zum Handeln zu kommen. Der Fridays-for-Future-Bewegung ist etwas geglückt, was Klimaschutzdiskussionen jahrzehntelang in Deutschland nicht gelungen ist. Sie hat Druck zur Veränderung aufgebaut. Viele Bürger:innen und Politiker:innen sind immer noch in einer Art Schockstarre gefangen. Wie ein dreijähriges Kind glauben sie, sie müssten nur die Augen verschließen, um der Gefahr zu entgehen. Aber die junge Generation hat dafür gesorgt, dass sie nicht länger wegschauen können. Jetzt ist es für uns alle an der Zeit, erwachsen zu werden. Jetzt ist es an der Zeit, die bekannten Lösungen umzusetzen. Jetzt ist die Zeit des Handelns gekommen. Es ist fantastisch, dass Sie, liebe Leserin und lieber Leser, gemeinsam mit uns Teil der Lösung und nicht mehr Teil des Problems sein wollen. Lassen Sie uns gemeinsam mit dem Schwung der immer größer werdenden Klimaschutzbewegung das erreichen, was viele immer noch für nicht möglich halten: die Welt in einem lebenswerten Zustand für uns und unsere Kinder zu erhalten.

HÄLT DEUTSCHLAND DAS
PARISER KLIMAABKOMMEN EIN?

Am 12. Dezember 2015 wurde Klimaschutzgeschichte geschrieben. Auf der Klimakonferenz der Vereinten Nationen unterzeichneten 195 Staaten und die Europäische Union das Pariser Klimaschutzabkommen. Die Vereinbarung wurde zugleich gefeiert und verteufelt. Die einen sahen in ihr den lang ersehnten Durchbruch nach endlosen Klimaverhandlungen, die anderen einen zahnlosen Tiger. Echte Konsequenzen für Klimasünderländer sieht das Abkommen nicht vor. Aber dennoch hat es in den letzten Jahren mehr Druck entwickelt, als selbst einige Optimistinnen und Optimisten gehofft haben. Alle Parteien im Deutschen Bundestag außer der AfD bekennen sich dazu. Bei der Durchsetzung von Klimaschutzmaßnahmen dagegen konnte Deutschland in den letzten Jahren wenig überzeugen. Bleibt die Frage: Hält Deutschland das Pariser Klimaschutzabkommen ein, oder gehören wir nicht auch zu den Klimasündern, auf die wir gerne mit den Fingern zeigen?

Werfen wir zuerst einen Blick auf den Prozess des Pariser Klimaschutzabkommens: Seit 1992 verhandelten die Vereinten Nationen über Klimaschutz. Bis 2015 war es nicht gelungen, eine Einigung über einen rechtzeitigen Stopp der Klimakrise zu finden. Erst nach über 20 Jahren wurde 2015 in Paris das erste Abkommen unterzeichnet, mit dem die Welt es schaffen könnte, die Klimakrise noch im dunkelgelben Bereich zu halten. 195 Staaten haben das Dokument ratifiziert, praktisch alle Länder der Welt, darunter auch Ölförderländer wie Saudi-Arabien oder ansonsten abgeschottete Länder wie Nordkorea. Nur die USA sind für einige Wochen unter Präsident Trump ausgetreten, aber mit dem Regierungsantritt von Präsident Biden gleich wieder beigetreten – eine der zahlreichen Kuriositäten der amerikanischen Politik der letzten Jahre.

30 Jahre Klimaverhandlungen

Herzstück der weltweiten Verhandlungen zum Klimaschutz ist die »Klimarahmenkonvention der Vereinten Nationen« mit der englischen Bezeichnung »United Nations Framework Convention on Climate Change«. Diese Vereinbarung wurde 1992 in Rio de Janeiro ausgehandelt. 154 Staaten waren damals dabei. Das Ergebnis klang erst einmal vielversprechend: »Ziel ist es, eine gefährliche anthropogene, also vom Menschen verursachte Störung des Klimasystems zu verhindern und die globale Erwärmung zu verlangsamen sowie ihre Folgen zu mindern.« Umgangssprachlich übersetzt heißt das: »Okay. Wir haben ein ernstes Klimaproblem, und wir bemühen uns, etwas dagegen zu tun.« Solche Aussagen klingen nett, aber das Ziel war wenig konkret und der Weg dorthin entsprechend unklar. Was offengeblieben war, sollte in den nächsten Jahren nachverhandelt werden. Alle Vertragsstaaten wurden verpflichtet, regelmäßig Berichte und Daten zu aktuellen Treibhausgasemissionen zu veröffentlichen, um wenigstens verlässliche Fakten zu gewinnen. Mehr hat die Konferenz von Rio nicht erreicht.

In den nächsten Jahren fanden unzählige Folgekonferenzen statt, »Conference of the Parties«, kurz COP. Mit Party hat das aber wenig zu tun, dort wird hart verhandelt. Auf Deutsch werden die Treffen dann UN-Klimakonferenz, Weltklimagipfel oder Weltklimakonferenz genannt. Auf der Kyoto-Konferenz im Jahr 1997 wurden für die Industrieländer unverbindliche Reduktionen bis zum Jahr 2012 vereinbart. Die deutsche Ex-Kanzlerin Angela Merkel war damals noch als Umweltministerin und deutsche Verhandlungsführerin dabei, so lange ist das schon her. Die Ziele für die einzelnen Länder wurden damals ziemlich willkürlich festgelegt und wie auf einem Trödelmarkt ausgedealt. Am

Ende hat sich dann jedes Land irgendein Ziel ausgesucht. Die USA versprachen sieben Prozent Rückgang. Bis zum Stichjahr 2012 sind aber die Emissionen dort leicht angestiegen – ohne irgendeine Konsequenz. In den Ländern des ehemaligen Warschauer Vertrags sind die Emissionen wegen der wirtschaftlichen Umbrüche in den 1990er-Jahren hingegen drastisch zurückgegangen. Darum musste man dort trotz ambitionierter Versprechungen nichts Ernsthaftes unternehmen. So hat auch das wiedervereinigte Deutschland sein Klimaziel von minus 21 Prozent bis 2012 gerade so erreicht, dem Niedergang der Industrie in der DDR sei Dank. Weltweit sind die Treibhausgasemissionen dann trotz des Kyoto-Abkommens weiter gestiegen, weil die Schwellen- und Entwicklungsländer in den Prozess nicht eingebunden waren. Für den Klimaschutz hat das Kyoto-Abkommen am Ende also nichts gebracht.

Es folgten zahllose weitere erfolglose Konferenzen. Die 15. Konferenz COP15 fand dann 2009 in Kopenhagen statt, um ein Nachfolgeabkommen für Kyoto zu beschließen. Das ist dann aber krachend gescheitert. Erst bei der 21. Konferenz COP21 in Paris kam es dann zum Durchbruch. Es gab ein weltweites Abkommen, das erstmals ernsthaft die globale Reduktion der Treibhausgasemissionen zum Ziel hatte.

Die wichtigste Passage des Pariser Abkommens definiert das verhandelte Ziel (UNFCCC 2015): »Holding the increase in the global average temperature to well below 2 °C above pre-industrial levels and pursuing efforts to limit the temperature increase to 1.5 °C«. Ziel ist es also, den Temperaturanstieg deutlich unter zwei Grad Celsius im Vergleich zu vorindustriellen Werten zu begrenzen und Bemühungen zu verfolgen, den Temperaturanstieg auf 1,5 Grad Celsius zu begrenzen. Auch das klingt erst einmal ziemlich schwammig. Das ist dem Kompromiss geschuldet, den man eingehen muss, wenn sich alle Länder der Welt an einem Tisch versammeln. Auf der einen Seite sitzen die Ölförderländer, die gar kein großes Interesse an einem schnellen Klimaschutz haben. Schließlich wollen sie noch längere Zeit ihr Erdöl verkaufen. Auf der anderen Seite nehmen die Inselstaaten Platz. Sie werden nach aktuellem Stand der Wissenschaft regelrecht absaufen, wenn der Temperaturanstieg zwei Grad oder mehr erreicht. Für diese Länder wäre ein Temperaturanstieg auf zwei Grad Celsius das Todesurteil und damit völlig inakzeptabel. Der Kompromiss lautete: Wir geben uns Mühe, 1,5 Grad Celsius einzuhalten, um den Inselstaaten entgegenzukommen. Die Definition »deutlich unter zwei Grad Celsius« lässt den Ölförderländern genügend Interpretationsspielraum.

»Ziel des Pariser Klimaabkommens ist es, den globalen Temperaturausteig auf deutlich unter zwei Grad Celsius, möglichst 1,5 Grad Celsius zu begrenzen.«

Mit dem Paris-Abkommen gibt es nun eine gemeinsame Grundlage und gemeinsame Ziele, die aber, anders als beim Kyoto-Abkommen, nicht für einzelne Länder festgeschrieben sind. Stattdessen formulieren nun alle Länder eigene Klimaschutzabsichtserklärungen – die sogenannten NDCs. Das ist die Abkürzung für »Nationally Determined Contributions«. Jedes Land reicht seine eigenen Zielvorstellungen ein, und dann wird geprüft, ob die Summe der Ziele auch wirklich ausreicht, die festgelegte Temperaturgrenze einzuhalten. Die aktuellen NDCs, die auf dem Tisch liegen, reichen dafür aber definitiv nicht aus. Außerdem neigten bislang viele Länder dazu, ihre selbst gesteckten Ziele deutlich zu verfehlen. Aber selbst wenn alle Länder ihre Versprechungen am Ende auch wirklich einhalten, müssten wir mit einer globalen Erwärmung von gut drei Grad Celsius rechnen. Die nationalen Klimaschutzversprechen müssen also deutlich nachgeschärft werden, was zumindest in der EU und den USA derzeit intensiv diskutiert wird.

Weniger finanzstarken Staaten wurden finanzielle Mittel in Höhe von 100 Milliarden Dollar zur Anpassung an den Klimawandel und zum Klimaschutz zugesagt. Die finanziellen Hilfen für die schwachen Staaten waren nötig, weil sonst das Abkommen an den armen Ländern gescheitert wäre. Sie verwiesen zu Recht darauf, dass die reichen

Industriestaaten für den anthropogenen Treibhauseffekt hauptverantwortlich sind und ihnen die finanzielle Kraft für wirksamen Klimaschutz fehlt. Diese Finanzzusagen waren vermutlich ein Hauptgrund für die Kündigung des Abkommens durch die Trump-Administration.

Ein Hauptkritikpunkt am Abkommen ist die Unverbindlichkeit. Es gibt keine Strafen oder Konsequenzen bei Nichteinhaltung der Ziele. Anders wäre das Abkommen aber überhaupt nicht zustande gekommen. Viele Länder hätten Strafen nicht akzeptiert. Trotz aller Erfolge ist das Paris-Abkommen damit immer noch ein sehr stumpfes Schwert. Es bleibt aber die Hoffnung, dass durch die internationale Gemeinschaft so viel Druck aufgebaut wird, dass alle Länder am Ende wirklich versuchen, ihre Zusagen auch einzuhalten.

1,5 oder zwei Grad machen den Unterschied

Eine Hürde ist dabei, dass viele Menschen in der Politik und der Presse sowie Lobbygruppen oft nur von dem Zwei-Grad-Ziel reden. Erst einmal ist es recht unglücklich, von einem Temperaturziel zu reden. Schließlich kann es nicht unser Ziel sein, die Erwärmung noch einmal deutlich zu steigern und sie dann kurz vor dem Super-GAU zu stoppen. Besser sollte man von einer Temperaturgrenze oder einem Temperaturlimit reden. Außerdem müssen wir an dieser Stelle noch daran erinnern, dass zwischen zwei Grad Celsius und »deutlich unter« zwei Grad Celsius ein erheblicher Unterschied besteht.

> *»Wenn wir die Temperatur erst bei zwei Grad anstatt bei 1,5 Grad Celsius stabilisieren, werden die Klimafolgeschäden dramatisch größer sein.«*

Das sogenannte, recht unglücklich formulierte Zwei-Grad-Ziel ist historisch bedingt. Seit den 1970er-Jahren redet die Wissenschaft bereits über zwei Grad als kritische Grenze für die globale Erwärmung. In den 1990er-Jahren wurde dann auch die Begrenzung auf zwei Grad Celsius Zielgröße der Politik, erst einmal in Deutschland, später auch in der EU. Das Ziel, zwei Grad Celsius nicht zu überschreiten, wurde aber in Paris verändert, der Grenzwert verschoben. Nun gelten nicht mehr zwei Grad Celsius als Obergrenze, wir wollen vielmehr deutlich unter zwei Grad, sogar möglichst unter 1,5 Grad bleiben. Für diese Veränderung werden wir den Inselstaaten, für die ein halbes Grad Temperaturanstieg der Unterschied zwischen Untergang und Überleben bedeutet, irgendwann einmal sehr dankbar sein. Denn auch für Länder wie Deutschland ist eine Erhitzung von zwei Grad Celsius eine sehr ernsthafte Bedrohung.

In den Berichten des Weltklimarats IPCC (2018) wurden die Unterschiede zwischen einer Begrenzung auf zwei Grad im Vergleich zu 1,5 Grad Celsius ausführlich analysiert. Die Hitzeextreme werden um ein Grad höher liegen, der Meeresspiegel wird zehn Zentimeter mehr ansteigen, das Artensterben sich beschleunigen, immer mehr Waldbrände werden wüten, die Korallen noch schneller sterben und immer heftigere tropische Stürme übers Land ziehen. Der IPCC bleibt dabei recht vage und orientiert sich bei seinen Prognosen vor allem an Wahrscheinlichkeiten. Für einige Laien entsteht dadurch der Eindruck, dass sich die Wissenschaft gar nicht einig sei oder gar nicht wirklich wisse, mit was wir am Ende zu rechnen haben.

Warum das so ist, soll das Beispiel Tropenstürme erläutern. Wir wissen, unter welchen Bedingungen tropische Wirbelstürme entstehen können. In tropischen Gewässern braucht es erst einmal hohe Wassertemperaturen von möglichst über 26 Grad Celsius. Je höher die Wassertemperaturen sind, desto mehr Energie steht für Stürme zur Verfügung. Wenn dann ein Sturm loszieht, kann er größere Dimensionen erreichen. Die letzten Jahre haben gezeigt, dass Stürme immer heftiger werden und auch häufiger auftreten. Aber bei jedem Sturm stellt sich natürlich die Frage, wo er sich hinbewegt. Zieht er auf das Meer hinaus, bleibt das Schadenspotenzial recht überschaubar. Zieht der Sturm aufs Land und trifft auch noch eine große Stadt, hat das verheerende

Auswirkungen. Deshalb lässt sich nur sagen: Die Tropenstürme nehmen an Intensität zu. Die Wahrscheinlichkeit für große Schäden durch Tropenstürme steigt an. Wir können aber natürlich nicht prognostizieren, dass im Jahr 2045 eine bestimmte Stadt getroffen wird. Darum spielen Wahrscheinlichkeiten eine große Rolle.

Außerdem können wir anhand der bisherigen Entwicklung sehen, wie gut Modelle für Prognosen funktionieren. Bislang waren die Modelle eher konservativ und haben Entwicklungen eher unter- als überschätzt. Jetzt sehen wir, was bereits bei einem Grad Celsius Temperaturanstieg passiert ist. Das Waldsterben in Deutschland hat dramatische Ausmaße angenommen. Auch das wurde nur mit vagen Wahrscheinlichkeiten definiert. Aber jetzt sehen wir mit bloßen Augen, was es am Ende bedeutet, wenn die Wahrscheinlichkeit zunimmt: Die Anpassungsfähigkeit der Natur ist irgendwann erschöpft, der Wald stirbt.

Heute stellen sich bereits neue Fragen, zum Beispiel, was mit dem deutschen Wald bei zwei Grad Celsius Erwärmung passieren würde. Kann das der Wald überhaupt überleben, oder verwandeln sich weite Teile Deutschlands in eine Steppe? In anderen Regionen der Welt heißt die Frage: Was passiert, wenn die Korallenriffe komplett absterben? Der IPCC hält das bereits bei einem Temperaturanstieg von zwei Grad Celsius für sehr wahrscheinlich. Damit würden ganze Ökosysteme zusammenbrechen und die Nahrungsketten im Meer kollabieren. Am Ende der Nahrungskette steht der Mensch. Was passiert, wenn in größeren Teilen der Welt die Fischindustrie und der Fischfang zusammenbrechen? Bekommen wir dann Probleme mit der Nahrungsmittelversorgung der Menschheit? Das sind nur einige Fragen, die sich beim Überschreiten des 1,5-Grad-Limits aufdrängen. Es gibt also gewaltige Unterschiede zwischen anderthalb und zwei Grad – in unseren Augen dramatische Unterschiede.

Wir sind davon überzeugt, dass wir dringend, wie in Paris beschlossen, möglichst bei 1,5 Grad Celsius, auf jeden Fall aber deutlich unter zwei Grad Celsius bleiben sollten. Doch wenn man ein neues Ziel definiert, muss man auch einen neuen Weg dahin festlegen. Vor dem Paris-Abkommen betrug das deutsche Einsparziel für Treibhausgasemissionen 80 bis 95 Prozent bis 2050. Bezugsjahr ist seit der ersten UN-Konferenz in Rio immer das Jahr 1990. Damals wollte die deutsche Regierung die globale Erwärmung noch auf zwei Grad Celsius begrenzen. Obwohl in Paris schärfere Temperaturgrenzwerte vereinbart wurden, hielt die deutsche Regierung einfach dreist an den alten Einsparzielen fest. Nach Verabschiedung des Pariser Klimaabkommens fragte Volker einen hohen Vertreter des Bundesumweltministeriums, ob es angesichts der neuen Temperaturgrenzwerte nicht eine gute Idee wäre, die Klimaschutzziele nachzuschärfen. Die Antwort: »Diese 1,5 Grad Celsius, die stehen nur im Pariser Klimaschutzabkommen, weil die Inselstaaten damit ein Problem haben. Deutschland sieht die 1,5-Grad-Grenze nicht so kritisch. Wir sind auch mit zwei Grad zufrieden, und deswegen ist Deutschland momentan nicht bemüht, seine Ziele nachzuschärfen.«

Leere Versprechungen der Klimaschutzpolitik

Mit den Ambitionen der EU, den Green Deal in Europa durchzusetzen, ließ sich diese Linie offenbar nicht weiter durchhalten. Im Jahr 2020, fast fünf Jahre nach dem Pariser Abkommen, schwenkte die deutsche Regierung recht unverbindlich vom Einsparziel 80 bis 95 Prozent auf 100 Prozent für das Jahr 2050 um. Im April 2021 erklärte das Bundesverfassungsgericht das deutsche Klimaschutzgesetz für verfassungswidrig, was wir im nächsten Kapitel näher beleuchten werden. In größter Eile besserte die Regierung erneut nach und bestimmte das Jahr 2045 als neues Ziel für die Klimaneutralität. Das zeigt, dass Klimaschutz für die damalige Regierung im Gegensatz zu allen Versprechungen über viele Jahre nicht wirklich ganz oben auf der Agenda stand. Es drängt sich sogar der Eindruck auf, dass viele Politikerinnen und Politiker gar nicht verstehen, um was es hier eigentlich geht.

Sie wissen gar nicht, wann man tatsächlich die Klimaneutralität erreichen müsste, um das Pariser Klimaschutzabkommen einzuhalten. Dabei ist guter Rat gar nicht weit. Die Politik müsste nur auf die eigenen Sachverständigen hören. Der Sachverständigenrat für Umweltfragen, kurz SRU, ein angesehenes Gremium, das auch die Bundesregierung berät, hat alles Nötige klar und nachvollziehbar für die Politik aufgeschrieben.

Eine Jahreszahl anzugeben ist aus wissenschaftlicher Sicht wenig sinnvoll. Denn es ist ein Unterschied, ob wir noch lange Zeit viele Treibhausgase ausstoßen oder ob wir mit den Emissionen schnell herunterkommen, um sie schließlich langsam auslaufen zu lassen. Es kommt einzig und alleine auf die Menge an Treibhausgasen an, die wir auf unserem Weg zur Klimaneutralität noch in die Atmosphäre freisetzen. Das für Deutschland mit Abstand wichtigste Treibhausgas ist das Kohlendioxid. Dafür gibt es weltweit ein Budget.

Wir können ausrechnen, wie viel Kohlendioxid wir überhaupt noch ausstoßen dürfen, um eine gewisse Temperaturgrenze nicht zu überschreiten. Als Nächstes müssen wir die Wahrscheinlichkeit definieren. Es gibt eine niedrige, eine mittlere und eine hohe Wahrscheinlichkeit, um das Ziel zu erreichen, weil die Modelle, wie wir bereits im letzten Kapitel erläutert haben, eine gewisse Bandbreite haben. Deutschland hat etwa 1,1 Prozent Anteil an der Weltbevölkerung. Wenn wir nun wissen, wie viel Kohlendioxid wir weltweit noch ausstoßen dürfen, beträgt der deutsche Anteil davon ebenfalls 1,1 Prozent.

Nach Berechnungen der SRU (2020:52) beträgt das deutsche Kohlendioxidbudget noch 4,2 Gigatonnen (Gt), wenn wir mit einer mittleren Wahrscheinlichkeit noch 1,5 Grad Celsius als Obergrenze halten wollen. Deutschland hätte also von 2020 an nur noch 4,2 Milliarden Tonnen an Kohlendioxid ausstoßen dürfen. Akzeptieren wir eine Erwärmung von 1,75 Grad Celsius, was ja immer noch um einiges unter zwei Grad wäre, wollen das aber mit einer hohen Wahrscheinlichkeit erreichen, dann beträgt das deutsche Kohlendioxidbudget noch 6,7 Gigatonnen.

»Zum Einhalten des Pariser Klimaschutzabkommens
darf Deutschland insgesamt noch 4,2 bis 6,7 Gigatonnen
Kohlendioxid ausstoßen. Allein der Ausstoß im Jahr 2020
betrug schon 0,64 Gigatonnen Kohlendioxid.«

Spannend ist, wie die Politik mit diesen Fakten umgeht. Svenja Schulze, die SPD-Umweltministerin der letzten Bundesregierung, wurde vom ARD-Magazin *Kontraste* (2019) gefragt, wie viel Kohlendioxid Deutschland bis 2050 denn noch ausstoßen dürfe. Frau Schulze antwortete darauf ausweichend, Deutschland wolle bis 2050 klimaneutral werden. Auf die Rückfrage nach dem Emissionsbudget antwortete sie dann: »Solche Zahlen verwirren die Menschen nur. Unter diesen ganzen Tonnen kann sich doch keiner etwas vorstellen.« Dieses schöne Zitat erinnert ein wenig an den ehemaligen Innenminister de Maizière, der in einem anderen Zusammenhang gesagt hatte: »Ein Teil dieser Antworten würde die Bevölkerung verunsichern.«

So kann man unangenehmen Fragen auch aus dem Weg gehen. Dabei ist es aber eigentlich gar nicht so schwierig, mit den ganzen Tonnen zu hantieren. Voraussetzung ist allerdings, dass man den Dreisatz beherrscht. Im Coronajahr 2020 hat Deutschland noch einmal geschätzt rund 0,64 Milliarden Tonnen an Kohlendioxid ausgestoßen. Von den 4,2 Milliarden Tonnen von 2020 zum Einhalten der 1,5-Grad-Grenze waren Anfang 2021 nur noch 3,56 Milliarden Tonnen übrig. Würden nun die Emissionen jedes Jahr linear sinken, müssten diese in elf Jahren, also im Jahr 2032, bei null sein. Die 6,7 Gigatonnen von 2020 für die 1,75-Grad-Grenze wären in etwa 15 Jahren, also noch vor dem Jahr 2040, erschöpft.

Wollen wir auf dem Pfad des Pariser Klimaschutzabkommens bleiben, müssen wir die Treibhausgasemissionen also sofort drastisch senken. Wir müssen nämlich bereits in den 2030er-Jahren auf null kommen, möglichst im Jahr 2035 und nicht etwa erst 2050 oder 2045. Man könnte es noch ein bisschen drastischer ausdrücken: Wenn eine Bun-

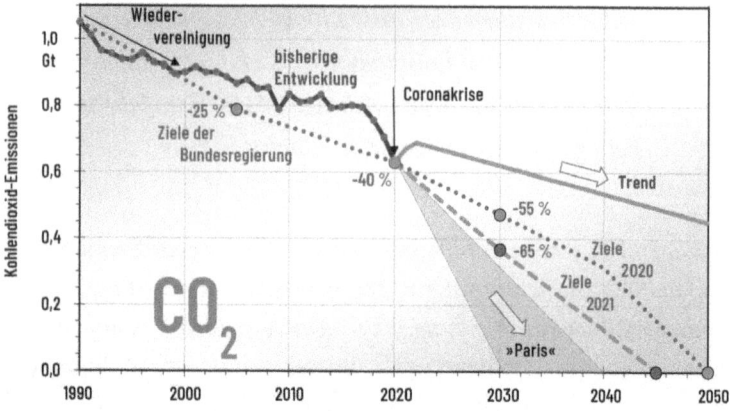

BILD 3 Entwicklung der Kohlendioxidemissionen in Deutschland, Ziele der Bundesregierung sowie Erfordernisse zum Einhalten des Pariser Klimaschutzabkommens (basierend auf Quaschning [2021b])

desregierung sagt, sie möchte erst 2045 oder 2050 klimaneutral werden, dann geht sie davon aus, dass Deutschland das Pariser Klimaschutzabkommen verletzen wird. Eine Regierung kann nicht jahrelang versprechen, sie halte das Pariser Klimaschutzabkommen ein, wenn sie sich Ziele setzt, mit denen das gar nicht möglich ist.

> *»Zum Einhalten des Pariser Klimaschutzabkommens*
> *muss Deutschland in den 2030er-Jahren klimaneutral*
> *werden. Eine Klimaneutralität erst im Jahr 2045 oder*
> *2050 ist nicht mit dem Abkommen vereinbar.«*

Wir kennen jetzt den Weg, den Deutschland einschlagen muss. Wir müssen in Deutschland unbedingt erreichen, bereits in den 2030er-Jahren klimaneutral zu werden, früher als in vielen anderen Ländern der Erde. Dass wir vor vielen anderen Ländern der Erde klimaneutral werden müssen, liegt an unserem hohen Pro-Kopf-Ausstoß an Kohlendioxid. Es wäre ungerecht, wenn nicht allen Menschen auf der Erde das Recht zugestanden würde, auf dem Weg in die Klimaneutralität jeweils die gleiche Menge an Kohlendioxid auszustoßen. Der Pro-Kopf-Ausstoß an Kohlendioxid ist aber in Deutschland fast doppelt so hoch wie der Weltdurchschnitt. Deswegen bleibt für die Klimaneutralität weltweit auch ein paar Jahre mehr Zeit. Wir werden unser Budget aber wegen unserer hohen Emissionen deutlich schneller verbraucht haben als der Weltdurchschnitt. Ähnliches gilt für das Budget von den anderen Industrieländern wie den USA, Frankreich, Großbritannien, Österreich oder der Schweiz. Vollkommen anders ist die Situation in den sich entwickelnden Ländern. Menschen in Indien oder Bangladesch stoßen weit weniger als der Weltdurchschnitt aus. Darum wird das Pro-Kopf-Kohlendioxidbudget, das in diesen Ländern genauso groß ist wie in Deutschland, dort auch viel langsamer verbraucht als bei uns.

Es bleibt die Frage, wann die Menschheit als Ganze klimaneutral werden muss. Eine Faustformel sagt: Alle zehn Jahre muss der weltweite Ausstoß der Treibhausgase halbiert werden. Im Jahr 2030 darf nur noch halb so viel ausgestoßen werden wie 2020, 2040 dann die Hälfte von 2030. Wenn gemäß diesen Vorgaben die Emissionen schnell sinken, können wir sie in den 2050er-Jahren langsam auslaufen lassen. Gelingt uns in den nächsten Jahren diese schnelle Reduktion nicht, muss auch die Welt bereits in den 2040er-Jahren vollständig klimaneutral werden. Es kommt also jetzt darauf an, dass die reichen Regionen der Erde wie Nordamerika oder Europa beim Klimaschutz richtig Tempo machen.

Kompensation und CO_2-Rückholung sinnvoll?

Wenn die sich entwickelnden Länder ihr Budget gar nicht aufbrauchen, könnten zumindest theoretisch die reichen Länder einen Teil dieses Budgets einfach mitverbrauchen und damit einige zusätzliche Jahre auf dem Weg zu ihrer Klimaneutralität gewinnen. Dem Klima ist es letztendlich egal, wo das Kohlendioxid ausgestoßen wird. Am Ende kommt es nur darauf an, wie viel insgesamt zusammenkommt. Wenn beispielsweise Indien bereits 2050 die Klimaneutralität erreichen würde, bliebe so viel von seinem Kohlendioxidbudget übrig, dass den Ländern in Europa rein rechnerisch einige Jahre mehr Zeit bliebe. Doch wir können den armen Ländern nicht einfach ihr Budget wegnehmen und ihre Rechte beschneiden, wie wir es schon so oft in der Geschichte gemacht haben. Außerdem ist es noch gar nicht ausgemacht, dass die sich entwickelnden Länder am Ende nicht doch ihr Budget aufbrauchen oder gar überziehen. Schließlich haben sie ganz andere technologische und finanzielle Voraussetzungen als wir. Heute kämpfen sie in der Regel mit ganz anderen Problemen. Länder, in denen heute noch Menschen verhungern, folgen ganz anderen Prioritäten als der einer schnellen Klimaneutralität, nur damit am Ende ein Teil ihres Kohlendioxidbudgets für die reichen Länder übrig bleibt.

Wollen wir unser Budget überziehen und das mit Einsparungen in anderen Ländern kompensieren, werden wir auch dafür bezahlen müssen. Wir reden dann über signifikante Transferzahlungen im mehrstelligen Milliardenbereich. Um einmal abzuschätzen, über welche Summen wir reden, kann man die Klimafolgeschäden für Kohlendioxidemissionen ansetzen. Das Umweltbundesamt (2020) geht von mindestens 195 Euro an Klimaschäden pro Tonne Kohlendioxid aus. Würden wir unser Kohlendioxidbudget nur um eine Gigatonne überziehen – eine Menge, die wir derzeit in nicht einmal zwei Jahren verursachen –, würden wir nach heutiger Rechnung dadurch bereits zusätzliche Klimaschäden von 195 Milliarden Euro verursachen. Über diese Summen müssten wir reden, wenn wir anderen Ländern einen Teil ihres Restbudgets abkaufen wollten. Wirklich reich würden diese Länder damit auch nicht werden. Sie bräuchten die Gelder, um ihren schnelleren Weg zur Klimaneutralität zu finanzieren und die bereits auftretenden Klimaschäden zu begleichen. Rechtzeitig im eigenen Land klimaneutral zu werden ist für uns auf jeden Fall die preiswerteste Lösung.

»Rechtzeitig im eigenen Land klimaneutral zu werden ist für uns auf jeden Fall die preiswerteste Lösung.«

Für diejenigen, die trotzdem an einer späteren Klimaneutralität festhalten, bietet aber das Pariser Klimaschutzabkommen noch ein weiteres Schlupfloch. Wir könnten zu viel ausgestoßenes Kohlendioxid auch später wieder zurückholen. In der Fachsprache spricht man dann von Carbon Dioxide Capture and Storage, kurz CCS. Dabei wird Kohlendioxid einfach wieder zurückgewonnen und sicher unter Tage endgelagert. Diese Variante hört sich auf den ersten Blick vielversprechend an.

Die erste Methode zum Rückholen von Kohlendioxid ist außerdem auch noch völlig simpel: Wiederaufforstung. Wir lassen einfach Bäume das Kohlendioxid binden und im Holz speichern: CCS durch die Natur. Einfach ein paar Bäume pflanzen klingt sympathisch und einfach. Ist es aber nicht. Der Zustand des Waldes ist alles andere als gut. Der Waldzustandsbericht des Bundesministeriums für Ernährung und Landwirtschaft (2021) zeigt ein dramatisches Bild. Noch nie seit den 1980er-Jahren war so viel Wald geschädigt oder gar vom Absterben betroffen. Um wirklich Kohlendioxid zurückzuholen, genügt es nicht, einfach ein paar Setzlinge in die Erde zu stecken. Nur wenn die Bäume über viele Jahrzehnte wachsen, binden sie große Mengen an Kohlendioxid. Sterben die Wälder vorzeitig ab oder fallen sie Waldbränden zum Opfer, wird das gebundene Kohlendioxid schlagartig wieder frei.

Dass weltweit durch Wiederaufforstung Kohlendioxid der Atmosphäre entzogen würde, ist momentan ein reiner Wunschtraum. Das Gegenteil ist heute der Fall. Ein dramatisches Beispiel ist die rasante Zerstörung der Regenwälder in Brasilien. Rund zehn Prozent der Treibhausgase kommen von der Brandrodung weltweit. Diese Gebiete lassen sich auch nicht einfach wieder aufforsten. Sie werden vor allem zum Anbau von Tierfutter benötigt, um unseren stetig steigenden Hunger nach tierischen Nahrungsmitteln zu decken: ein Thema, auf das wir später noch einmal näher eingehen werden. Auf der anderen Seite gibt es auch Gebiete, zum Beispiel in Russland, in denen derzeit die Bewaldung zunimmt. Hier wirkt sich der Klimawandel positiv aus. Kohlendioxid ist für Pflanzen ein Dünger. Der Wald wächst durch den Klimawandel erst einmal besser, bis ihm Dürre, Schadstoffe und Schädlinge so stark zusetzen, dass sich die Entwicklung ins Gegenteil verkehrt.

In der Summe trägt der Wald derzeit aber nicht zur Reduktion von Treibhausgasen bei. Wir in Deutschland haben einen erheblichen Anteil daran, dass durch unseren Konsum Wald weltweit zerstört wird. Wenn wir über Rückholung von Kohlendioxid reden, müssten wir erst einmal die Waldzerstörung stoppen. Selbst wenn uns das gelingt, bräuchten wir für das Binden großer Mengen an Kohlendioxid gigantische Flächen für neue Wälder. Angesichts einer immer noch steigenden Weltbevölkerung dürfte es schwer werden, diese am Ende auch zu finden. Stefan Rahmstorf (2019) schätzt, dass selbst unter optimistischen Annahmen zehn bis 20 Prozent der derzeitigen Kohlendioxidemissionen durch Wälder gebunden werden könnten. Das ginge auch nur für eine begrenzte Zeit, da unser Planet nur über endliche Flächen verfügt. Wir sollten also erst einmal 80 bis 90 Prozent unserer Emissionen reduzieren und die laufende Waldzerstörung stoppen. Dann können wir über diese Option nachdenken, um die letzten, möglicherweise unvermeidbaren Emissionen zu kompensieren. Bäume zu pflanzen, damit alle weiter Dieselautos fahren und mit einer Erdgasheizung heizen können, wird definitiv nicht funktionieren.

Neben dem Wiederaufforsten stehen noch zwei weitere Varianten hoch im Kurs, um Kohlendioxid wieder aus der Atmosphäre zurückzuholen: BECCS und DAC. BECCS steht für »Bioenergy with Carbon Capture and Storage«. Hierzu werden beispielsweise Bäume angepflanzt. Das Kohlendioxid aus der Atmosphäre landet so im Holz. Das Holz wird dann in Biomassekraftwerken verbrannt, das dabei entstehende Kohlendioxid wieder aufgefangen und unter der Erde in Endlager verbracht. Das Prinzip ist also simpel. Biomasse entzieht beim Wachsen der Atmosphäre Kohlendioxid über die natürliche Photosynthese. Im Kraftwerk lässt sich die Biomasse energetisch nutzen und das Kohlendioxid über verschiedene technische Prozesse aus der Verbrennungsluft abtrennen und auffangen. Man kann sich das so vorstellen, dass ein Luftballon über den Schornstein gestülpt wird und das Kohlendioxid sammelt. Dann wird das aufgefangene Kohlendioxid zu einem geeigneten Endlager transportiert. Das kann irgendeine ausgebeutete Lagerstätte für Erdgas oder Erdöl sein, worin dann das Kohlendioxid verpresst und über Jahrtausende sicher gelagert wird. Während beim Wiederaufforsten der Wald irgendwann einmal ausgewachsen ist und nur noch sehr begrenzt Kohlendioxid aufnehmen kann, lässt sich mit BECCS theoretisch über die Anbauflächen der Atmosphäre kontinuierlich Kohlendioxid entziehen. Das Kohlendioxid wird dabei nicht im Holz gespeichert, das erhalten werden muss, sondern im Kohlendioxidlager unter der Erde.

Der Weltklimarat IPCC (2018) hat einige Szenarien zum Einhalten der 1,5-Grad-Grenze erstellt, in denen gigantische Mengen an Kohlendioxid durch BECCS der Atmosphäre wieder entnommen werden. Das wird von einigen Kräften in der Klimaschutzdiskussion gerne als Argument genutzt, dass allzu große Eile in Sachen Klimaschutz unangebracht wäre. Denke man technologieoffen, könne das Kohlendioxid doch jederzeit wieder aus der Atmosphäre zurückgeholt werden. Was das bedeuten würde, wird in diesem Zusammenhang gerne verschwiegen. Um große Mengen an Kohlendioxid auf diese Weise der Atmosphäre zu entnehmen, werden erst einmal gigantische Plantagen für den Biomasseanbau benötigt. Große Monokulturen sollen das Kohlendioxid auf Flächen einsammeln, die es derzeit in diesem Umfang gar nicht gibt. Am Ende steigt der Druck, die letzten Regenwälder abzuholzen, um dort dann schnell wachsende Hölzer oder andere Pflanzen für das BECCS anzubauen. Der vermeintliche Klimaschutz könnte in einer Katastrophe enden. Flächen mit einer großen Artenvielfalt und Biodiversität würden geopfert, damit wir beim Klimaschutz weiter trödeln können. Die Folge wäre vermutlich eines der massivsten Naturzerstörungsprogramme, die die Erde je gesehen hat.

Ein weiterer Nachteil von BECCS sind die hohen Kosten. Biomasse wird heute schon ungern eingesetzt, weil sie im Vergleich zur Solar- und Windenergie teuer ist. Wenn dann noch zusätzlich Kohlendioxid abgetrennt und endgelagert werden soll, steigen die Kosten weiter empfindlich an. Der deutlich kostengünstigere Weg zur Klimaneutralität ist die Realisierung einer klimaneutralen Energieversorgung, die ohne BECCS auskommt.

Neben BECCS gibt es noch eine zweite Option, Kohlendioxid technisch aus der Atmosphäre zurückzuholen: DAC. Die Abkürzung DAC oder ganz korrekt DACCS steht für »Direct Air Carbon Capture and Storage«, also die direkte Abscheidung von Kohlendioxid aus der Umgebungsluft und die anschließende Endlagerung. In diese Technologie werden große Hoffnungen gesetzt. Bill Gates hat in diese Technologie investiert und Elon Musk 2021 ein hohes Preisgeld für neue Entwicklungen ausgesetzt. An den grundlegenden Problemen kommen aber auch berühmte Namen nicht vorbei. Bei der Verbrennung fossiler Energieträger wandeln wir hochkonzentrierten Kohlenstoff in fein verteiltes atmosphärisches Kohlendioxid um. Das extrem gering konzentrierte Kohlendioxid von dort zurückzuholen ist dadurch zwangsläufig aufwändiger, als es freizusetzen. Einzelne Studien wie SAPEA (2018) schätzen die Kosten für DAC auf 200 bis 1000 Euro pro Tonne Kohlendioxid. Optimistischere Schätzungen gehen davon aus, dass sich die Kosten auf unter 100 Euro pro Tonne Kohlendioxid drücken lassen. Um eine Gigatonne Kohlendioxid aus der Luft zu filtern, wären selbst dann noch knapp 100 Milliarden Euro erforderlich. Die Kosten für den Weitertransport und die Endlagerung des Kohlendioxids unter der Erde sind darin noch nicht einmal enthalten.

Es ist durchaus sinnvoll, die Entwicklung solcher Technologien voranzutreiben. Wenn es uns nicht gelingt, rechtzeitig die nötigen Klimaschutzmaßnahmen durchzusetzen, hätten wir zumindest einen Plan B, um zu horrenden Kosten Klimaveränderungen wieder rückgängig zu machen. Wer diese Technologien aber heute als Ausrede benutzt, mehr fossile Energieträger zu verbrennen, als uns nach unserem Budget zusteht, müsste die genannten Summen für die anschließende Rückholung von Kohlendioxid zurücklegen. Schließlich können wir diese Kosten nicht einfach zusammen mit den von uns verursachten Problemen an die kommenden Generationen durchreichen.

Selbst wenn die Frage nach der Finanzierung geklärt wäre, müsste am Ende ein Endlager für das Kohlendioxid gefunden werden. Wenn wir dafür in Deutschland auf ehemalige Erdgaslagerstätten zurückgreifen, fehlen sie uns als große Untertagespeicher für grünen Wasserstoff oder grünes Methan für die Energierevolution. Außerdem ist gar nicht sicher, ob sich Kohlendioxidendlager in Deutschland überhaupt durchsetzen lassen. Wird ein Kohlendioxidendlager undicht und tritt Kohlendioxid in großen Mengen aus, ist das nicht ungefährlich. Kohlendioxid ist schwerer als Luft und bleibt deswegen erst einmal für einige Zeit am Boden, bis es sich in der Atmosphäre verteilt. In dieser Zeit würden aber Menschen und Tiere vor Ort ersticken. Auch wenn das Risiko für solch ein Szenario sehr gering ist, dürften Kohlendioxidendlager in Deutschland nicht wirklich beliebt werden. Vermutlich müsste Kohlendioxid anderenorts, beispielsweise in ausgebeuteten Erdgaslagerstätten in Sibirien, endgelagert werden. Einfach und billiger wird der am Anfang so gut klingende Plan für die Kohlendioxidrückholung dadurch nicht.

Je mehr man über sie nachdenkt, desto irrwitziger klingen diese Ideen. Alle bekannten Verfahren sind aufwändig, sehr teuer und risikobehaftet. Immer wieder wird die Sorge laut, der schnelle Weg in die

Klimaneutralität würde uns finanziell extrem belasten. Dabei zeigen viele Studien, wie beispielsweise von Sterchele et al. (2020), dass eine schnelle Klimaneutralität durchaus erreichbar und auch finanzierbar ist. Doch wer diese Sorgen teilt, darf nicht auf die noch viel teurere Variante der Kohlendioxidrückholung setzen.

Ganz werden wir an der Abtrennung und Endlagerung von Kohlendioxid nicht vorbeikommen. In einigen Bereichen benötigen wir grünes Methan, worauf wir später noch einmal ausführlich eingehen werden. Für seine Herstellung muss in einem ersten Schritt Kohlendioxid aus der Luft oder bei der Biomassenutzung abgetrennt werden. Zement lässt sich nicht ohne Emissionen von Kohlendioxid gewinnen. Das müssen wir auffangen und in Endlagern deponieren, was vergleichsweise hohe Kosten verursachen wird. Das aber ist der Preis für den Klimaschutz. Wegen der Probleme und der hohen Kosten sollten wir den Einsatz dieser Technologien auf das unbedingt notwendige Minimum begrenzen.

>>*Alle Technologien zur Rückholung und Endlagerung von Kohlendioxid sind extrem teuer, und ein Endlager ist wegen der Risiken in Deutschland kaum durchsetzbar.*<<

Als Alternative zu erneuerbaren Energien oder der Kohlendioxidrückholung wird gerne die Kernenergie ins Spiel gebracht. Kernkraftwerke sind aber keine Option, die es uns ermöglichen würde, mit unseren Kohlendioxidbudgets auszukommen. Warum das so ist, werden wir später in einem eigenen Kapitel zur Kernenergie noch einmal ausführlich erläutern.

Klimasünderland Deutschland

Lenken wir den Fokus noch einmal auf die deutsche Klimaschutzpolitik zurück. Am 22. November 2016 hat der Deutsche Bundestag einstimmig dem Pariser Klimaschutzabkommen zugestimmt, mit den Stimmen von FDP, SPD, CDU/CSU, den Grünen und den Linken. Um das noch einmal auf den Punkt zu bringen: Damit haben eigentlich alle damals im Parlament vertretenen Parteien beschlossen, dass wir – wie zuvor erläutert – in den 2030er-Jahren klimaneutral werden. Alternativ können wir dreistellige Milliardenbeträge zurücklegen, um später das Kohlendioxid aus der Atmosphäre zurückzuholen oder unsere zu hohen Emissionen durch massive Klimaschutzinvestitionen in anderen Ländern zu kompensieren. Nichts von alldem wurde bislang auf den Weg gebracht. Kann es sein, dass viele Abgeordnete gar nicht verstanden haben, über was sie da abgestimmt haben?

Die AfD war damals noch nicht im Bundestag, sie möchte wie der ehemalige US-Präsident Donald Trump aus dem Pariser Klimaabkommen aussteigen, weil es nach ihrer Meinung kein Klimaproblem gibt. Im Prinzip ist sie damit sogar ein Stück weit ehrlicher als die anderen Parteien. Es ist absolut unehrlich, erst dem Pariser Klimaschutzabkommen zuzustimmen, dann aber Klimaschutzziele zu formulieren, mit denen wir das Abkommen gar nicht einhalten können. Noch schlimmer ist es, dann eine Energie- und Klimaschutzpolitik zu betreiben, mit der nicht einmal die eigenen viel zu schwachen Klimaschutzziele erreicht werden können.

Im Jahr 2020 beklagte Volker auf Twitter, dass die deutsche Energiepolitik auch nicht viel besser sei als die von Trump, da der Schutz der Kohleindustrie einen höheren Stellenwert habe als Klimaschutz. Damit zog er sich massiven Unmut eines SPD-Abgeordneten zu, der sich klar von Trump distanzierte. Es ging dabei aber nie um einen Vergleich mit der Person Trump, sondern mit dessen Energiepolitik. Denn zwischen 2010 und 2019 ist in den USA die Stromerzeugung aus Kohlekraftwerken deutlich stärker zurückgegangen als in Deutschland. Das widerspricht vollkommen unserer Selbsteinschätzung als vorbildliches Klimaschutzland. Die Kritik, dass Deutschland in Sachen Klimaschutz nicht wirklich gut unterwegs ist, wird von vielen gar nicht verstanden.

Und dann ist immer wieder zu hören, Deutschland sei für den Klimaschutz relativ unbedeutend, weil nur für unbedeutende rund zwei Prozent der weltweiten Treibhausgasemissionen verantwortlich. In Deutschland lebt aber auch nur gut ein Prozent der Weltbevölkerung. In Relation dazu sind die zwei Prozent sehr viel. Im Ranking der Länder mit den höchsten Treibhausgasemissionen liegt Deutschland nach China, den USA, Indien, Russland und Japan immerhin auf Platz sechs. Mit der gleichen Argumentation könnten sich dann auch die Länder auf den Plätzen sieben bis 195 aus der Verantwortung stehlen. Dann brauchen wir über weltweiten Klimaschutz nicht mehr zu reden.

> *»Deutschland ist das Land mit den sechshöchsten Kohlendioxidemissionen weltweit. Pro Kopf stoßen wir rund doppelt so viel Kohlendioxid aus wie der Weltdurchschnitt.«*

Auch in puncto Klimaschutz ist Deutschland inzwischen alles andere als ein Vorbild. Die Umweltschutzorganisation Germanwatch (2020) gibt jedes Jahr den Climate Change Performance Index CCPI heraus. Hier werden die Klimaschutzaktivitäten aller Länder bewertet. Die ersten drei Plätze sind unbesetzt, weil es derzeit kein Land weltweit gibt, das ausreichend Maßnahmen zum Einhalten des Pariser Klimaschutzabkommens durchführt. Deutschland nimmt dort nicht etwa Platz vier ein, sondern steht auf dem unrühmlichen 19. Platz. Auf den vorderen Rängen befinden sich Schweden, Großbritannien, Dänemark und Marokko. Immerhin befindet sich Deutschland in dem Ranking noch vor den USA, die abgeschlagen auf Platz 61 liegen. Unter der Regierung Biden dürfte sich deren Position in den nächsten Jahren aber deutlich verbessern.

Das Hauptproblem in Deutschland sind nicht einmal die viel zu laschen Klimaschutzziele. Es ist der viel zu langsame Rückgang der Emissionen. In den 1990er-Jahren sind die Treibhausgasemissionen in Deutschland immerhin um rund 15 Prozent zurückgegangen. Der Grund dafür waren keine ambitionierten Klimaschutzmaßnahmen, sondern der Zusammenbruch der Wirtschaft in den neuen Bundesländern. Wenn rauchende Schornsteine durch blühende Landschaften ersetzt werden, gehen die Emissionen natürlich erst einmal deutlich zurück. Das sind Wiedervereinigungsgewinne, die sich nicht wiederholen werden. Deshalb hat Deutschland sein erstes Klimaschutzziel mit 25 Prozent Einsparungen bis 2005 auch krachend verfehlt. Durch die bisherige Energiewende gingen die Treibhausgasemissionen dann langsam weiter nach unten, während der Coronakrise und den langen Lockdowns sind die Emissionen dann noch mal deutlich eingebrochen. Auch das sollte sich hoffentlich nicht wiederholen. Bis zum Jahr 2020 hat Deutschland insgesamt Reduktionen von rund 40 Prozent im Vergleich zu 1990 erreicht. Nach der Coronakrise werden die Emissionen erst einmal wieder spürbar ansteigen. Von den 40 Prozent Einsparungen auf dem Papier bleiben nach Abzug der Wiedervereinigungsgewinne und der Reduktionen durch die Coronakrise gerade einmal rund 20 Prozent an realen Treibhausgaseinsparungen, die Deutschland wirklich erreicht hat. Das ist also unsere Vergleichszahl. 20 Prozent in 30 Jahren, auch wenn auf dem Papier 40 Prozent stehen.

Wenn alle Menschen und alle Länder auf der Erde so langsam ihre Treibhausgasemissionen herunterfahren würden wie Deutschland, dann müssten wir froh sein, wenn die globale Erwärmung nicht über drei Grad Celsius hinausschießt. Von 1,5 oder zwei Grad Celsius brauchen wir dann gar nicht erst zu reden. Deutschland ist beim Klimaschutz nicht vorne dabei. Wir sind ein großer Teil des Problems. Deswegen müssen wir endlich einmal anfangen, wirklich zu handeln.

In den nächsten Jahren ist ein weiterer Rückgang der Emissionen eine enorme Herausforderung. Nach der Coronakrise und der Erholung der Wirtschaft ist ein Anstieg der Emissionen unausweichlich. Deutschland hat versäumt, in der Coronakrise die Weichen klar auf Klimaschutz zu stellen und dafür lieber mit Staatsmilliarden Unternehmen wie die Lufthansa gerettet, die mit ihren Emissionen ein Teil des Klimaproblems sind. Andere Länder, wie Frankreich, haben staatliche Unterstützung an harte Klimaschutzauflagen gekoppelt, in Deutschland ist das nicht passiert. Im Jahr 2022 steigen wir aus der Kernenergie aus, bauen aber die regenerativen Energien so wenig aus, dass wir die Produktion der Kernkraftwerke nicht werden kompensieren können. Da wird man dann das ein oder andere Kohlekraftwerk wieder hochfahren.

Überraschung, Überraschung! Ja, wir steigen aus der Kernenergie aus. Das wurde schon im Jahr 2011 beschlossen und sollte in der deutschen Politik eigentlich bekannt sein. Aber Deutschland hat es versäumt, im Erneuerbare-Energien-Gesetz (EEG) die Ausbaumengen an Solar- oder Windenergie festzulegen, um sowohl den Kernenergieausstieg als auch die selbst gesetzten Klimaschutzziele zu erreichen. Jetzt schon wieder nach Laufzeitverlängerungen von Kernkraftwerken zu rufen löst das Problem nicht, sondern schafft neue. Nachdem die deutschen Treibhausgasemissionen 2021, 2022 und vermutlich auch 2023 wieder ansteigen werden, müssen wir jetzt die Weichen stellen, damit wir danach dauerhaft und vor allem schnell auf den Klimaschutzpfad einschwenken.

Deutschland hätte durchaus noch eine Chance, in den 2030er-Jahren klimaneutral zu werden und damit dem Pariser Klimaschutzabkommen gerecht zu werden. Leisten können wir uns das auch. Die erneuerbaren Energien sind in den letzten Jahren unglaublich preiswert geworden. Die Solarenergie ist die billigste Art der Stromerzeugung. Mit einem Bruchteil der vielen Staatsmilliarden, die für die Bewältigung der Coronakrise geflossen sind, hätten wir uns locker auf den Klimaschutzpfad begeben und der Energierevolution den richtigen

Schwung geben können. Aber noch immer fehlt uns die Bereitschaft dazu. Dabei wird nicht Klimaschutz am Ende teuer werden, sondern der versäumte Klimaschutz.

Wie bereits erwähnt, betragen die Klimafolgekosten mindestens 195 Euro pro Tonne Kohlendioxid. Diese Kosten werden früher oder später unweigerlich auf uns zukommen. Deutschland verursacht derzeit pro Jahr Klimafolgeschäden pro Jahr von über 120 Milliarden Euro, weit über eine Billion Euro in zehn Jahren. Wir werden für diese Schäden viel Geld brauchen. Geld für zusätzlichen Küstenschutz, Geld für Entschädigungen für zunehmendes Waldsterben und Ernteausfälle, Geld für Industrieproduktionsausfälle, Geld für Gesundheitsschäden oder Todesopfer durch Hitze und zunehmende Naturkatastrophen, Geld für den Umbau der Trinkwasserversorgung, Geld für Hochwasserschutz im Binnenland, Geld für Umsiedelungen von Menschen aus Regionen, die der Klimakrise zum Opfer fallen, Geld für mehr Landesverteidigung, wegen der zunehmenden internationalen Konflikte durch die Klimakrise. Da durch die Klimakrise nach und nach große bewohnte Gebiete der Erde lebensfeindlich werden, wird durch zusätzliche Klimaflüchtlinge die Zahl der Flüchtlinge weltweit drastisch ansteigen. Unsere Gesellschaft wird sich dann entscheiden müssen, wie viele Klimaflüchtlinge sie aufnehmen will oder ob sie die Verantwortung für das von ihr verursachte Leid einfach ignoriert und die Einreise von Flüchtlingen gewaltsam verhindert. So oder so werden uns die dann dramatischen Fluchtbewegungen viel Geld kosten, entweder um Klimaflüchtlinge bei uns aufzunehmen oder um andere Länder dafür zu bezahlen, dass sie ohne Rücksicht auf Verluste verhindern, dass sich diese Menschen auf den Weg zu uns machen.

Neben den Klimaschäden verursachen wir mit der Verbrennung fossiler Energieträger pro Jahr enorme Gesundheitsschäden. Die Europäische Umweltagentur (2020) geht von 400 000 Toten pro Jahr durch Luftverschmutzung in Europa aus. Das verursacht erst einmal enormes Leid, aber auch hohe Kosten für die Volkswirtschaft und die Gesundheitssysteme. Unzureichender Klimaschutz und Festhalten an fossilen Energieträgern kostet viel Geld, was wir uns sparen können, wenn wir endlich richtig handeln.

Auch beim Import von klimaschädlichem Erdöl und Erdgas könnte Deutschland kräftig sparen. Wir überweisen jedes Jahr, ohne mit der Wimper zu zucken, hohe zweistellige Euro-Milliardenbeträge an Länder wie Russland oder Saudi-Arabien und kritisieren danach Menschenrechtsverletzungen. Das Geld könnten wir in heimische erneuerbare Energien investieren.

Erstaunlich ist, dass einige Vertreterinnen und Vertreter aus der Wirtschaft in den vergangenen Jahren immer wieder vor allzu ambitioniertem Klimaschutz gewarnt haben. Dabei ist Deutschland eine Exportnation. Als Exportnation sollte man einen Blick darauf haben, was wir langfristig exportieren können. Das werden sicher keine Dieselautos sein, die aus immer mehr Städten verbannt werden, und auch keine Braunkohlebagger, für die es nirgendwo auf der Welt noch Abnehmer geben wird. China setzt ganz klar auf Photovoltaik, auf Windenergie, auf Batterien, auf Elektroautos, auf die neuen Technologien und versucht sich dort als Weltmarktführer zu etablieren. Aus den USA wirbeln Trendsetter wie Tesla die Mobilitäts- und Energiewelt durcheinander. Und wir? Wir haben viele Jahre einfach ungläubig zugeschaut und gehofft, die anderen Länder werden uns schon nicht überholen. Mit dem Festhalten an alten Technologien werden wir früher oder später von der technologischen Entwicklung abgehängt werden. Nur wenn wir jetzt schnell auf wirksamen Klimaschutz setzen, können wir eines der technologischen Spitzenländer bleiben und damit auch unseren Wohlstand sichern.

Die Frage am Anfang lautete: »Hält Deutschland das Pariser Klimaschutzabkommen ein?« Die Antwort lautet derzeit ganz eindeutig: »Nein.« Wir haben aber ganz klar gezeigt, dass es viele gute Gründe gibt, warum wir endlich unseren völkerrechtlichen Verpflichtungen gerecht werden sollten. Die Klimakrise ist dabei bei Weitem nicht der einzige.

IST DIE DEUTSCHE KLIMAPOLITIK VERFASSUNGSKONFORM?

Im Frühjahr 2021 ging das Bundesverfassungsgericht mit der Klimaschutz-
politik der Bundesregierung hart ins Gericht und erklärte die einschlägige
Gesetzgebung zum Teil für verfassungswidrig. 16 Monate zuvor hatte in den
Niederlanden der Oberste Gerichtshof die Regierung zu wirksamem Klima-
schutz verpflichtet. Die völlig verfehlte Klimaschutzpolitik der vergangenen
Jahre in vielen Ländern verstößt immer offensichtlicher gegen Grundrechte.
Mitten im Wahlkampf für den Deutschen Bundestag besserte die alte Regie-
rung das Klimaschutzgesetz hektisch nach. Doch es bleiben Fragen offen.
Ist das neue Klimaschutzgesetz nun wirklich verfassungskonform? Und vor
allem: Welche Maßnahmen müsste die Politik jetzt beschließen, damit wir
die neuen Ziele auch einhalten können?

Am 29. April 2021 verkündete das Bundesverfassungsgericht einen his-
torischen Beschluss, der wie eine Bombe einschlug: Das deutsche Klimaschutzgesetz ist teilweise verfassungswidrig. Für die damalige Regierung kam der Beschluss zur Unzeit: mitten im Bundestagswahlkampf. Spannend war vor allem die Reaktion der Regierung. Alle
überschlugen sich mit Lob, der damalige Wirtschaftsminister Peter
Altmaier nannte es sogar »epochal für den Klimaschutz«. Der neue
Kommunikationsstil der Politik ist wirklich faszinierend. Das Verfassungsgericht gibt der Klimaschutzpolitik der Regierung eine heftige
Klatsche und die verantwortlichen Politikerinnen und Politiker bre-
chen regelrecht in Jubel aus: »Hurra! Super! Toll, dass ihr unsere Politik in der Luft zerreißt. Eigentlich wollten wir schon immer viel mehr
für Klimaschutz unternehmen. Prima, dass uns das Verfassungsgericht

endlich daran erinnert.« Zurück bleibt die Frage, warum bislang nicht einmal ansatzweise ausreichend gehandelt wurde, wenn Klimaschutz wirklich so toll und wichtig ist. Nach dem ganzen Lob kamen noch ein paar wahlkampftaktische Schuldzuweisungen an den jeweiligen Koalitionspartner. Das war wirklich ganz großes Kino.

Gleich nach dem Beschluss wurde im Expresstempo gehandelt. Noch schneller als die meisten Corona-Schutzmaßnahmen war in kürzester Zeit ein neues Klimaschutzgesetz aus dem Hut gezaubert. Gerade einmal zwei Wochen nach dem Beschluss hatte das Kabinett das neue Klimaschutzgesetz beschlossen. Von wegen lahme Ente. Da wollte man offensichtlich so schnell wie möglich ein für den Wahl-kampf unangenehmes Thema aus dem Weg räumen.

Der lange Weg zur Klimaklage

Die Änderungen im Klimaschutzgesetz schauen wir uns später noch genauer an. Erst einmal wollen wir aber erzählen, wie es zu der Klage gekommen ist. Sie hatte viele Mütter und Väter. Wir bitten um Ent-schuldigung, wenn wir hier nicht allen gerecht werden können. Einer der Hauptideengeber war Wolf von Fabeck. Er ist Ehrenvorsitzender des SFV, des Solarenergie-Fördervereins Deutschland mit Sitz in Aa-chen. Im SFV wurde die Idee der Klage geboren. Als zweiter Mitstrei-ter wurde der BUND (Bund für Umwelt und Naturschutz) gewonnen. Nun war von Anfang an zu befürchten, dass eine Klage von Verbänden abgelehnt wird, da unsere Verfassung für die Bürgerinnen und Bürger und nicht für Verbände und Unternehmen geschrieben ist. Also brauchte man Einzelklägerinnen und -kläger. Wolf von Fabeck hat mich, Volker, und andere angesprochen, ob wir bei der Klage dabei wären. Da musste ich natürlich nicht lange nachdenken. Ich habe dann noch über einen Freund den Schauspieler Hannes Jaenicke kon-taktiert, der ebenfalls zugesagt hat. Ein paar prominente Gesichter sind für die Öffentlichkeitsarbeit immer gut. Am Ende waren wir dann elf Klägerinnen und Kläger, die nun begründen mussten, dass die Klimakrise und vor allem die unzulängliche Politik der Bundesregierung ihre verfassungsrechtlich garantierten Grundrechte verletzten. Den juristischen Part übernahmen Felix Ekardt von der Uni Rostock und Franziska Heß von der Anwaltskanzlei Baumann in Leipzig. Am 23. November 2018, noch bevor die Fridays-for-Future-Bewegung in Deutschland Fahrt aufnahm, haben wir die Klage eingereicht. Damit war die erste Klima-Verfassungsklage Deutschlands auf dem Weg. Wir bekamen noch eine Eingangsbestätigung, und dann war erst einmal Funkstille.

Nach einem knappen Jahr erhielten wir dann einen Bescheid, der Hoffnung verbreitete: Uns wurde mitgeteilt, dass das Gericht die Bundesregierung zu einer Stellungnahme aufgefordert habe. Das war erst einmal ein gutes Zeichen, denn das Gericht hätte auch einfach irgendwann verkünden können, dass es die Klage ablehne – dann wäre einfach Schluss gewesen. *Finito*. So war das nun ein klares Signal, dass das Verfassungsgericht die Klage nicht gleich als unbegründet abschmettern wollte. Die Bundesregierung hat daraufhin alles versucht, dem Gericht darzulegen, dass die Klage völlig unbegründet sei und wir auch gar nicht berechtigt wären zu klagen. Große Teile der Regierungsfraktion hatten nicht wirklich die Absicht, wirksameren Klimaschutz durchzusetzen.

Nach zweieinhalb Jahren bekamen wir dann vom Gericht eine Mitteilung, dass es einen Beschluss geben würde. Das erinnerte ein bisschen an Weihnachten. Bekomme ich nun das neue Fairphone 3+ oder doch nur ein paar hässliche Hemden und Krawatten, die niemandem gefallen?

Ein historischer Beschluss

Der Anfang der Pressemitteilung des Bundesverfassungsgerichts (2021) klang erst einmal nicht so ermutigend. Die Überschrift lautete »Verfassungsbeschwerden gegen das Klimaschutzgesetz teilweise erfolgreich«. Nachdem sich herumgesprochen hatte, dass unsere Klage nicht gleich als unbegründet abgeschmettert wurde, wurden 2020 noch drei weitere Klagen mit dem Bezug auf Klimaschutz eingereicht, bei denen auch junge Menschen der Fridays-for-Future-Bewegung beteiligt waren. Das Gericht hat dann alle Beschwerden zusammengefasst und gemeinsam verhandelt.

»Teilweise erfolgreich« klingt erst einmal nicht wirklich nach einem bahnbrechenden Erfolg. Ein voller Erfolg hätte bedeutet, dass das Klimaschutzgesetz und damit die Klimaschutzpolitik als Ganzes verfassungswidrig sind. Das Gericht beanstandete aber nur Teile des Klimaschutzgesetzes.

*»Grundgesetz Artikel 20a: Der Staat schützt auch
in Verantwortung für die künftigen Generationen
die natürlichen Lebensgrundlagen.«*

Im Grundgesetz Artikel 20a steht: »Der Staat schützt auch in Verantwortung für die künftigen Generationen die natürlichen Lebensgrundlagen.« Damit ist der Staat zum Klimaschutz verpflichtet, auch wenn Klimaschutz nicht explizit genannt wird. Das Verfassungsgericht stellte das Klimaschutzgesetz in den Mittelpunkt. Weil es ein Klimaschutzgesetz gibt, unternimmt die Regierung augenscheinlich erst einmal etwas gegen die Klimakrise. Darum erübrigt sich der Vorwurf, die Regierung unternehme nichts gegen die Klimakrise und schütze nicht die Lebensgrundlagen.

Aber dann hat sich das Gericht das Klimaschutzgesetz vorgeknöpft und hat richtig Tacheles geredet: »Die zum Teil noch sehr jungen Beschwerdeführenden sind in ihren Freiheitsrechten verletzt. Die Vorschriften verschieben hohe Emissionsminderungslasten unumkehrbar auf Zeiträume nach 2030. Dass Treibhausgasemissionen gemindert werden müssen, folgt auch aus dem Grundgesetz. Das verfassungsrechtliche Klimaschutzziel des Art. 20a GG ist dahingehend konkretisiert, den Anstieg der globalen Durchschnittstemperatur dem sogenannten ›Paris-Ziel‹ entsprechend auf deutlich unter 2 °C und möglichst auf 1,5 °C gegenüber dem vorindustriellen Niveau zu begrenzen.«

Diese Sätze haben es in sich. Das Bundesverfassungsgericht verdonnert die deutsche Regierung, das Pariser Klimaschutzabkommen auch wirklich einzuhalten. Bislang galten internationale Klimaschutzabkommen und deutsche Klimaschutzgesetze als Nice-to-have, eher als eine Art Absichtserklärung, eine freiwillige Selbstverpflichtung, die man nicht unbedingt einhalten muss. UN-Verträge werden sehr gerne missachtet und außer ein paar diplomatischen Verstimmungen passiert in der Regel auch nicht viel, wenn sich ein Land nicht an die internationalen Verträge hält. So hatte sich das offenbar auch die Bundesregierung gedacht: »Hey, Leute. Lasst uns doch mal das Pariser Klimaschutzabkommen als Geste für unser Bemühen um mehr Klimaschutz verabschieden. Was wir dann später im eigenen Land machen, ist eine ganz andere Sache.«

Genau dem hat das Verfassungsgericht jetzt einen Riegel vorgeschoben, indem es klipp und klar erklärt: Das Nichteinhalten des Pariser Klimaschutzabkommens verstößt gegen das Grundgesetz. Das hat die Regierenden richtig kalt erwischt. Bis heute fehlt ein schlüssiger Plan, wie das Pariser Klimaschutzabkommen auch sicher einzuhalten ist.

Was das im vorigen Kapitel erläuterte Kohlendioxidbudget anbelangt, wird das Gericht auch sehr konkret: »Es darf nicht einer Generation zugestanden werden, unter vergleichsweise milder Reduktionslast große Teile des CO_2-Budgets zu verbrauchen, wenn damit zugleich den nachfolgenden Generationen eine radikale Reduktionslast überlassen und deren Leben umfassenden Freiheitseinbußen ausgesetzt würde.«

*»Es darf nicht einer Generation zugestanden werden,
unter vergleichsweise milder Reduktionslast große
Teile des CO_2-Budgets zu verbrauchen, wenn damit
zugleich den nachfolgenden Generationen eine radikale Reduktionslast überlassen und deren Leben
umfassenden Freiheitseinbußen ausgesetzt würde.«
(Bundesverfassungsgericht)*

Das Bundesverfassungsgericht hat darum der Bundesregierung zur
Auflage gemacht, das Klimaschutzgesetz bis spätestens Ende 2022
nachzubessern. Das haben die damaligen Regierungsparteien, dem
Wahlkampf geschuldet, auch prompt erledigt. Richtig überzeugend
ist das neue Klimaschutzgesetz aber immer noch nicht. Das Klimaschutzgesetz definiert Ziele, bis wann wie viel Kohlendioxid gemindert werden soll, und verteilt die Minderungsziele auf die Sektoren
Energiewirtschaft, Industrie, Gebäude, Verkehr, Landwirtschaft und
Abfallwirtschaft. Bislang galten die Ziele nur bis zum Jahr 2030. Nach
dem alten Gesetz sollten bis 2030 die Treibhausgasemissionen um
55 Prozent im Vergleich zu 1990 gemindert werden.

Bis zum Jahr 2020 hat Deutschland auf dem Papier zwar immerhin
schon Reduktionen von rund 40 Prozent erreicht. Wie bereits im letzten Kapitel erläutert, gehen aber nur etwa 20 Prozent echte Einsparungen auf das Konto echter Klimaschutzmaßnahmen, der Rest sind
Effekte der Wiedervereinigung und der Coronakrise. Für diese 20 Prozent haben wir 30 Jahre benötigt. Im alten Gesetz wollte die Regierung immerhin noch einmal weitere 15 Prozent in den nächsten zehn
Jahren einsparen, um dann auf dem Papier 55 Prozent Einsparungen
bis 2030 zu erreichen. Im Vergleich zu den echten Einsparungen der
letzten 30 Jahre klingt das schon ziemlich ambitioniert. Aber es war
nie wirklich erkennbar, wie die stärkeren Einsparungen auch wirklich
erreicht werden sollten.

Ganz einfach. Zwei weitere Pandemien. Dann klappt das schon.

Wenn nicht alles so traurig wäre, ließen sich trefflich Witze reißen. Die Maßnahmen aller bisherigen Regierungen zur Reduktion der Treibhausgase griffen viel zu kurz, um die 55 Prozent Einsparungen bis 2030 im alten Klimaschutzgesetz erreichen zu können. Das haben fast alle Expertinnen und Experten unisono auch vor der Coronakrise der Regierung vorgehalten. Freilich drohen der Regierung auch keine ernsten Konsequenzen, wenn sie ihre Ziele nicht einhält. Im Gesetz ist lediglich geregelt, dass sie dann ein Sofortprogramm vorlegen muss, mit dem sie glaubt, die Lücke schließen zu können. Bislang haben alle Programme der Regierung zum Klimaschutz aber noch nie gereicht, um irgendwelche Lücken zu schließen. Für das Erreichen der Klimaschutzziele im Jahr 2020 brauchte es schon eine Coronapandemie, um die Lücken zu schließen.

Vor dem Beschluss des Bundesverfassungsgerichts hatte die letzte Regierung immer wieder betont, sie wolle die Klimaneutralität bis zum Jahr 2050 erreichen. Eine rechtliche Grundlage dafür gab es aber nie. Im alten Klimaschutzgesetz war nur geregelt, dass die Regierung im Jahr 2025 überlegen will, wie nach dem Jahr 2030 die Emissionen gesenkt werden sollen. Die versprochene Klimaneutralität bis 2050 war also eine völlig unverbindliche Absichtserklärung. Genau das hat das Verfassungsgericht auch moniert. Daraufhin wurde ein neues Klimaschutzgesetz mit noch strengeren Vorgaben beschlossen. Bis zum Jahr 2030 sollen nun nicht nur 55 Prozent, sondern 65 Prozent im Vergleich zu 1990 eingespart werden. Das heißt, in den nächsten zehn Jahren müssen wir nun die Emissionen um 25 Prozent und nicht mehr, wie im alten Gesetz vorgesehen, um nur 15 Prozent reduzieren. Bis zum Jahr 2040 sollen dann insgesamt 88 Prozent eingespart werden, Klimaneutralität ist für das Jahr 2045 vorgesehen. Das alles ist nun gesetzlich klar geregelt und keine laue Absichtserklärung mehr. Insofern hat sich die alte Regierung für ihre Verhältnisse schon recht weit aus dem Fenster gelehnt.

*»Bis zum Jahr 2030 sollen laut Klimaschutzgesetz die
Treibhausgasemissionen im Vergleich zu 1990 jetzt um
65 Prozent sinken. Zum Einhalten des Pariser Klimaschutzabkommens reicht das nicht aus.«*

Dennoch bleibt die Frage, ob das neue Gesetz nun zum Einhalten des
Pariser Klimaschutzabkommens ausreicht. Im letzten Kapitel wurde
bereits erläutert, dass Deutschland in den 2030er-Jahren klimaneutral
werden müsste, damit unser Budget für das Einhalten der 1,75-Grad-
Grenze mit hoher Wahrscheinlichkeit noch ausreicht. Für die
1,5-Grad-Grenze müssen wir bereits Anfang der 2030er-Jahre klimaneutral werden. Alternativ könnte Deutschland mehrstellige Milliardenbeträge zurücklegen, um die zu viel ausgestoßenen Emissionen zu
kompensieren oder Kohlendioxid aus der Atmosphäre zurückzuholen. Planungen dafür gibt es nicht.

Das neue Klimaschutzgesetz zielt auf eine Klimaneutralität für das
Jahr 2045 und nicht in den 2030er-Jahren. Wenn alle Länder der Welt
bis dahin pro Kopf so viele Treibhausgase ausstoßen wie Deutschland,
würden wir mit einer recht hohen Wahrscheinlichkeit noch knapp
unter zwei Grad Celsius bleiben. Das Pariser Klimaschutzabkommen
fordert aber die Begrenzung der globalen Erwärmung auf »deutlich«
unter zwei Grad Celsius. Mit einer Klimaneutralität bis 2045 werden
wir das kaum einhalten können.

Vermutlich ist das neue Klimaschutzgesetz damit schon wieder
verfassungswidrig. Leider wird das aber nicht sofort erneut vom Verfassungsgericht überprüft. Schwer zu sagen, ob das Gericht am Ende
zu dem gleichen Schluss kommen würde. Das könnte nur eine neue
Klage herausfinden. Die würde wieder einige Jahre dauern, Zeit, die
wir nicht haben. Der Erfolg ist auch ungewiss, denn das Verfassungsgericht hat dem Gesetzgeber durchaus einigen Gestaltungs- und Interpretationsspielraum zugebilligt. Wenn die Hinweise aus der Klimaforschung aber noch deutlicher werden, dass es 2045 zu spät ist, würde

eine neue Klage sicher erfolgreich sein. Die neue Regierung würde dann gezwungen werden, noch früher die Klimaneutralität zu erreichen. Ob es so weit kommt, werden wir erst in den nächsten Jahren sehen. Vielleicht fasst das auch diese oder eine der nächsten Regierungen noch einmal freiwillig an. Bis dahin müssen wir erst einmal mit den Vorgaben des gültigen Klimaschutzgesetzes leben.

Einhalten des Klimaschutzgesetzes

Gehen wir also erst einmal von dem Gesetz von 2021 aus. Schon dessen Vorgaben zu erfüllen dürfte die Regierung ziemlich herausfordern. Fassen wir noch einmal zusammen: Wir haben rund 20 Prozent echte Treibhausgaseinsparungen in den letzten 30 Jahren erreicht. Bis 2030, also in nur zehn Jahren, will die Regierung nun weitere 25 Prozent einsparen. Bis 2045, also in den nächsten 25 Jahren, sogar weitere 60 Prozent. Um das neue Klimaschutzgesetz überhaupt einhalten zu können, müssen wir das Tempo der Treibhausgasreduktionen in etwa vervierfachen. Da muss wirklich etwas passieren. Mit schönen Sonntagsreden werden wir das definitiv nicht erreichen. Als wir das Buch geschrieben haben, stand der Koalitionsvertrag der neuen Regierung noch nicht fest. Aber es ist kaum zu erwarten, dass er alle nötigen Maßnahmen zum Einhalten des Klimaschutzgesetzes enthält. Darum werden wir skizzieren, was nun eigentlich passieren muss, damit wir auch auf die neue Regierung den nötigen Druck dafür ausüben können.

Dazu gehen wir die wichtigsten der im Klimaschutzgesetz genannten Sektoren durch, die auch in Bild 4 dargestellt sind, und stellen sie den Zielen des Klimaschutzgesetzes gegenüber. Die Emissionswerte der Grafik umfassen nicht nur Kohlendioxid, sondern alle Treibhausgasemissionen, also auch die anderen Gase wie Methan oder Lachgas.

Fangen wir mit der Landwirtschaft an. Zur drastischen Reduktion

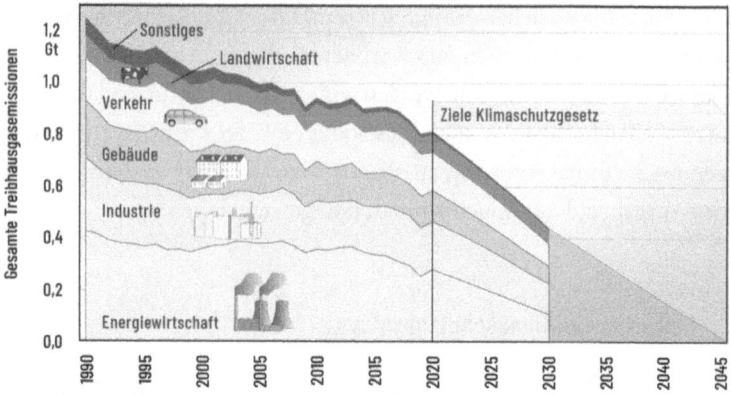

BILD 4 Entwicklung der gesamten Treibhausgasemissionen in Deutschland für verschiedene Sektoren sowie Ziele des Klimaschutzgesetzes von 2021 (Daten: Umweltbundesamt [2021d])

der dortigen Treibhausgase müssen wir uns weitgehend von der intensiven Landwirtschaft verabschieden und den Fleischkonsum drastisch reduzieren. Warum das so ist, werden wir in einem eigenen Kapitel später ausführlich erläutern. Beide Punkte sind extrem heiße Kartoffeln. Auch in der jetzigen Legislaturperiode dürfte das bestenfalls halbherzig angegangen werden. Dadurch wird das Problem aber nicht kleiner. Für die landwirtschaftlichen Betriebe wäre es eigentlich gut, wenn sie für die Umstellung 20 bis 25 Jahre Zeit hätten. Dann wäre es für die meisten noch ganz gut zu stemmen. Wenn das in den 2030er-Jahren dann mit der Brechstange gelingen soll, wird das für viele schwer. Wichtig wäre aber erst einmal, die Verbraucherinnen und Verbraucher zum Umdenken beim Einkaufen und bei ihren Ernährungsgewohnheiten zu bewegen. Ansonsten brauchen wir über große Einsparungen im Bereich der Landwirtschaft gar nicht erst zu reden.

Gehen wir als Nächstes zum Sektor Verkehr, wo seit 1990 die Emissionen praktisch gar nicht gefallen sind. Der Trend zu dickeren Autos wie SUVs hat im Verkehrssektor alle erreichten Einsparungen wieder aufgefressen. Beim Verkehr wurde in letzter Zeit immer wieder über Ideen wie Tempolimit, höhere Spritpreise und Flugverbote für Inlandsflüge diskutiert. Diese Vorschläge reichen aber nicht einmal ansatzweise aus, um den Verkehrsbereich zu dekarbonisieren. Das sind die *low hanging fruits*. Sie kosten praktisch nichts, sorgen für ein bisschen Aufregung in der Bevölkerung, tun aber am Ende beim genaueren Hinsehen nicht wirklich weh. Tempo 130 würde laut Umweltbundesamt (2020b) etwa zwei Millionen Tonnen Kohlendioxid einsparen. Das sind etwa 0,3 Prozent unserer gesamten Treibhausgasemissionen. Der innerdeutsche Luftverkehr liegt in der gleichen Größenordnung. Ob eine Spritpreiserhöhung von zehn oder 20 Cent pro Liter dazu führen würde, dass die Menschen in Deutschland dem Auto mit Verbrennungsmotor den Rücken zuwenden, ist mehr als fraglich.

Der Flugverkehr der Deutschen insgesamt hat immerhin einen Anteil von zehn Prozent am von uns verursachten Treibhauseffekt. Zum Glück für die deutsche Politik taucht davon nur ein Teil in unserer Klimastatistik auf. Wenn sich konservative Parteien aber nicht einmal vorstellen können, Kurzstreckenflüge abzuschaffen, wird es schwer, hier mit den Emissionen runterzukommen. Die jetzigen Flugzeuge können wir gar nicht auf klimaneutrale Antriebe umrüsten. Warum das so ist, werden wir in einem eigenen Kapitel ausführlich erläutern. Für die schnelle Klimaneutralität müssen wir also die Zahl der Flüge deutlich reduzieren. Eine Welt ohne Flüge wird es natürlich nie geben. Die unverzichtbaren Flüge müssen aber deutlich teurer sein als heute. Um das einmal wenig professoral auszudrücken: Von billigem grünem Kerosin als kurzfristigem Wunder für den klimaneutralen Flugverkehr zu faseln ist inkompetentes Geschwätz. Solche Aussagen von Politikerinnen und Politikern schaden dem Klimaschutz enorm. Sie suggerieren, wir können einfach so weitermachen wie bisher und irgendein Wunder beschert uns die Klimaneutralität. Wir müssen aber unseren Lebensstil verändern, sonst haben wir keine Chance, irgendwelche Klimaschutzziele zu erreichen. Wir, Cornelia und Volker, haben vor einiger Zeit selbst beschlossen, gar nicht mehr zu fliegen. Wirklich verschlechtert hat sich unser Leben dadurch nicht. Die schönsten Urlaube haben wir ohne den Flieger gemacht.

Interessant ist auch die endlose Diskussion über Tempo 130 auf der Autobahn. Weltweit gibt es nur sehr wenige Länder ohne generelles Tempolimit. Deutschland befindet sich dabei recht einsam in trauter Gesellschaft mit nur sehr wenigen Ländern wie Afghanistan oder Nordkorea. In Deutschland wird das Tempolimit aber so leidenschaftlich diskutiert wie die Waffengesetze in den USA. In beiden Fällen geht es um zahlreiche Menschenleben – völlig egal. Dabei ist ein Tempolimit in Deutschland unvermeidbar. Werfen wir doch einfach einen Blick auf die Niederlande. Dort musste die Regierung Tempo 100 auf den Autobahnen beschließen, um kurzfristig die gerichtlich verhängten Umweltschutzvorgaben zu erreichen, weil sie noch schlechter als Deutschland unterwegs waren und nun schnell Einsparerfolge brauchten. Tempo 100 spart dreimal so viel ein wie Tempo 130. Wenn wir früher oder später nicht Tempo 130 beschließen, kommt per Gerichtsbeschluss irgendwann Tempo 100 oder vielleicht sogar Tempo 80.

>>*Am Tempolimit führt kein Weg vorbei. Wenn wir früher oder später nicht wenigstens Tempo 130 beschließen, kommt per Gerichtbeschluss sowieso Tempo 100 oder vielleicht sogar Tempo 80.*<<

Selbst Tempo 100 würde nur ein knappes Prozent der deutschen Treibhausgasemissionen einsparen. Immerhin. Aber das würde auch nicht ausreichen, um den nötigen Emissionsrückgang im Verkehr für das Jahr 2030 zu schaffen. Darum ist die Diskussion um das Tempolimit auch wieder nur ein Scheingefecht. Um das Klimaschutzgesetz einzuhalten, brauchen wir viel drastischere Veränderungen. Auch die kürzlich eingeführte CO_2-Steuer, auf die wir gleich noch einmal eingehen, hat nicht ansatzweise die nötige Lenkungswirkung.

Wir müssen die Zahl der Autos mindestens halbieren, und 2045 dürfen Benzin- und Dieselautos gar nicht mehr auf der Straße unterwegs sein, sonst wird das nichts mit der Klimaneutralität. Alternativen wie der Fahrradverkehr oder der öffentliche Verkehr müssen in einem noch nie dagewesenen Tempo ausgebaut werden. Früher oder später müssen wir die Innenstädte für den Autoverkehr sperren, was sie freilich wieder lebenswert macht. Laut Statista (2014) halten Autos in Deutschland im Durchschnitt 18 Jahre. Autos deutscher Hersteller sogar bis zu 26 Jahre. Ein VW, der im Jahr 2025 vom Band geht, hat damit gute Chancen, noch im Jahr 2045 unterwegs zu sein. Darum sollte mit der Neuzulassung von Benzin- und Dieselautos spätestens 2025 Schluss sein, damit diese 2045 ihr natürliches Lebensende erreicht haben. Anderenfalls müssen wir jede Menge funktionierender Autos in die Schrottpresse geben oder diese mit sündhaft teuren grünen Treibstoffen betanken. Mit einem Verbrennungsmotor durch die Gegend zu fahren wird früher oder später also sehr teuer werden. Ein Ende der Neuzulassung von Verbrennern im Jahr 2025 trauen sich nicht mal die Grünen zu fordern. Da haben wir noch einiges an Überzeugungsarbeit vor uns.

Der Güterverkehr muss auch in absehbarer Zeit klimaneutral werden. Eigentlich wäre es sinnvoll, möglichst viel auf die Schiene zu verlagern. Aber alles kann die Bahn gar nicht abdecken. Das Schienennetz in Deutschland hat leider nur eine sehr endliche Kapazität, und der Bau neuer Trassen dauert extrem lange. Dafür reicht die Zeit nicht mehr. Wir müssen in erster Linie Produkte wieder regionaler herstellen und einkaufen, um Verkehr zu vermeiden. LKW-Verkehr, der nicht auf die Schiene verlagert werden kann, muss auf klimaneutrale Antriebe umgestellt werden. Eine vielversprechende Lösung wäre die Elektrifizierung der Autobahn und Elektro-LKWs, die ihren Fahrstrom einfach per Oberleitung über der rechten Fahrspur bekommen. Die letzten Kilometer von der Autobahn zum Endziel legen die LKWs dann mit Strom aus Batterien zurück. Entsprechende Teststrecken gibt es bereits jetzt in Deutschland. Nun muss die Regierung solche Konzepte sehr schnell flächendeckend auf die Straße bringen, sonst bleibt nur noch der Batterie-LKW oder der sehr teure Wasserstoff-LKW als deutlich schlechtere Lösung.

Kommen wir zum nächsten Sektor im Klimaschutzgesetz, den Gebäuden. Auch hier sticht die wichtigste Maßnahme ins Auge: der möglichst sofortige Einbaustopp für Öl- und Gasheizungen, weil Öl- und Gasheizungen noch länger laufen als Benzin- und Dieselautos. Die wichtigste Alternative ist die elektrische Wärmepumpe, die mit Strom aus erneuerbaren Energieanlagen läuft. Andere Länder haben solche Entscheidungen schon längst getroffen. Details und Hintergründe zur Wärmewende werden wir ebenfalls noch in einem eigenen Kapitel erläutern. Natürlich müssen wir auch dafür sorgen, dass die Gebäude besser gedämmt werden – mit den richtigen Materialien, natürlich. Aber es fehlen ausreichend Handwerker:innen, um alle Gebäude in den nächsten gut 20 Jahren zu sanieren. Da werden wir auch noch in vielen Häusern mit dem Status quo leben müssen. Aber auch dort lässt sich mit modernen Heizungssystemen die Klimaneutralität erreichen. Das immer wieder vorgebrachte Argument, Klimaschutz würde viele Jobs kosten, ist völlig an den Haaren herbeigezogen. Das Gegenteil ist der Fall. Fehlende Arbeitskräfte begrenzen nicht nur im Gebäudebereich die Umsetzungsgeschwindigkeit von Klimaschutz und Energierevolution.

Der vorletzte Sektor ist die Industrie. Sie darf genau wie die Haushalte ihren Wärme- und Strombedarf künftig nur noch mit erneuerbaren Energien decken. Aber die Industrie braucht heute nicht nur Strom und Wärme, sondern auch Erdöl oder Kohle, etwa bei der Stahlherstellung. Doch auch dafür gibt es heute schon alternative Konzepte auf Basis von grünem Wasserstoff. Die Herstellung und den sinnvollen Einsatz von Wasserstoff behandeln wir später noch in einem eigenen Kapitel: Grüner Wasserstoff ist nämlich recht teuer und damit kein Allheilmittel für die Energierevolution. Wer im Zusammenhang mit der Energierevolution auch noch das Wort Industrie in den Mund nimmt, muss mit Warnungen vor dem Untergang der deutschen Wirtschaft rechnen. Die Haltung der Unternehmen selbst hat sich aber in den letzten Jahren stark gewandelt. Inzwischen wollen große Teile der Industrie von selbst auf eine klimaneutrale Produktion umstellen.

Produkte, die auf Kosten von Umwelt und Klima hergestellt werden, können andere Länder meist sowieso viel billiger als Deutschland produzieren. Klimaneutrale Produkte werden immer häufiger als Wettbewerbsvorteil gesehen. Wenn wir bei den Produkten dann noch den Klimafußabdruck angeben und anhand des Fußabdrucks Importzölle festlegen, können wir unsere Industrie zukunftsfähig machen.

Sicher ist das Erreichen der Klimaneutralität in 25 Jahren für einige Unternehmen eine sportliche Herausforderung, und es sind bei Weitem noch nicht alle von einem schnellen Umstieg begeistert. Dafür brauchen wir auch noch Überzeugungsarbeit und sanften Druck. Die Kohlendioxidabgabe wird dazu gerne als ein Allheilmittel genannt. Sicher hilft ein Preis für Kohlendioxidemissionen beim Klimaschutz. Ob er aber allein ausreicht, um das Klimaschutzgesetz einzuhalten, darf stark bezweifelt werden.

Für eine Bepreisung von Kohlendioxid gibt es zwei unterschiedliche Systeme. Das erste ist das sogenannte »Emissions Trading System« (ETS), das bereits 2005 in der EU eingeführt wurde. Das zweite ist die CO_2-Steuer. Beim ETS wird die Menge an Kohlendioxid pro Jahr gedeckelt, wofür es eine gewisse Menge an Verschmutzungszertifikaten gibt. Der Staat gibt die erlaubte Menge an Kohlendioxid vor. Der Markt soll den Preis für die Emissionen bestimmen. Alle größeren Kraftwerke und Industrieunternehmen müssen an diesem System teilnehmen. Zusammen verursachen sie etwa 50 Prozent der europäischen Kohlendioxidemissionen. Ein Teil der Zertifikate wird kostenlos verteilt, zusätzliche Zertifikate müssen ersteigert werden. Lange Zeit hat dieses System nicht funktioniert. Es wurden zu viele Zertifikate kostenlos verteilt, und das Angebot der Zertifikate auf dem Markt war so groß, dass der Preis irrelevant niedrig blieb. Erst seit Kurzem steigt der Preis so spürbar an, dass erste Lenkungswirkungen zu beobachten sind. Kohlekraftwerke werden abgeschaltet, weil sie unrentabel geworden sind.

Wir müssen aber, wie gesagt, die Treibhausgasemissionen sehr schnell senken. Vermutlich werden wir auch in den nächsten Jahren das nötige Tempo nicht schaffen. Wenn wir das nötige Tempo dann nur über den Preis erreichen wollen, müssen Kohlendioxidemissionen dann sehr schnell richtig teuer werden. 200, 300 oder gar 500 Euro für eine Tonne Kohlendioxid könnten dann in kürzester Zeit fällig werden. Mitte 2021 lagen die Preise für Kohlendioxidzertifikate gerade einmal bei rund 50 Euro die Tonne Kohlendioxid. Solche Preissprünge treffen die verschiedenen Branchen unterschiedlich hart. Einige Unternehmen werden damit gar kein Problem haben. Etlichen anderen Unternehmen dürfte dann aber früher oder später die Puste ausgehen, und die Forderung nach Änderungen des Preissystems oder staatlichen Subventionen stünde im Raum. Besser wäre es, wenn die Regierung rechtzeitig Planungssicherheit schafft und die richtigen Vorgaben mit entsprechenden Ausstiegsdaten für die verschiedenen fossilen Energieverbraucher macht. Das würde verhindern, dass viele Unternehmen von einem plötzlich explodierenden Kohlendioxidpreis überrascht werden und den Preissprung am Ende nicht überleben. Wenn wir es aber richtig machen, haben wir bald zukunftsfähige Unternehmen, die mit klimaneutralen Produkten weltweit einen klaren Wettbewerbsvorteil haben. Eine bessere Strategie, unseren Wohlstand zu sichern, gibt es nicht.

> »Schweden hat seit 1991 eine CO_2-Steuer, die derzeit
> rund 120 Euro pro Tonne CO_2 beträgt. Deutschland
> hat sie mit 25 Euro pro Tonne CO_2 erst im Jahr 2021
> eingeführt.«

Neben den Emissionszertifikaten gibt es auch noch nationale Kohlendioxidabgaben, auch CO_2-Steuer genannt. In Deutschland wurde diese im Jahr 2021 erstmals eingeführt. Hier gibt der Staat den Preis für Kohlendioxidemissionen vor. Diese Abgabe soll die Bereiche erfassen, die nicht im Europäischen Emissionszertifikatehandel (ETS) einbezogen sind, wie den Verkehrs- und den Gebäudesektor. Die Höhe der

CO_2-Steuer in Deutschland betrug im Jahr 2021 gerade einmal 25 Euro pro Tonne Kohlendioxid. Solch niedrige Preise werden von Verbraucherinnen und Verbrauchern, wenn überhaupt, dann nur als Ärgernis wahrgenommen und sorgen kaum für Kohlendioxideinsparungen. In Schweden wurde bereits 1991 eine CO_2-Steuer eingeführt. Im Jahr 2020 lag diese bei knapp 120 Euro pro Tonne Kohlendioxid. Erst ab etwa 100 Euro pro Tonne Kohlendioxid gab es dort eine spürbare Lenkungswirkung. Aber selbst die vergleichsweise hohe schwedische CO_2-Steuer sorgt nicht dafür, dass sich die Emissionen dort kompatibel zum Pariser Klimaschutzabkommen entwickeln. Es ist schon etwas befremdlich, dass die Grünen im letzten Bundestagswahlkampf mit der Forderung nach einer CO_2-Steuer von 60 Euro pro Tonne Kohlendioxid unter Beschuss kamen und parteiinterne Forderungen nach höheren CO_2-Steuern abschmetterten. In der folgenden Tabelle haben wir ausgerechnet, welche CO_2-Steuer für welche Energiepreiserhöhung sorgen würde. Hier können Sie sich, liebe Leserinnen und Leser, selbst Gedanken machen, ab wann Sie in Deutschland den Umstieg von der Mehrzahl der Menschen auf klimafreundlichere Verkehrsmittel erwarten.

CO_2-Steuer	Preiserhöhung Diesel/Heizöl	Preiserhöhung Benzin	Preiserhöhung Erdgas
25 €/t CO_2	7,9 Cent/Liter	7,0 Cent/Liter	0,6 Cent/kWh
50 €/t CO_2	15,8 Cent/Liter	14,0 Cent/Liter	1,2 Cent/kWh
60 €/t CO_2	19,0 Cent/Liter	16,9 Cent/Liter	1,4 Cent/kWh
80 €/t CO_2	25,3 Cent/Liter	22,5 Cent/Liter	1,9 Cent/kWh
100 €/t CO_2	31,6 Cent/Liter	28,1 Cent/Liter	2,4 Cent/kWh
120 €/t CO_2	37,9 Cent/Liter	33,7 Cent/Liter	2,9 Cent/kWh
200 €/t CO_2	63,2 Cent/Liter	56,2 Cent/Liter	4,8 Cent/kWh
300 €/t CO_2	94,8 Cent/Liter	84,4 Cent/Liter	7,2 Cent/kWh
500 €/t CO_2	1,58 Euro/Liter	1,40 Euro/Liter	12 Cent/kWh

TABELLE 1　Einfluss der CO_2-Steuer auf die Benzin-, Diesel- und Heizölpreise

Werfen wir zum Schluss einen Blick auf die Energiewirtschaft. Die alte Regierung hat bis zum Schluss am Kohleausstieg bis zum Jahr 2038 festgehalten und so geringe Ausbauziele für die erneuerbaren Energien festgelegt, dass bei der Energiewirtschaft in Deutschland keinerlei Klimaschutzziele erreichbar sind. Das ist reichlich absurd und lässt sich nicht in Einklang mit dem Pariser Klimaschutzabkommen bringen. Wir müssten das Ausbautempo der erneuerbaren Energien von 2020 etwa vervierfachen, um bis 2045 die nötigen erneuerbaren Energieanlagen für eine klimaneutrale Energieversorgung zu haben. Um das Pariser Klimaschutzabkommen einzuhalten und in den 2030er-Jahren klimaneutral zu werden, wäre sogar eine noch größere Steigerung nötig. Details dazu erläutern wir im nächsten Kapitel. Wenn wir die Solar- und Windenergie schnell ausbauen, nehmen die Schwankungen im Netz so zu, dass sich Kohlekraftwerke kaum mehr sinnvoll einsetzen lassen. Gerade Braunkohlekraftwerke sind Grundlastkraftwerke, die gerne ununterbrochen durchlaufen. Wenn sie das nicht mehr können und wenn außerdem der Kohlendioxidpreis steigt, lassen sich die Anlagen sowieso nicht mehr wirtschaftlich betreiben. Höchstwahrscheinlich werden die Energiekonzerne ihre Kohlekraftwerke spätestens 2030 freiwillig stilllegen. Mit dem Festhalten an 2038 war die alte Regierung auch alles andere als ehrlich zu den Beschäftigten in der Kohleindustrie. Nur gebetsmühlenartig über das Jahr 2038 zu reden ändert nichts an der Entwicklung. Und wenn der Kohleausstieg 2030 kommt, brauchen wir Alternativen, also viel mehr erneuerbare Energien und Speicher, die die Versorgung sicher halten können. Da passiert trotz der Verbesserungen bei der Energiepolitik in den vergangenen Monaten immer noch viel zu wenig.

Wir haben in den vergangenen Jahren sehr lange über den Erhalt der noch etwa 20 000 verbliebenen Jobs in der Braunkohle diskutiert. Wollen wir die Energierevolution jetzt aber im nötigen Tempo durchziehen, gibt es berechtigte Sorgen, wo die nötigen Arbeitskräfte herkommen sollen, um den Ausbau erneuerbarer Energien drastisch zu steigern. Ein paar arbeitslose Kohlekumpels kämen da nur recht, um den Fachkräftemangel bei den erneuerbaren Energien zu lindern. Wollen wir wirklich in 25 Jahren klimaneutral werden, brauchen wir für die Energierevolution das massivste Aus- und Weiterbildungsprogramm, das Deutschland je gesehen hat. Der zusätzliche Fachkräftebedarf dürfte bei vielen 100 000 liegen, um den Umbau der Energieversorgung im nötigen Tempo durchführen zu können. Hunderttausende neue, zukunftsfähige Jobs, die Anerkennung bringen und die die Menschen mit Befriedigung ausüben können. Das ist doch einmal eine Ansage. Das bietet gerade nach der Coronakrise enorme Chancen.

> *»Eine echte Energierevolution wird in Deutschland Hunderttausende neue, zukunftsfähige Jobs schaffen, die Anerkennung bringen und die die Menschen mit Befriedigung ausüben können.«*

Wir kennen die Lösungen, um auch schon in den 2030er-Jahren klimaneutral werden zu können. Wenn wir das wollen, müssen wir aber jetzt mit der Energierevolution richtig loslegen. Endlich Aufbruchsstimmung und nicht mehr kollektive Schockstarre, Stillhalten oder Heiße-Luft-Reden. Wir haben jetzt die Chance, eine richtig tolle neue Zukunft aufzubauen. Wenn wir endlich aufhören, Opfer zu spielen, zu jammern, und uns stattdessen auf die positiven Dinge konzentrieren, die solch eine Veränderung bringt, dann könnte Klimaschutz richtig Spaß machen. Der neue Weg wird mehrere 100 000 neue Jobs bringen, unsere Luft besser machen, den Alltag stressfreier gestalten, unsere Gesundheit fördern und Unternehmen hervorbringen, die weltweite Wettbewerbsvorteile haben und zukunftsfähige, sichere Jobs bieten. Der Beschluss des Bundesverfassungsgerichts hat auf jeden Fall richtig Schwung in den Klimaschutz gebracht.

WIE VIEL PHOTOVOLTAIK UND
WINDKRAFT BRAUCHEN WIR?

Wenn wir die Klimakrise stoppen wollen, brauchen wir eine Energieversorgung, die ausschließlich auf erneuerbaren Energien basiert. Bei den erneuerbaren Energien gibt es viele verschiedene Technologien. Aber nicht alle haben in Deutschland ein großes Potenzial, und manche sind auch zu teuer. Solarenergie und Windenergie sind die vielversprechendsten Lösungen für die deutsche Klimaneutralität. Doch beide Technologien haben nicht nur Fans. Die Stromerzeugung mit Sonne und Wind schwankt stark. Mit dem Begriff der Dunkelflaute werden Ängste vor einer erneuerbaren Energieversorgung geschürt. Windkraftgegner:innen bekämpfen in Deutschland immer mehr Windkraftprojekte, und die Politik stoppt vielerorts den Ausbau. Doch wie sollen wir so klimaneutral werden? Gibt es nicht andere klimaneutrale Energieformen, mit denen wir den Klimaschutz realisieren können? Wie viel Photovoltaik und Windkraft brauchen wir am Ende wirklich?

Schauen wir uns erst einmal an, wie unsere Stromversorgung heute aussieht. Die von Bruno Burger vom Fraunhofer-Institut für Solare Energiesysteme (2021) betriebene Plattform Energy Charts liefert dazu perfekte und immer aktuelle Daten, die Erstaunliches zeigen: Im Jahr 2020 haben die erneuerbaren Energien Wasserkraft, Biomasse, Windkraft und Photovoltaik in Deutschland zusammen mehr als die Hälfte der Stromerzeugung gedeckt. Photovoltaik und Windkraft haben in dem Jahr gemeinsam erstmals mehr Strom erzeugt als Kohle- und Kernkraftwerke zusammen. Auf solche Zahlen können wir durchaus mit einiger Genugtuung schauen. Vor zehn oder 20 Jahren haben uns noch viele Menschen einen Vogel gezeigt, wenn wir gesagt haben:

»Wegen der Klimakrise müssen wir erst die Hälfte und danach wirklich alles mit erneuerbaren Energien versorgen.« »Träumt weiter, das geht ja technisch gar nicht«, lautete dann oft die Antwort.

Wolf von Fabeck (2005) hat in diesem Zusammenhang für den SFV ein schönes Zitat dokumentiert. Es stammt von Frau Merkel Anfang der 1990er-Jahre: »Sonne, Wasser oder Wind können auch langfristig nicht mehr als 4 Prozent unseres Strombedarfs decken.« Nun haben wir unmögliche 50 Prozent erreicht, und es werden erneut Stimmen laut, die vollmundig erklären, dass 100 Prozent nun wirklich nicht möglich wären. Auch über solche Aussagen werden wir in 30 Jahren wieder herzhaft lachen können. Wir brauchen heute definitiv nicht mehr über die Frage zu diskutieren, ob wir 100 Prozent erneuerbare Energien erreichen können. Es bleibt jedoch die Frage, ob wir die 100 Prozent schnell genug erreichen, um das Pariser Klimaschutzabkommen einzuhalten. Menschen, die an der Machbarkeit der Energierevolution immer wieder grundsätzlich zweifeln, sind dabei sicher nicht hilfreich.

Schauen wir uns den erneuerbaren Energiemix bei der Stromversorgung im Detail an. Die Windkraft steht unangefochten auf Platz Nummer eins. Sie deckte 2020 bereits 27 Prozent der gesamten Stromversorgung in Deutschland ab. Davon stammt das meiste von Windkraftanlagen an Land. Inzwischen steigt auch die Bedeutung der Offshore-Windkraft. Das sind Windkraftanlagen, die in der deutschen Ost- und Nordsee fernab der Küste stehen. Mit etwas Abstand folgte die Photovoltaik mit etwa elf Prozent Anteil an der Stromerzeugung. Danach kam die Biomasse mit zehn und abgeschlagen die Wasserkraft mit vier Prozent. Auch mit Hilfe der Erdwärme, also der Geothermie, wird in Deutschland Strom erzeugt. Die wenigen Kraftwerke sind aber von der Strommenge her vergleichsweise unbedeutend.

Die andere Hälfte der Stromerzeugung wurde 2020 immer noch von den klassischen Kraftwerken abgedeckt. Unter ihnen führte die Kohle mit etwa 24 Prozent. Anfang der 2000er-Jahre deckte sie noch die Hälfte des deutschen Strombedarfs. Inzwischen wurde die Kohle von der Windkraft überflügelt – eine interessante und für den Klimaschutz erfreuliche Entwicklung. Auf Platz zwei folgte dann mit weitem Abstand die Kernenergie, die nur 13 Prozent abdeckte. Das war nur noch ein bisschen mehr, als die Photovoltaik erzeugte. Direkt nach der Kernenergie folgten Gaskraftwerke mit zwölf Prozent Anteil. Andere Kraftwerke wie Ölkraftwerke oder Müllverbrennungsanlagen gibt es auch noch. Ihr Anteil ist aber gering.

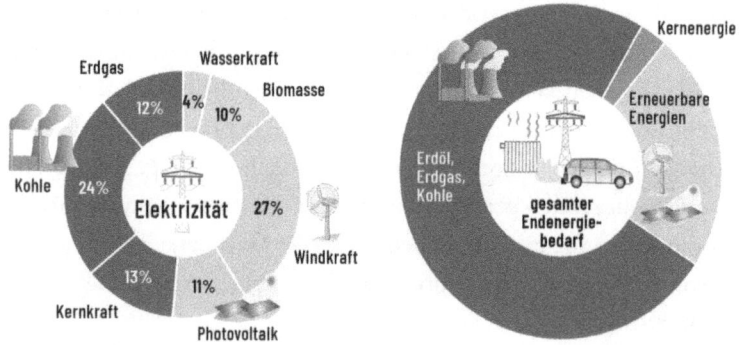

BILD 5 Verschiedene Energieträger bei der Deckung des Strombedarfs (links) und des gesamten Endenergiebedarfs (rechts) in Deutschland im Jahr 2020. Daten: *ISE* (2021) und eigene Berechnungen

Der Siegeszug der erneuerbaren Energien bei der Stromerzeugung ist durchaus bemerkenswert. Im Jahr 2010 lag ihr Anteil nicht einmal bei 20 Prozent. 2018 waren es bereits gut 40 Prozent, und 2020 folgte der Sprung über die 50-Prozent-Marke. Der schnelle Anstieg seit 2018 lag aber nicht in erster Linie daran, dass wir richtig viel ausgebaut hätten. Im Gegenteil: Der Ausbau der Windkraft ging vor fünf Jahren noch schneller voran als heute. Seitdem fanden erhebliche politische Bremsmanöver statt. Die Ursachen des jüngsten schnellen prozentualen Anstiegs waren andere. Auf der einen Seite gab es ordentlich Wind und Sonne, auf der anderen Seite hat der Corona-Effekt geholfen. Durch Corona ist der Stromverbrauch stark gesunken. Der Gesamtkuchen des Stromverbrauchs ist kleiner geworden. Die Kuchenstückchen der erneuerbaren Energien blieben aber gleich groß beziehungsweise sind sogar leicht gewachsen. Dann bleibt einfach weniger vom Kuchen für die klassischen Kraftwerke übrig. Trotzdem haben fossile Kraftwerke im Jahr 2020 immer noch mehr als 150 Millionen Tonnen an Kohlendioxid ausgestoßen und damit fast ein Fünftel der deutschen Treibhausgasemissionen.

Weder das neue deutsche Klimaschutzgesetz und schon gar nicht das Pariser Klimaschutzabkommen sind mit den aktuellen Ausbaumengen der erneuerbaren Energien erreichbar. Denn dazu dürfen wir nicht nur auf die Stromversorgung schauen. Wir müssen auch alle anderen Sektoren, in denen wir fossile Energieträger verfeuern, klimaneutral machen. Ein zweiter Sektor ist die Wärme. Wir heizen im Wesentlichen immer noch mit Heizöl und mit Erdgas. Natürlich müssen wir das auch ersetzen. Dann gibt es noch den Sektor Verkehr. Hier gab es in den letzten 30 Jahren praktisch gar keinen Rückgang der Treibhausgasemissionen. Im Verkehr geben immer noch Benzin und Diesel den Takt an. Auch in der Grundstoffindustrie entsteht viel klimaschädliches Kohlendioxid.

Wir müssen noch in den 2030er-Jahren in allen Bereichen die Klimaneutralität erreichen. Da hilft es nichts, wenn wir immer nur auf Erfolge bei der heutigen Stromversorgung verweisen. Deswegen müssen wir auch beim Ausbau der Photovoltaik und der Windenergie nicht nur den Stromsektor beachten, sondern den gesamten Energieverbrauch in Deutschland im Blick haben.

Der Anteil erneuerbarer Energien in den Sektoren Wärme und Verkehr ist leider noch sehr gering. Bei der Wärme wird einiges an Biomasse genutzt, im Wesentlichen in Form von Brennholz. Dann gibt es auch noch die eine oder andere Solarthermieanlage, die aus Solarenergie direkt warmes Wasser erzeugt, und etwas Geothermie. In der Summe liegt der Anteil erneuerbarer Energien am Wärmeaufkommen in Deutschland gerade einmal bei rund 14 Prozent. Beim Verkehr ist es noch weniger. Ein bisschen Biomasse wird in Form von Biodiesel oder Bioethanol dem herkömmlichen Sprit beigemischt. Die Bahn und ein paar Elektroautos fahren zur Hälfte mit Ökostrom. Für spürbare Emissionsreduktionen ist deren Anteil am Verkehrsaufkommen aber viel zu gering. Darum erreichen wir beim Verkehr nicht einmal sechs Prozent erneuerbaren Anteil. Fassen wir alle Sektoren zusammen, liegt der Anteil erneuerbarer Energien am gesamten Endenergiebedarf gerade einmal bei gut 20 Prozent.

>*Um das Pariser Klimaschutzabkommen einzuhalten, müssen wir in Deutschland den Anteil erneuerbarer Energien am gesamten Endenergieverbrauch von rund 20 Prozent im Jahr 2020 auf 100 Prozent steigern – und das in weniger als 20 Jahren.*«

Die Herausforderung zum Einhalten des Pariser Klimaschutzabkommens ist es nun, den Anteil von gut 20 auf 100 Prozent zu steigern – und das in weniger als 20 Jahren. Wir müssen beim Ausbau erneuerbarer Energien jetzt also richtig Tempo machen. Mit einer Trödelei wie in den letzten Jahrzehnten werden wir das nicht erreichen. Aber es ist machbar: Dazu brauchen wir aber eine echte Energierevolution, und zwar jetzt!

Begrenzte Potenziale

Gehen wir nun die Möglichkeiten der einzelnen erneuerbaren Energien einmal näher durch. Beginnen wir mit der Wasserkraft. Norwegen deckt zum Beispiel heute schon seinen kompletten Strombedarf nur mit der Wasserkraft ab. Die Stromversorgung in Norwegen ist damit bereits heute klimaneutral. Elektroautos und Elektroheizungen laufen ohne den Ausstoß klimaschädlicher Treibhausgasemissionen. Da auch in Norwegen noch Autos mit Verbrennungsmotor auf der Straße fahren und die Industrie ebenfalls noch viele fossile Energieträger nutzt, ist aber auch Norwegen als Ganzes noch nicht klimaneutral. Außerdem ist Norwegen eines der größten Ölförderländer in Europa. Zu Hause klimaneutral Elektroauto zu fahren und dann Erdöl an andere zu liefern ist auch nicht wirklich konsequent. Die norwegischen Verhältnisse sind auch nicht auf Deutschland übertragbar. Deutschland hat weder große Erdölvorkommen noch große Wasserkraftpotenziale, denn für die Nutzung der Wasserkraft braucht man vor allem Berge. Natürlich haben wir auch ein paar Berge in Süddeutschland oder den Mittelgebirgen. Im Vergleich zu Norwegen ist das aber Pillepalle. Das, was wir in Deutschland an Wasserkraft ausbauen können, wird schon zu größeren Teilen genutzt. Sicher lässt sich noch die eine oder andere Anlage optimieren, lassen sich stillgelegte Kleinkraftwerke wieder flottmachen oder auch die eine oder andere kleine Anlage dazu bauen. Heute deckt die Wasserkraft vier Prozent des Strombedarfs. Der Strombedarf in Deutschland wird schneller steigen, als wir die Wasserkraft ausbauen können. Darum wird der relative Anteil der Wasserkraft am Ende sogar noch sinken. Auf die Wasserkraft als tragende Säule für den Klimaschutz können wir in Deutschland also nicht bauen.

Bleiben wir bei den nordischen Ländern. Island ist bekannt für die Nutzung der Geothermie. Bei der Geothermie unterscheidet man grob zwischen oberflächennaher Geothermie und Tiefengeothermie. Die oberflächennahe Geothermie wird im Wesentlichen zum Heizen mit Wärmepumpen genutzt. Die Wärmepumpe wird künftig für das klimaneutrale Heizen in Deutschland eine große Rolle spielen. Darum gehen wir auf die Energierevolution im Wärmebereich später noch in einem eigenen Kapitel näher ein.

Bei der Tiefengeothermie zapft man – wie der Name schon sagt – Wärme aus großen Tiefen an. Die Erde ist im Prinzip ein heißer Feuerball mit einer dünnen, recht kühlen Kruste. Je tiefer wir bohren, desto heißer wird es. In größeren Tiefen finden wir nahezu überall Temperaturen von weit über 100 Grad Celsius. Zapfen wir diese Wärme an, können wir damit heizen oder sogar Strom erzeugen – und das ununterbrochen, das ganze Jahr lang. Darum ist die Geothermie eine interessante Technologie, allerdings in Deutschland nur mit starken Einschränkungen. Island ist eine Vulkaninsel. Dort genügt es, nur wenige Meter tief zu bohren, um an die Wärme zu kommen. Man muss dort quasi nur einen Stock in die Erde hauen, dann sprudelt heißes Wasser heraus. In Deutschland findet man technisch interessante Temperaturen erst in viel größeren Tiefen. Wir müssen mehrere Kilometer tief bohren, das macht die Technologie bei uns sehr teuer. Aus ökonomischen Gründen ist sie nur dort sinnvoll, wo man nicht ganz so tief bohren muss, zum Beispiel in der oberrheinischen Tiefebene. Die wirtschaftlichen Potenziale sind in Deutschland aber so begrenzt, dass der Anteil der Tiefengeothermie auch längerfristig im unteren einstelligen Prozentbereich bleiben dürfte.

Kommen wir zur nächsten regenerativen Energieform: der Biomasse. Auch hier werfen wir einen Blick nach Norden. In Finnland deckt allein die Biomasse rund ein Drittel des gesamten Primärenergiebedarfs für Wärme, Verkehr und Strom. Das schaffen in Deutschland derzeit nicht einmal alle erneuerbaren Energien zusammen. Aber auch in diesem Fall sind die Bedingungen nicht übertragbar. In Finnland leben 5,5 Millionen Menschen auf einer Fläche, die fast so groß ist wie Deutschland. Pro Kopf gibt es deutlich mehr Wald. Deutschland ist dicht besiedelt, und deswegen können wir hierzulande die Anteile von Finnland gar nicht erreichen. Wir nutzen in Deutschland schon relativ viel Biomasse. Gut acht Prozent des kompletten Primärenergiebedarfs werden in Deutschland durch Biomasse gedeckt. Das lässt sich noch ein bisschen steigern. Aber viel mehr als zehn Prozent unseres Energiebedarfs lässt sich in Deutschland nicht nachhaltig durch Biomasse decken. Mehr wächst pro Jahr unter Nachhaltigkeitsgesichtspunkten einfach nicht nach. Wenn wir überall in riesigen Monokulturen mit viel Kunstdünger und Chemikalien Mais anbauen, der dann als Energiepflanze genutzt wird, ist am Ende für den Umwelt- und Klimaschutz nichts gewonnen. Wir müssen bei der energetischen Nutzung von Biomasse vor allem auf Reststoffe aus der

Land- und Fortwirtschaft sowie Biomasseabfälle setzen. Aber da sind die Potenziale in Deutschland leider ziemlich begrenzt.

Werfen wir als Nächstes einen Blick auf die Solarthermie. Hier müssen wir zuerst einmal die Unterschiede zwischen der Solarthermie und der Photovoltaik erklären. Die Solarthermie wandelt – wie der Name schon sagt – Sonne in thermische Energie, also Wärme, um. Die Photovoltaik macht aus Solarenergie elektrischen Strom. Während sich die Solarthermie nur für den Wärmebereich nutzen lässt, ist die Photovoltaik deutlich flexibler. Sie kann die klassische Stromversorgung abdecken, aber auch elektrische Wärmepumpen zum Heizen antreiben oder Strom für das Laden von Elektroautos liefern. Bei kleinen Solarthermieanlagen ist die Installation vergleichsweise teuer, sodass sich diese ohne Förderung nur selten rechnen. Die Möglichkeiten für Kostensenkungen sind bei der Solarthermie sehr begrenzt. Aus wirtschaftlichen Gründen ist es sinnvoller, auf große Solarthermieanlagen zu setzen. Dänemark zeigt, wie das gehen kann. Hier befinden sich bei einigen Städten riesige Solarthermieanlagen mit bis zu 150 000 Quadratmetern Kollektorfläche. In der Größe lassen sie sich viel preiswerter installieren als auf Einfamilienhäusern. Die Solarwärme wird dann in das örtliche Fernwärmenetz eingespeist. Auch in Deutschland wäre diese Art der Nutzung der Solarthermie möglich. Da wir aber in vielen Städten kein Fernwärmenetz haben und der nachträgliche Aufbau sehr zeitaufwändig und teuer ist, dürfte der Anteil der Solarthermie im einstelligen Prozentbereich bleiben.

Die Potenziale der bislang genannten erneuerbaren Energien sind also aus verschiedenen Gründen begrenzt. Wasserkraft, Tiefengeothermie, Biomasse und Solarthermie werden in der Summe bestenfalls 15 bis maximal 25 Prozent der Energie in Deutschland decken können. Hier können wir bereits eine Teilantwort auf die am Anfang gestellte Frage »Wie viel Photovoltaik und Windenergie brauchen wir?« geben. Wollen wir in Deutschland klimaneutral werden, müssen Photovoltaik und Windkraft den verbleibenden Rest decken oder wir müssten die entsprechenden Mengen an grüner Energie importieren. Auf die

Frage der Energieimporte werden wir später genauer eingehen. Nur so viel vorab: Eine kleine Menge an grünem Wasserstoff für die Grundstoffindustrie oder den Flugverkehr zu importieren wird sicher möglich und vermutlich auch nötig sein. Zeitnah große Mengen an grüner Energie auch noch für das Heizen oder Autofahren zu vernünftigen Preisen zu importieren dürfte hingegen schwer werden. Auch die Kernenergie wird gerne als Alternative genannt. Um sie geht es im nächsten Kapitel. Im Jahr 2020 deckte die Kernenergie aber gerade einmal drei Prozent des deutschen Endenergiebedarfs. Für das Erreichen unserer Klimaschutzziele ist das ziemlich irrelevant. Darum werden Photovoltaik und Windkraft in Deutschland eine zentrale Rolle bei der klimaneutralen Energieversorgung einnehmen.

Hoffnungsträger Windkraft

Den größeren Part wird die Windenergie übernehmen müssen, da wir mit der Photovoltaik allein nicht über den Winter kommen werden. Hier unterscheidet man zwischen Windkraftanlagen an Land und Offshore-Windkraftanlagen, die in der Nord- und Ostsee stehen. Verschiedene Potenzialstudien zeigen, dass wir ungefähr zwei Prozent der Landesfläche Deutschlands als Windeignungsgebiete nutzen können. Dabei sind ausreichend Abstände von einigen Hundert Metern zu Gebäuden berücksichtigt, mit denen auch die allgemein üblichen Lärmschutzvorgaben eingehalten werden, und natürlich Naturschutzgebiete und Wasserflächen ausgeschlossen. Nutzen wir am Ende wirklich zwei Prozent der deutschen Landesfläche, könnten wir 200 Gigawatt an Windkraftanlagenleistung installieren. Ende 2020 waren in Deutschland an Land knapp 30 000 Windräder mit einer Leistung von 55 Gigawatt in Betrieb. Wir müssten die Windkraftleistung also noch einmal knapp vervierfachen. Moderne Windkraftanlagen sind aber deutlich größer und leistungsfähiger als die früher gebauten Anlagen. Darum werden wir künftig mit 50 000 bis 60 000 Windrädern hinkommen, wenn wir die Leistung vervierfachen wollen. Reduzieren wir durch größere Abstände die für Windparks verfügbare Fläche, werden wir diese Zahl an Windrädern nicht aufstellen können. Dann entsteht eine Deckungslücke bei der künftigen Energieversorgung. Wenn wir das Flächenpotenzial komplett ausnutzen, können wir rund 580 Milliarden Kilowattstunden erzeugen. Oftmals wird die Menge an elektrischer Energie in Terawattstunden, kurz TWh, angegeben. Dann wären das 580 TWh Windkraft an Land, und das entspricht etwa dem gesamten heutigen Strombedarf. Aber wie wir schon zuvor erläutert haben, brauchen wir natürlich nicht nur Energie für die Deckung des klassischen Strombedarfs, sondern auch für den Verkehr, die Wärme und die Industrie. Darum wird der Strombedarf künftig deutlich ansteigen. Eine Verdreifachung ist durchaus wahrscheinlich. Dann könnte die Windenergie an Land rund 25 Prozent des gesamten Energiebedarfs in Deutschland abdecken.

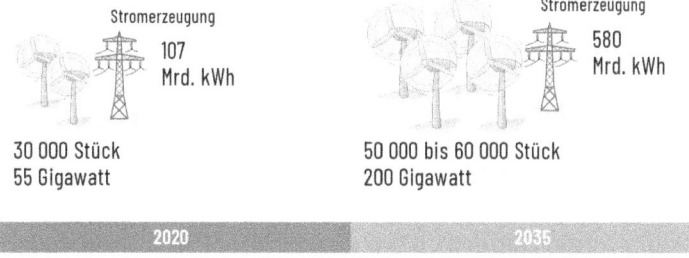

BILD 6 Anzahl, installierte Leistung und Stromerzeugung der Windkraft an Land 2020 und 2035

Am Ende bleibt die Frage, ob wir diese Mengen auch errichten können. In einigen Bundesländern beschließt die Politik immer größere Mindestabstände zu Gebäuden. Mindestabstände zu Gebäuden hat es aber schon immer gegeben und sind natürlich auch sinnvoll. Es gibt Gesetze, die aus Lärmschutzgründen und Gründen der optischen Beeinträchtigung Abstände von mehreren Hundert Metern zu Gebäuden vorschreiben. Je größer die Windkraftanlage ist, desto weiter weg muss sie darum auch von Gebäuden stehen. Nun vergrößern vor allem unionsgeführte Landesregierungen die Abstände aber erheblich. Einige Bundesländer haben einen Abstand von 1000 Metern und mehr zu Gebäuden eingeführt. Damit gelten dann für Windkraftanlagen größere Mindestabstände zu Wohnhäusern als für eine Munitionsfabrik oder bestehende Kernkraftwerke. Auch der deutsche Wald wird immer mehr zum Ausschlussgebiet. Darüber, dass man keine Windkraftanlagen in Nationalparks wie dem Harz oder dem Bayerischen Wald bauen darf, braucht nicht ernsthaft diskutiert zu werden. Vielerorts ist der Wald aber ein reiner Nutzwald, eine bessere Holzplantage – unverständlich, dass hier keine Windräder gebaut werden sollen. Die Anti-Windkraft-Regeln nehmen immer absurdere Züge an. In Nordrhein-Westfalen wird der Wald neuerdings generell für den Bau von Windkraftanlagen ausgeschlossen. Wenn aber der durch die Klimakrise begünstigte Borkenkäfer eine Waldfläche niedermacht, könne man über den Bau von Windrädern wieder reden, so das dortige Umweltministerium. Eigentlich wäre es doch sinnvoller, mit Hilfe von Windkraftanlagen im Wald die Klimakrise zu stoppen, um den Wald zu erhalten. Die Politik hat offenbar immer noch Probleme, beim Klimaschutz die richtigen Prioritäten zu setzen.

In Bayern gilt sogar die sogenannte 10-H-Regelung. Das bedeutet, hier muss man die zehnfache Höhe von Windkraftanlagen zu Gebäuden als Abstand einhalten. Bei modernen Windkraftanlagen sind das gut und gerne 2000 Meter. Dann fallen so viele Flächen weg, dass kaum mehr Windkraftanlagen errichtet werden können. Im Jahr 2020 wurden in Bayern gerade einmal noch acht Windkraftanlagen gebaut. Bei solch einem Ausbau brauchen wir erst gar nicht anzufangen, über Klimaneutralität in Deutschland oder Bayern zu reden. Das Umweltbundesamt (2019) warnte, dass auch Mindestabstände von 1000 Metern die Klimaziele gefährden. Die aktuellen Regeln müssen dringend geändert werden, sonst hat Deutschland keine Chance, aus eigener Kraft klimaneutral zu werden.

Als Alternative wird gerne der Bau von Offshore-Windkraftanlagen in Nord- und Ostsee empfohlen. Die Potenziale in der deutschen Wirtschaftszone sind allerdings recht begrenzt. Die Nord- und Ostsee sind verhältnismäßig klein. Es sind außerdem noch andere Interessen zu berücksichtigen, angefangen von Schifffahrtsrouten über Gebiete für die Fischerei bis hin zu geheimen U-Boot-Übungsplätzen für die Bundeswehr. Ende 2020 drehten sich bereits 1500 Windkraftanlagen mit einer Leistung von knapp acht Gigawatt unter deutscher Flagge in Nord- und Ostsee. Das ist deutlich weniger als an Land. Die installierte Leistung der Offshore-Windkraftanlagen ließe sich in Deutschland auf gut 70 Gigawatt noch einmal knapp verzehnfachen, wenn alle verfügbaren Standorte genutzt würden. Da der Wind auf der offenen See deutlich gleichmäßiger weht als an Land, lässt sich mit einer Windkraftanlage dort etwa doppelt so viel Strom erzeugen wie an Land. Trotzdem ist das Stromerzeugungspotenzial der Offshore-Windkraftnutzung kleiner als das an Land. Gut 270 Milliarden Kilowattstunden, also 270 TWh, könnten Offshore-Windkraftanlagen liefern. Damit könnte man maximal 15 Prozent des künftigen Gesamtenergiebedarfs decken. Nicht an Land gebaute Windkraftanlagen zusätzlich in die Nordsee zu stellen ist also kein funktionierender Plan B.

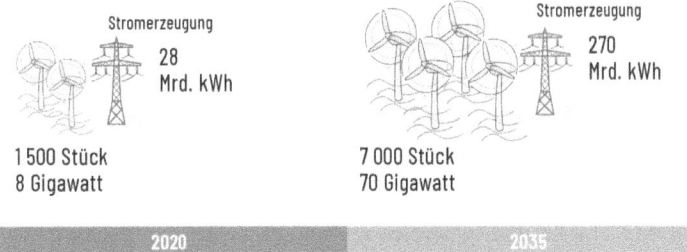

BILD 7 Anzahl, installierte Leistung und Stromerzeugung der Offshore-Windkraft 2020 und 2035

*»Um aus eigener Kraft klimaneutral werden zu kön-
nen, müssen wir bundesweit zwei Prozent der Landes-
flächen als Windeignungsgebiete ausweisen. Was an
Land nicht gebaut wird, kann die Offshore-Windkraft
nicht auffangen.«*

Aber selbst wenn es uns gelingt, alle geeigneten Offshore-Standorte zu
erschließen und zwei Prozent der Landesfläche für die Errichtung von
Windparks zu nutzen, wird die Windkraft gerade einmal rund die
Hälfte des künftigen deutschen Energiebedarfs abdecken können.
Das könnte auch nur gelingen, wenn wir Energie sehr effizient nutzen
und nicht zu sehr auf die sehr ineffiziente Herstellung von grünem
Wasserstoff bauen – doch dazu mehr im nächsten Kapitel. Um auf
100 Prozent klimaneutrale erneuerbare Energien zu kommen, bleibt
aber noch eine recht große Lücke. Diese muss dann die Photovoltaik
füllen.

Photovoltaik – unbegrenzte Möglichkeiten

Die eleganteste Art der Stromerzeugung ist die Solarstromgewinnung
auf Dächern. Das Potenzial ist riesig. In einem späteren Kapitel werden wir auch noch ausführlicher erläutern, wie Sie, liebe Leserin und
Leser, dabei selbst aktiv werden können. Einige Studien sagen, dass wir
auf Dächern gut 200 Gigawatt an Photovoltaikleistung errichten können. Manche Studien sehen sogar ein noch größeres Potenzial, speziell, wenn man die Fassaden mit dazunimmt. Die Photovoltaik auf Gebäuden ist insofern elegant, weil die Gebäude sowieso schon genutzt
werden, die Flächen versiegelt sind und die Akzeptanz für die Errichtung der erneuerbaren Energien dort besonders hoch ist. Aber nicht
alle Dächer sind geeignet. Manche Dächer sind nicht tragfähig genug,
bei anderen Dächern fehlt der Wille, sie zu nutzen. Darum ist auch die

Baupflicht für Photovoltaikanlagen in Deutschland ein Thema. Am Ende können wir aber froh sein, wenn wir recht zeitnah das Potenzial von 200 Gigawatt ausnutzen. Photovoltaikanlagen liefern pro Gigawatt nur knapp halb so viel Strom wie Windkraftanlagen an Land. Darum könnten die Dächer auch nur 200 Milliarden Kilowattstunden, also 200 TWh, an Strom liefern. Das entspricht rund zehn Prozent des gesamten künftigen Energiebedarfs. Auf 100 Prozent kommen wir dann immer noch nicht.

BILD 8 Installierte Leistung und Stromerzeugung der Photovoltaik 2020 und 2035

Was dann noch fehlt, müssen wir mit Photovoltaikanlagen auf der grünen Wiese oder auf den Feldern errichten. Dort haben wir ordentlich Platz. 16,7 Millionen Hektar sind in Deutschland als landwirtschaftliche Fläche genutzt. Rund ein Megawatt können wir an Photovoltaikanlagen pro Hektar errichten. Mit heutiger Technologie können wir also 16 700 Gigawatt erreichen und damit rund zehn Mal so viel Energie liefern, wie wir heute insgesamt verbrauchen. Damit könnten wir sogar locker ganz Europa mit Energie versorgen. Sinnvoll ist das nicht, denn ohne Landwirtschaft hätten wir nichts mehr zu essen. Unsere Nachbarländer haben auch selbst genug Flächen für die Solarenergienutzung. Um die Klimaneutralität in Deutschland zu erreichen, reicht nur ein kleiner Bruchteil der landwirtschaftlichen Flächen. Außerdem gibt es die Möglichkeit, Photovoltaik und Landwirtschaft zu kombinieren – mit sogenannten Agrar-Photovoltaikanlagen. Dazu werden Photovoltaikmodule senkrecht wie ein Zaun aufgestellt, sodass sie von beiden Seiten Solarstrahlung abbekommen und nutzen können. Die Abstände der Modulreihen werden nun so groß gewählt, dass dazwischen Traktoren fahren können. Damit gelingt die Doppelnutzung landwirtschaftlicher Flächen. Wir können Solarstrom erzeugen und trotzdem weiter Nahrungsmittel anbauen.

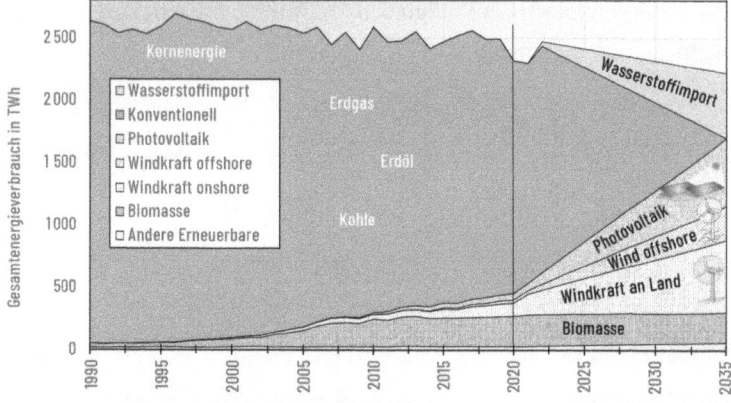

BILD 9 Entwicklung des Gesamtenergiebedarfs in Deutschland bis zum Jahr 2020 sowie Ausbaupfade für eine klimaneutrale Energieversorgung im Jahr 2035 (basierend auf Quaschning [2021b])

Die Photovoltaik hat einen großen Vorteil gegenüber der Windkraft. Man sieht sie nicht aus weiter Entfernung und man hört sie nicht. Darum genießt sie eine deutlich größere Akzeptanz. Einige Politikerinnen und Politiker schlagen darum vor, eher auf die Photovoltaik zu setzen als auf die Windkraft. Genug Flächen für Photovoltaik gäbe es dazu. Bei großen Photovoltaikanlagen auf der grünen Wiese wird es aber früher oder später auch Widerstände geben. Es gibt Menschen, die eine pestizidbelastete Monokultur auf dem Feld schöner finden als eine Photovoltaikanlage. Andere ärgern sich über den Zaun um die Photovoltaikanlage. Darum wird es auch über die Photovoltaik Diskussionen geben. Das Hauptproblem der Photovoltaik liegt aber darin, dass sie vor allem im Sommerhalbjahr Strom liefert. Im Winter ist die Stromerzeugung von Solaranlagen hingegen überschaubar. Genau dann brauchen wir aber sogar mehr Strom als im Sommer. Schließlich wollen wir auch im Winter Strom verbrauchen, Licht anmachen, Auto fahren und vor allen Dingen auch heizen. Deswegen kann die Photovoltaik die Windkraft nur sehr eingeschränkt ersetzen. Wir brauchen einen gesunden Mix an Windkraft und Photovoltaik. Beide ergänzen sich nahezu optimal. Im Frühjahr und Sommer liefert die Photovoltaik mehr Strom, im Herbst und Winter die Windenergie. Wenn wir nur auf eine der beiden Technologien setzen würden, bräuchten wir gigantische Speicher, die viele Monate überbrücken könnten. Solche Speicher können wir in Deutschland nicht realisieren. Auch bei einer Kombination von Photovoltaik und Windkraft brauchen wir Speicher. Nur sind diese dann viel kleiner und lassen sich problemlos technisch und ökonomisch realisieren.

Keine Angst vor der Dunkelflaute und Speichern

Gegner:innen der Energiewende warnen dennoch vor der zunehmenden Gefahr von Stromausfällen, also Blackouts, wenn wir uns nur auf die erneuerbaren Energien verlassen. Das Angstszenario eines Blackouts wird seit Jahrzehnten bemüht, wenn es um den Ausbau oder Erhalt von Kohle- und Kernkraftwerken oder das Verhindern erneuerbarer Energien geht. Bereits 1975 drohte der damalige baden-württembergische Ministerpräsident Hans Karl Filbinger: »Ohne das Kernkraftwerk Wyhl werden bis 1980 in Baden-Württemberg die ersten Lichter ausgehen.« Das Kraftwerk Wyhl wurde nie gebaut. Wir waren kürzlich in Baden-Württemberg, und erstaunlicherweise brannte dort immer noch Licht.

»Ängste vor einem Stromausfall durch die Energie-
revolution werden seit vielen Jahren geschürt, dabei
steigt die Versorgungssicherheit durch dezentrale,
über das ganze Land verteilte erneuerbare Anlagen.«

Dabei ist auch das derzeitige Energiesystem nicht gegen Blackouts ge-
feit. Wenn eine große Leitung oder ein großes Kraftwerk ausfällt, ist
das in der Regel kein Problem. Dafür wird immer Ersatz vorgehalten.
Wenn aber zwei oder gar drei zentrale Leitungen oder Großkraftwer-
ke genau gleichzeitig ausfallen, dann bekommt auch das heutige Energiesystem massive Probleme. Ein europäischer Blackout wäre dann die
Folge. Wenn man an die Gefahr terroristischer Attacken oder an das
Risiko von Cyberattacken auf die Infrastruktur denkt, ist die Bedrohung durchaus real. Die erneuerbaren Energien sind viel krisensiche-
rer. Wenn eine Windkraftanlage mutwillig umgesägt wird, hat das keinen Einfluss auf die Sicherheit unserer Energiesysteme – selbst dann
nicht, wenn 20 oder mehr Windkraftanlagen gleichzeitig umfallen.

Für die Zeiten, in denen viele Windkraft- oder Photovoltaikan-
lagen voraussehbar stillstehen, weil wenig Wind weht und es Nacht
wird, brauchen wir Speicher. Die müssen nun gemeinsam mit neuen
Photovoltaik- und Windkraftanlagen ausgebaut werden. Ohne neue
Speicher bekommen wir natürlich früher oder später Probleme. Der
Speicherbedarf wird durch die Energierevolution erheblich steigen.
Der zusätzliche Speicherbedarf hat die Größenordnung des Faktors
tausend. Heute gibt es noch kaum Speicher. Nennenswert sind nur die
Pumpspeicherkraftwerke. Das sind Wasserkraftwerke, die bei Strom-
überschüssen Wasser in einen Speichersee auf einem Berg pumpen.
Fehlt Strom, lässt man das Wasser wieder herunter. Das treibt dann
eine Turbine und einen elektrischen Generator an und erzeugt so
wieder Strom. Die heutigen Pumpspeicherkraftwerke können rein
rechnerisch rund eine halbe Stunde den Strombedarf in Deutschland
decken. Damit kommen wir natürlich nicht wirklich weit. Große Neu-

bauten an Pumpspeicherkraftwerken sind ziemlich unrealistisch. In den Alpenländern und in Norwegen werden wir das eine oder andere Speicherkraftwerk mitnutzen können. Aber auch das wird kaum für die Energierevolution reichen. Wir brauchen also andere Speichertechnologien.

Ein Mix aus verschiedenen Speichern und intelligenten Netzen wird künftig unsere Energieversorgung sicherstellen. Für den Kurzzeitbereich eignen sich effiziente Batterien, die beispielsweise eine Nacht überbrücken können. Private Solar-Batteriespeichersysteme wurden in den letzten Jahren vor allem in Einfamilienhäusern in großer Zahl realisiert. Solche Speicher müssen natürlich weiterhin kräftig ausgebaut werden. Eine weitere wichtige Speichertechnologie ist das sogenannte Power-to-Gas. Darauf werden wir im nächsten Kapitel noch einmal intensiver eingehen. Überschüssiger Solarstrom wird dabei in Gas umgewandelt und in Gasspeichern zwischengelagert. Die heute schon existierenden Gasspeicher in Deutschland sind groß genug, um den benötigten Speicherbedarf decken zu können. Fehlt Strom, lässt sich dieser wieder aus dem eingelagerten Gas erzeugen.

Durch die Sektorkopplung und intelligente Netze lässt sich außerdem der Speicherbedarf um einiges reduzieren. Unter Sektorkopplung versteht man die Verknüpfung der Sektoren Elektrizität, Wärme, Verkehr und Industrie bei der künftigen Energieversorgung. Wir wissen, dass wir uns zukünftig im Wesentlichen mit der Elektromobilität fortbewegen werden und dass wir auch beim Heizen sehr stark auf Strom setzen müssen. Hier gibt es riesige Chancen, Synergien zu nutzen. Schauen wir uns zum Beispiel ein Elektroauto mit einer großen Batterie an. Viele Hersteller bieten inzwischen Autos mit Reichweiten von bis zu 500 Kilometern an. Die meisten Menschen in Deutschland fahren aber im Durchschnitt nicht mehr als 40 Kilometer pro Tag. Der Strom aus einer großen Autobatterie würde ausreichen, um ein Einfamilienhaus mehrere Tage komplett mit Strom zu versorgen. Haben wir künftig zu wenig Strom, können wir einfach die Autobatterien anzapfen. Wir reden dann vom bidirektionalen Laden. Auch das zeitliche Verschieben des Ladens der Autobatterien würde helfen, um Speicher einzusparen. Wer heute eine eigene Solaranlage besitzt, kann das eigene Elektroauto automatisch nur mit Solarstrom laden lassen. Die großen Automobilhersteller arbeiten bereits an Lösungen, um bei Bedarf auch Strom wieder ins Netz zurückspeisen zu können. Dafür muss die Politik aber dringend die nötigen Rahmenbedingungen schaffen. Deutsche Regeln und Gesetze verhindern das nämlich derzeit noch. Heute ist die Zahl der Elektroautos noch relativ gering. Aber wenn erst einmal viele Millionen Elektroautos auf der Straße und vor allem auf den Parkplätzen sind, übersteigt die Speicherkapazität der Autobatterien die der heutigen Pumpspeicherkraftwerke um Größenordnungen.

Auch der Heizungsbereich kann uns künftig bei der Stromspeicherung helfen, wenn wir überwiegend elektrisch heizen. Dazu brauchen wir nicht einmal Extra-Wärmespeicher. Wir können einfach unsere Häuser als Speicher nutzen. Wenn wir zu viel Strom haben, dann wird künftig über die elektrische Wärmepumpe die Raumtemperatur automatisch minimal erhöht. Wird es ein Grad wärmer, merken wir das kaum. Wenn wir zu wenig Strom haben, dann schaltet sich die Heizung für eine Zeit lang ab, und die Temperatur sinkt wieder um ein oder zwei Grad. So speichern wir elektrische Energie einfach in der Gebäudemasse und erschließen Speicherkapazitäten, die nichts zusätzlich kosten.

100 Prozent sind machbar

Wir haben in Deutschland die Potenziale, um uns zu 100 Prozent mit erneuerbaren Energien selbst zu versorgen, und wir können mit Speichern und der Sektorkopplung auch eine Energieversorgung aufbauen, die sicherer ist als unsere heutige. Wir kennen alle Technologien für eine erfolgreiche Energierevolution. Auf irgendwelche Erfindungen, die uns retten, brauchen wir also nicht zu warten.

Wollen wir das Pariser Klimaschutzabkommen wirklich einhalten, müssen wir jetzt aber wirklich durchstarten. Eigentlich lässt sich recht einfach ausrechnen, wie schnell wir den Anteil erneuerbarer Energien steigern müssen, um in einem bestimmten Jahr klimaneutral werden zu können. Seit Jahren liegen die Zahlen auf dem Tisch. Auf Volkers Internetseite www.volker-quaschning.de finden sich unzählige Publikationen zu den Ausbauerfordernissen. Gehen wir relativ risikofreudig mit den Vorgaben des Pariser Klimaschutzabkommens um und akzeptieren wir eine globale Erwärmung von 1,75 Grad Celsius, müssten wir – wie in den vorigen Kapiteln erläutert – in Deutschland möglichst bis zum Jahr 2035 klimaneutral werden. Dazu müssen wir Energie effizient nutzen, im Verkehr im Wesentlichen auf das batterieelektrische Auto und bei der Wärme auf die elektrische Wärmepumpe setzen, sodass der Energiebedarf in Deutschland in den nächsten 15 Jahren sinkt. Dann müssen wir jedes Jahr bei der Windenergie offshore etwa vier Gigawatt, bei der Windenergie an Land 10 Gigawatt und bei der Photovoltaik 37 Gigawatt zubauen. Noch einmal: Das sind die minimalen jährlichen Zubaumengen, um das Pariser Klimaschutzabkommen gerade noch einhalten zu können.

Im Jahr 2020 wurden bei der Windenergie offshore gerade einmal 0,2 Gigawatt, an Land 1,2 Gigawatt und bei der Photovoltaik 4,9 Gigawatt hinzugebaut. Wir liegen beim Ausbau der Photovoltaik und der Windkraft um Größenordnungen unter den Klimaschutzerfordernissen. Das ist wirklich fatal. Der Zubau der Photovoltaik müsste sofort mindestens um den Faktor sieben, der Zubau der Windkraft an Land um den Faktor acht gesteigert werden, um eine Chance zu haben, das Pariser Klimaschutzabkommen einzuhalten. Aber die 1,5-Grad-Grenze werden wir selbst mit dem hohen Zubau schon ziemlich sicher reißen. Eine verantwortungsbewusste Politik sollte also noch höhere Zubauzahlen anstreben. Die endgültigen Zubauzahlen für 2021 lagen noch nicht vor, als wir dieses Buch geschrieben haben Es zeichnet sich jedoch ab, dass sie geringfügig höher sein werden als 2020, aber immer noch sehr weit unter den Klimaschutzerfordernissen liegen. Auch

2022 sind klimaverträgliche Zubaumengen nicht in Sicht. Noch viel schlimmer: Keine der im Bundestag vertretenen Parteien hat in ihrem Wahlprogramm für die Bundestagswahl 2021 für die Photovoltaik und die Windkraft die nötigen Zubaumengen zum Einhalten der 1,5-Grad-Grenze gefordert.

> *»Keine Partei im deutschen Bundestag strebt in Deutschland derzeit Zubaumengen für die Photovoltaik und die Windkraft an, mit der sich die 1,5-Grad-Grenze noch sicher einhalten ließe.«*

Damit strebt keine der großen Parteien derzeit eine Politik an, mit der das Pariser Klimaschutzabkommen sicher einzuhalten ist. Einen Unterschied zwischen den Parteien gibt es aber schon. Die Parteien sind mit ihren Vorstellungen unterschiedlich weit von dem entfernt, was für den Klimaschutz getan werden müsste. Wir haben also momentan die Wahl, ob wir unsere Klimaschutzziele wenig, mittel oder stark verfehlen. Dass sich das mit der neuen Regierung ohne äußeren Druck ändert, ist derzeit wenig wahrscheinlich.

Dabei ist der Finanzbedarf für einen klimaverträglichen Ausbau der Photovoltaik und der Windkraft in Deutschland überschaubar. Während Freiflächen-Photovoltaikanlagen in Deutschland im Jahr 2004 noch eine Einspeisevergütung von 46 Cent pro Kilowattstunde für den wirtschaftlichen Betrieb benötigen, erhielt im Jahr 2020 bei einer Ausschreibung eine Photovoltaikanlage mit einer Vergütung von 3,55 Cent pro Kilowattstunde den Zuschlag. Strom aus neuen Photovoltaik- und Windkraftanlagen ist damit billiger als der aus neuen Kohle-, Erdgas- oder Kernkraftwerken. Die kostengünstigste Variante für eigenen Strom zu Hause ist die eigene Photovoltaikanlage. Früher hat man immer das Kostenargument bemüht, um die Energierevolution zu bremsen und konventionellen Kraftwerken einen weiteren Marktzugang zu erhalten. Das funktioniert heute nicht mehr.

»Die kostengünstigste Variante, sich zu Hause mit
Strom zu versorgen, ist die eigene Photovoltaikanlage.«

Das Fatale an der bisherigen Energiepolitik: Wir haben in den letzten
zehn Jahren in Deutschland nicht den Klimaschutz, sondern ein Stück
weit auch den Wirtschaftsstandort geopfert. In Deutschland gab es
2011 schon einmal 125 000 Jobs in der Solarbranche. Dann wurden von
der damaligen Bundesregierung die Gesetze geändert, und der Solar-
energiezubau brach in Deutschland um 80 Prozent ein. In der Folge
gingen auch 80 000 Arbeitsplätze in der Solarbranche verloren. Das
Gleiche passierte wenige Jahre später in der Windbranche. Dafür zog
China im gleichen Zeitraum einen gigantischen Solar- und Wind-
energiesektor hoch. Während in den 2000er-Jahren Deutschland noch
Weltspitze bei der Produktion von Solarmodulen war, kommen heute
fast alle Solarmodule aus Asien. In China arbeiten nach Angaben der
IRENA (2020) inzwischen über zwei Millionen Menschen in der Photovoltaik. Ein ambitionierter Zubau bei den erneuerbaren Energien
würde auch die Solarbranche in Deutschland wieder zu einer neuen
Blüte führen und für einen Jobboom in Deutschland sorgen.

Der Faktor Arbeitskräfte limitiert am Ende auch den möglichen
Ausbau erneuerbarer Energien in Deutschland. Wenn wir noch einige
Jahre mit dem Ausbau erneuerbarer Energien trödeln, dürfte es schwer
werden, das in den Folgejahren wieder aufzuholen. Im Jahr 2020 arbei-
teten rund 50 000 Menschen in der Solarbranche in Deutschland. Ein
einfacher Dreisatz zeigt: Wenn wir den Ausbau der Photovoltaik ver-
siebenfachen wollen, bräuchte man allein dafür 300 000 zusätzliche
Arbeitskräfte – vielleicht auch nur 150 000, wenn wir an einigen Stellen
noch etwas rationeller arbeiten. Gleiches gilt für die Windkraft. Hinzu kommt der Fachkräftebedarf für den Bau von Speichern, den Aufbau der Elektromobilität oder den klimaverträglichen Umbau aller
Heizungssysteme. Es wird immer beklagt, dass durch die Energierevolution viele Jobs in der Braunkohle oder beim Bau von Verbrennerautos
wegfallen werden. Dabei werden diese Menschen dringend für die

Energierevolution gebraucht. Der klimaverträgliche Zubau der Photovoltaik und Windkraft bietet somit auch für den Arbeitsmarkt enorme Chancen. Wir können es schaffen, die Pariser Klimaschutzziele in Deutschland einzuhalten und gleichzeitig einen zukunftsfähigen Umbau der Arbeitswelt mit Hunderttausenden nachhaltigen Arbeitsplätzen zu realisieren. Nur eines dürfen wir nicht mehr: warten.

KANN DIE KERNENERGIE
DAS KLIMA RETTEN?

In Deutschland kämpft seit den 1970er-Jahren eine starke Anti-Atomkraft-Bewegung. Trotz aller Wiederbelebungsversuche der Technologie und einigen Weiterentwicklungsversuchen lehnt die Mehrheit der Deutschen die Kernenergie als Option für unsere Energieversorgung ganz klar ab. Und trotzdem löst die Kernenergie immer noch starke Emotionen aus. Immer wieder wird sie als saubere Energiequelle ins Spiel gebracht. Sie soll die Versäumnisse der letzten Jahrzehnte beim Ausbau erneuerbarer Energien für die Energierevolution korrigieren. Bill Gates und andere sind der Meinung, dass mit neuen Reaktorkonzepten viele Probleme der Atomkraft gelöst seien. 2021 hat er in einem Buch die Kernenergie als Lösung für den Klimaschutz wieder ins Spiel gebracht und selbst gleich Hunderte Millionen Dollar in eine neue Kernkraftfirma investiert. Der Weltklimarat, also der IPCC, hat die Kernenergie als einen von vielen Bausteinen für den Klimaschutz aufgeführt, was oft falsch interpretiert wird. Darum wollen wir in diesem Kapitel die Frage klären: Kann die Kernenergie wirklich das Klima retten?

Fangen wir erst einmal mit einem ganz nüchternen Blick auf die Fakten an und überlegen, welchen Stellenwert die Kernenergie bei der Energieversorgung und beim Klimaschutz bei uns, in Europa und weltweit heute überhaupt noch hat. Im Jahr 2020 deckte die Kernenergie zwölf Prozent des deutschen Bruttostromverbrauchs und lag damit weiter hinter der Windkraft, aber noch knapp vor der Photovoltaik. Da unser Energieverbrauch nicht nur aus Stromverbrauch besteht, sondern auch noch Wärme und Treibstoffe umfasst, ist der Anteil der Kernenergie am gesamten deutschen Endenergieverbrauch deutlich niedriger, als wenn man nur auf den Strom schaut. Hier liegt der Anteil nicht einmal bei mageren drei Prozent. Selbst in der Blütezeit der Kernenergie in den 1990er-Jahren lag der Anteil am Endenergieverbrauch nie höher als sechs Prozent. Inzwischen hat Brennholz einen erheblich größeren Anteil am Endenergieverbrauch in Deutschland als die Kernenergie. Es ist also nur der gefühlte Anteil der Kernenergie, der wirklich groß ist. Die endlosen Diskussionen um die Kernenergie haben sie größer und wichtiger gemacht, als sie jemals für unsere Energieversorgung war – knapp drei Prozent heute und nie mehr als sechs Prozent: Wollen wir das Pariser Klimaschutzabkommen einhalten, müssen wir in den 2030er-Jahren 100 Prozent unseres Energiebedarfs klimaneutral decken. Das bisschen Kernenergie liefert derzeit dazu keinen nennenswerten Beitrag.

>*Die Kernenergie deckte im Jahr 2020 rund drei Prozent des deutschen Endenergiebedarfs und damit deutlich weniger als Brennholz. Damit leistet die Kernenergie keinen relevanten Beitrag zum Klimaschutz.*«

Wer die Kernenergie als ernsthafte Lösung für die Klimakrise ins Spiel bringen möchte, muss auch dazusagen, dass wir dann allein in Deutschland in den nächsten 15 Jahren Hunderte neue Kernkraftwerke bauen müssten, um überhaupt signifikante Kohlendioxideinsparungen erreichen zu können. Allerdings hätte das durchaus seinen Charme. Es wäre interessant, die Gesichter einer Bürgerinitiative gegen Windkraft zu sehen, die erfolgreich einen Windpark verhindert hat und dann gesagt bekommt: Gar kein Problem, dann stellen wir euch stattdessen eben ein Kernkraftwerk hin. Und das Endlager dafür bekommt ihr natürlich auch gleich dazu. Übrigens, die Erdarbeiten beginnen nächste Woche.

Aber lassen wir mal Deutschland hinter uns und werfen einen Blick auf Europa. Hier ist die Lage sehr unterschiedlich. Frankreich liegt mit gut 70 Prozent Anteil an der Stromerzeugung weit vorne. Aber auch hier gilt das Gleiche wie in Deutschland: Außer Elektrizität wird auch viel andere Energie verbraucht, und auch im Musterland der Kernenergienutzung erreicht die Kernenergie gerade einmal rund 24 Prozent am gesamten Endenergieaufkommen. Viele europäische Länder wie Griechenland, Portugal, Polen, Dänemark, Irland, Luxemburg, Estland, Kroatien oder Norwegen haben gar keine Kernkraftwerke. Italien hat seine Kernkraftwerke nach der Reaktorkatastrophe von Tschernobyl 1990 stillgelegt, und Österreich hat ein Kernkraftwerk komplett fertig gebaut, es aber nie in Betrieb genommen, nachdem eine Volksabstimmung 1978 zum Aus für die Kernenergie führte. Zwar hat Österreich damit ziemlich viel Geld versenkt, dafür bleiben dem Land die Probleme beim Betrieb und der Entsorgung von Kernkraftwerken erspart. Aber auch Deutschland hat es geschafft, milliardenschwere Kernkraftprojekte zu bauen und nie in Betrieb zu nehmen. Doch dazu später mehr. Wenn wir einen Blick in die Welt außerhalb Europas werfen, ist die Zahl der Länder mit Kernkraftwerken überschaubar und die Liste der Neueinsteiger erst recht. Der Iran und Nordkorea hatten zuletzt große Ambitionen, in die Kernenergie einzusteigen. Die Bedeutung für die Stromerzeugung spielte bei der Entscheidung vermutlich eine untergeordnete Rolle.

Weltweit waren Anfang des Jahres 2021 insgesamt 441 Kernreaktoren in 33 Ländern im Einsatz. Der Anteil der Kernenergie an der weltweiten Stromerzeugung betrug rund zehn Prozent. Auch hier ist der Anteil am gesamten Endenergiebedarf erheblich niedriger. Da deckt die Kernenergie nur einen Anteil zwischen zwei und drei Prozent ab.

Damit ist die Kernenergie auch weltweit ein echter Scheinriese. Angeblich ist sie enorm wichtig für den Klimaschutz. Aber wie soll eine Technologie, die nicht einmal drei Prozent des Endenergiebedarfs abdeckt, einen wichtigen Beitrag leisten, wenn wir weltweit in den 2040er-Jahren 100 Prozent des Endenergiebedarfs klimaneutral decken müssen? Auch die immer wieder beschworenen Neubauten erweisen sich bei näherem Hinschauen als viel Lärm um ziemlich viel Nichts. 2020 waren gerade einmal neun Kernkraftwerke mehr als vor 25 Jahren in Betrieb. Fairerweise muss man sagen, dass die Gesamtleistung leicht zugenommen hat, da in der Zeit einige ältere Kernkraftwerke abgeschaltet und dafür größere neuere Anlagen in Betrieb genommen wurden. Derzeit sind gut 50 Kernkraftwerke im Bau. Bei den extrem langen Bauzeiten werden in der gleichen Zeit aber ähnlich viele oder sogar noch mehr Kernkraftwerke vom Netz gehen. Einen wichtigen Beitrag kann man das nicht nennen.

Wie irre lange die Bauzeiten sind, zeigt zum Beispiel ein neuer Reaktor beim finnischen Kraftwerk Olkiluoto. Der Berliner Flughafen war dagegen ein regelrechtes Vorzeigeprojekt. Der Reaktor wurde 2003 geplant, 2005 war Baubeginn. Ursprünglich sollte die Anlage im Jahr 2011 in Betrieb gehen und drei Milliarden Euro kosten. Inzwischen sind die Kosten auf über 8,5 Milliarden Euro explodiert, und Betriebsbeginn ist frühestens im Jahr 2022. Wobei der Begriff »explodiert« im Zusammenhang mit Kernkraftwerken besser nicht verwendet werden sollte.

Aber was die Kosten anbelangt, geht es noch schlimmer. Auch in Frankreich ist eine Anlage im Bau, in Flamanville in der Normandie. Dagegen ist das Kernkraftwerk in Finnland geradezu ein Schnäppchen. Die französische Anlage wurde 2004 geplant und sollte 2012 ans Netz gehen und 3,3 Milliarden Euro kosten. Auch hier ist die Inbetriebnahme erst frühestens im Jahr 2023 zu erwarten. Die Kosten sind inzwischen sprunghaft auf über 19 Milliarden Euro angestiegen. Da hätte man rund drei Flughäfen in Berlin dafür bauen können. Gut, die braucht allerdings auch niemand.

Schauen wir mal ins Brexit-Großbritannien. Möglicherweise ist dort ja alles besser. Auf der britischen Insel sind zwei weitere Reaktorblöcke beim Kernkraftwerk Hinkley Point im Bau. Hier wurden die

Kosten jetzt schon mit etwa 29 Milliarden Euro veranschlagt. Die Anlage soll 2025 fertig werden. Mal sehen, ob es dabei bleibt. Um überhaupt Investoren für den neuen Reaktor Hinkley Point C zu finden, musste die britische Regierung eine garantierte hohe Einspeisevergütung über 35 Jahre plus Inflationsausgleich zusagen. Stand heute müsste damit der Strom mit rund elf Eurocent pro Kilowattstunde vergütet werden. Das ist etwa doppelt so viel, wie Strom derzeit an der Börse gehandelt wird. Die günstigsten Photovoltaikkraftwerke in Deutschland kosten derzeit mit 3,5 Cent pro Kilowattstunde nur rund ein Drittel, und das auch noch ohne Inflationsausgleich. Auch neue Windkraftwerke liegen etwa bei der Hälfte. Damit sind erneuerbare Energien ein regelrechtes Schnäppchen. Korrekterweise muss man dazusagen, dass Photovoltaik- und Windkraftanlagen für eine sichere Stromversorgung noch Speicher benötigen, die zusätzliche Kosten verursachen. Kernkraftwerke brauchen aber für eine sichere Stromversorgung auch noch zusätzliche Anlagen zur Spitzenlastdeckung, und mit der genannten Preisdifferenz zu erneuerbaren Energien lassen sich für eine rein erneuerbare Energieversorgung problemlos jede Menge an Speichern finanzieren. Auf die Gründe der britischen Regierung angesprochen, sich auf dieses irrsinnig teure und riskante Abenteuer einzulassen, äußerte ein britischer Kollege die Vermutung, da seien militärische Überlegungen im Spiel. Wenn man als Atommacht weiterhin den Umgang mit nuklearem Material beherrschen will, sind dabei zivile Kernkraftwerke eine sehr willkommene Unterstützung. Was an diesen Vermutungen wirklich dran ist, kann wohl nur die Royal Navy beantworten.

»Der Strom aus neuen Kernkraftwerken ist etwa zwei- bis dreimal so teuer wie der aus neuen Photovoltaik- oder Windkraftanlagen.«

Strom aus neuen Kernkraftwerken kostet damit nachweislich mehr als doppelt so viel wie Wind- oder Solarstrom. Das viel beschworene Argument, Strom aus Kernkraftwerken sei so günstig und damit für eine funktionierende Wirtschaft unverzichtbar, ist bei näherem Hinsehen totaler Humbug. Neue Kernkraftwerke sind eine extrem teure Lösung. Ob die genannten Kosten auch für die Endlagerung oder die Risikovorsorge von Störfällen ausreichen, darf stark bezweifelt werden. Außer den genannten drei Kernkraftwerken in Finnland, Frankreich und Großbritannien sind seit 1987 noch in der Slowakei zwei Reaktorblöcke im Bau. Nein, das ist kein Schreibfehler: seit 1987. Immerhin sollen sie jetzt 2021 und 2023 fertig werden, zwei weitere Blöcke entstehen noch in Weißrussland. Das war's dann in Europa. Trotzdem wird in den Medien immer wieder von einer Renaissance der Kernenergie gesprochen. Dabei werden aber stets die geplanten und nicht die im Bau befindlichen Anlagen erwähnt und immer wieder Fantasiezahlen von Dutzenden Projekten in Europa genannt. Geplant wurde schon immer viel, aber die meisten der Planungen zerplatzen am Ende wie Seifenblasen. Polen will beispielsweise seit 1980 einen Reaktor errichten – warum auch immer. Bis heute haben sie keinen Investor gefunden, und angesichts der Kostenexplosion in den anderen europäischen Ländern ist es extrem unwahrscheinlich, dass sich das in den nächsten Jahrzehnten ändern wird.

Deutschland steigt am 31. Dezember 2022 aus der Kernenergie aus. Bis dahin gehen noch einmal sechs Kernkraftwerke in Deutschland vom Netz. Belgien steigt im Jahr 2025 aus. Spanien folgt 2035, die Schweiz 2039, und auch Frankreich ringt um eine Exit-Strategie. In Europa nimmt damit der ohnehin schon vergleichsweise unbedeutende Anteil der Kernenergie weiter ab. Für das Erreichen der Klimaschutzziele spielt die Kernenergie damit in Europa keine signifikante Rolle. Befürworter:innen der Kernenergie sehen aber hierin eine falsche Strategie und verweisen gerne auf Asien und China. Der jüngste Versuch, die Atomkraft in Europa zur grünen Geldanlage zu erklären, dient lediglich dazu, mit den Altanlagen noch mal richtig Kasse zu machen und sie mit Subventionen und grünen Stromzertifikaten zu vergolden.

Doch schwenken wir den Blick ins Reich der Mitte. In der Tat sind in China vergleichsweise viele Reaktoren in Planung. 16 Kernkraftwerke sollen bis 2026 fertiggestellt werden. Unter der totalitären Regierung in China ist auch zu erwarten, dass das einigermaßen klappen wird. Über 30 weitere Reaktoren sind in den nächsten zehn Jahren geplant. Trotzdem wird auch dann der Anteil der Kernenergie in China am Strommix deutlich unter zehn Prozent, am gesamten Endenergiebedarf sogar nur im unteren einstelligen Prozentbereich bleiben. Auf der anderen Seite baut China mit ungeheurem Tempo erneuerbare Energien aus. Allein im Jahr 2020 hat China 48 Gigawatt an Photovoltaikanlagen und 72 Gigawatt an Windkraftanlagen errichtet, die zusammen etwa so viel Strom liefern wie 25 Kernkraftwerke. Wie gesagt: in einem einzigen Jahr. 25 Kernkraftwerke baut auch China nicht in einem Jahr. Früher nicht, jetzt nicht und auch niemals in der Zukunft. Im Vergleich zu erneuerbaren Energien ist die gerne so hochgelobte chinesische Kernenergie in China ziemlich unbedeutend.

IPCC und zweifelnde Ökonomen

Einige Fans der Kernenergie werden aber dennoch nicht müde, die Kernenergie als Ausweg aus der Klimakrise zu verkaufen. Auch in Deutschland gibt es trotz Kernenergieausstieg eine Reihe hartnäckiger Kernkraftfans. Wann immer Kolleginnen und Kollegen aus der Forschung skizzieren, wie eine klimaverträgliche Energieversorgung auf Basis erneuerbarer Energien aussehen wird, stellen sie erneuerbare Energien als Lösung prinzipiell infrage. Als ein Kronzeuge der nicht funktionierenden Energiewende gilt der bekannte Ökonom Hans-Werner Sinn. Den Klimawandel als solchen erkennt er zwar an. Ein auch nur ansatzweise funktionierendes Konzept zum Einhalten des Pariser Klimaschutzabkommens liefert er aber nicht. Eine vollständig erneuerbare Energieversorgung hält er für nicht realisierbar. Die Kernenergie wird von ihm etwas diffus als eine Lösung genannt. Bei fragwürdigen Organisationen wie dem Verein der Klimaleugner:innen EIKE oder Vernunftkraft sowie Anhänger:innen der AfD wird er dafür gerne zitiert, hat sich aber von diesen Gruppen distanziert. Fairerweise muss man aber sagen, dass Kernenergiefans nicht nur am rechten Rand des politischen Spektrums zu finden sind. Es gibt auch zahlreiche Menschen in der Physik, den Ingenieurwissenschaften und den Wirtschaftswissenschaften, die der Faszination der Kernenergie erlegen sind.

Einige Menschen aus der Piratenpartei haben den Kernenergiefanclub Nuklearia ins Leben gerufen, wobei sich die Piratenpartei mehrheitlich gegen die Nutzung der Kernenergie ausgesprochen hatte. Ausgerechnet der Weltklimarat IPCC (2018) hat auch die Kernenergie als eine Option für den Klimaschutz ins Spiel gebracht. Im Prinzip ist das zwar richtig, aber auch diese Aussage wird sehr häufig aus dem Kontext gerissen. Werfen wir doch einmal einen Blick in den IPCC-Sonderbericht 1,5 °C Globale Erwärmung. Hier kommt die Kernenergie zwar vor, spielt aber alles andere als eine zentrale Rolle. Der IPCC-Report bildet den Querschnitt der Wissenschaftsgemeinde in Sachen Klimaschutz ab. Die Autorinnen und Autoren stammen dabei aus vielen Ländern der Welt. Natürlich sind auch einige von ihrer Sozialisation her weniger kritisch, was den Einsatz der Kernenergie betrifft. Nicht in allen Ländern wird die Kernkraft inzwischen so strikt abgelehnt wie in Deutschland oder Österreich. Im Report selbst werden verschiedene Etappen für den Weg in die Klimaneutralität aufgeführt. Für die mögliche Nutzung der Kernenergie wird für das Jahr 2050 ein mittlerer Anteil am weltweiten Primärenergiebedarf im niedrigen einstelligen Prozentbereich genannt. Angesichts der erwähnten Neubauten einiger Kernkraftwerke ist es ja durchaus realistisch, dass im Jahr 2050 in einigen Ländern der Erde noch Kernkraftwerke in Betrieb sind. Allein aus militärischen Gründen werden viele Länder auch nicht völlig von der Kernenergie lassen, selbst wenn diese eigentlich unwirtschaftlich ist. Das bildet der Report ab. Mehr aber auch nicht. Die Kernenergie wird vom IPCC definitiv nicht als tragende Säule für den Klimaschutz gesehen.

Begrenzte Kernbrennstoffe

Selbst wenn wir Kosten- und Sicherheitsargumente bei der Kernenergie ausblenden, gibt es weitere zwingende Gründe, warum die Atomreaktoren, die auf dem Prinzip der Kernspaltung basieren, nie einen deutlich höheren Anteil als heute erreichen werden. Was die meisten Menschen gar nicht wissen: Es gibt gar nicht genug Kernbrennstoffe dafür. Ausführliche Zahlen dazu veröffentlicht regelmäßig die Bundesanstalt für Geowissenschaften und Rohstoffe (BGR). In der letzten Energiestudie der BGR (2021) findet man die weltweiten Reserven für Uran. Unter Reserven versteht man die bekannten Vorkommen, die zu gängigen Preisen gefördert werden können. Teilt man die Reserven durch die jährliche Förderung, so erhält man die Reichweite eines Rohstoffs. Bei Uran beträgt diese laut BGR gerade einmal 24 Jahre. Wir haben insgesamt schon erheblich mehr Uran gefördert, als es überhaupt noch an Reserven gibt. In 24 Jahren werden die heute bekannten Uranreserven also aufgebraucht sein. Das ist weniger lange, als neu gebaute Kernkraftwerke in Betrieb sein sollen. Es ist kaum zu glauben, dass immer weiter neue Kernkraftwerke errichtet werden, wenn die Brennstoffversorgung gar nicht über die gesamte geplante Laufzeit gesichert ist.

Die Errichtung der Kernkraftwerke basiert immer ein wenig auf dem Prinzip Hoffnung. Neben den Reserven gibt es ja noch die sogenannten Ressourcen. Das sind Vorkommen, die vermutet werden und noch gar nicht entdeckt sind, oder bekannte Vorkommen, bei denen die Förderung heute noch zu teuer ist. Diese Ressourcen sind etwa zehnmal so groß wie die bekannten Reserven. Das reicht immerhin, um weitere 233 Jahre Förderung aufrechtzuerhalten. Selbst wenn am

Ende nur ein Teil der Ressourcen erschlossen werden kann, ist der Weiterbetrieb der heutigen Kernkraftwerke wahrscheinlich gesichert. Die Rohstoffknappheit scheint auf den ersten Blick doch gar nicht so schlimm zu sein. Rein rechnerisch reichen Reserven und Ressourcen zusammen also 257 Jahre, aber auch nur dann, wenn wir wirklich alle vermuteten Vorkommen finden und bereit sind, deutlich mehr für Uran zu bezahlen als heute. Die Reichweite gilt aber nur bei einem gleichbleibenden weltweiten Kernenergieanteil von weniger als drei Prozent. Soll die Kernenergie einen entscheidenden Beitrag zum Klimaschutz leisten und beispielsweise 50 Prozent der weltweiten Energieversorgung decken, wären wirklich alle Reserven und Ressourcen in 13 Jahren bis auf den letzten Rest aufgebraucht. Und die 13 Jahre beziehen sich auf 50 Prozent Anteil des heutigen Energiebedarfs. Steigt der weltweite Energiebedarf weiter an, würden die Uranvorräte wesentlich schneller erschöpft sein und sogar deutlich weniger als zehn Jahre reichen. Die ohnehin teure Kernenergie würde dabei durch die steigenden Uranpreise wegen der kontinuierlichen Rohstoffverknappung immer noch teurer werden. Soll also Kernenergie einen großen Anteil der Weltenergieversorgung decken, wäre das Uran in wenigen Jahren verbraucht. Die heutige Art der Kernenergienutzung ist also definitiv keine Lösung für den Klimaschutz. Das ist ein schlagendes Argument, gegen das auch Kernenergiefans eigentlich kaum ankommen.

»Uran ist ein sehr begrenzter Rohstoff: Wenn normale Kernkraftwerke 50 Prozent der heutigen weltweiten Energieversorgung decken würden, wären alle bekannten und auch die noch vermuteten Uranvorkommen bereits in 13 Jahren vollkommen aufgebraucht.«

Dennoch bringen sie gerne Gegenargumente ins Spiel. Als erstes führen sie Thorium als zusätzlichen Kernenergiebrennstoff auf. Thorium ist ebenfalls ein spaltbares Element, nur nicht so bekannt wie Uran. Doch davon gibt es noch weniger als Uran. Eine wirkliche Lösung für das Rohstoffproblem ist Thorium also nicht. Möchte man den Anteil der Kernenergie deutlich erhöhen, muss man die Kernbrennstoffe deutlich strecken. Dann kommt man an der Technologie des Schnellen Brüters nicht vorbei. Das ist dann ein Griff in die ganz tiefe Mottenkiste. Die Zeitung »Die Zeit« schrieb am 16. September 1977: »Für unser Land unverzichtbar: Der Schnelle Brüter ist eine der wenigen realistischen Möglichkeiten, die Energieversorgung unabhängig vom Import langfristig zu sichern.«

Werfen wir also einen Blick auf den Schnellen Brüter. Beim Uran gibt es verschiedene Isotope. Ein Großteil des Urans kann gar nicht gespalten werden und ist für herkömmliche Kernkraftwerke unbrauchbar. Beim Schnellen Brüter werden sogenannte schnelle Neutronen erzeugt, die das nicht nutzbare Uran in spaltbares Material wie Plutonium umwandeln. Theoretisch lässt sich so das Uran um den Faktor 60 strecken. In der Praxis liegt man um einiges darunter, aber es ergibt sich immerhin eine deutlich bessere Rohstoffperspektive. Der Nachteil beim herkömmlichen schnellen Brutreaktor ist das benötigte Kühlmittel. Dieser Reaktortyp funktioniert nicht mit einer Wasserkühlung, hier kommt Natrium zum Einsatz. Wer im Chemieunterricht aufgepasst hat, kennt aber auch die Nachteile von Natrium: Es fängt von selbst heftig an zu brennen, wenn es mit Wasser in Kontakt kommt. Solch ein Kühlmittel will man eigentlich nicht in einem Kernreaktor haben. In den 1970er-Jahren war man in solchen Fragen aber noch ziemlich schmerzfrei. Deutschland hat also schon einmal einen schnellen Brutreaktor in Kalkar gebaut. Nach der Fertigstellung hat die Politik angesichts der öffentlichen Diskussion um die Sicherheitsrisiken kalte Füße bekommen und die Anlage nie in Betrieb genommen. Die Baukosten lagen in heutigen Preisen bei über sechs Milliarden Euro. Heute befindet sich auf dem Gelände des Schnellen

Brüters der Vergnügungspark Wunderland Kalkar. Er ist damit wahrscheinlich der teuerste Vergnügungspark weltweit.

Neue Reaktorkonzepte – alte Probleme

Die Frage nach dem teuersten Vergnügungspark wäre auch mal eine Frage für Günther Jauch. In Deutschland ist diese Geschichte nur noch wenigen bekannt. Bei dem Beispiel winken aber Kernkraftfans immer ab und bringen neue Reaktoren der sogenannten vierten Generation wie zum Beispiel den Flüssigsalzreaktor ins Spiel. Auch der soll Kernbrennstoff erbrüten. Natrium spielt in vielen Konzepten eine Rolle. Bislang gibt es den Flüssigsalzreaktor aber nur auf dem Papier. Probleme bereiten die schlechte Regelbarkeit und Sicherheitsbedenken. Experten schätzen, dass es noch Jahrzehnte dauern könnte, bis Kernkraftwerke der vierten Generation wirklich einsatzfähig sind. Es ist nicht erkennbar, warum die neuen Kernkraftwerke plötzlich billiger als die heute teuren Anlagen sein sollten. Bill Gates hat vor Kurzem ein Buch zum Thema Klimaschutz veröffentlicht und plädiert darin für Kraftwerke der vierten Generation. Schon 2006 hat er die Firma Terrapower gegründet und nicht nur viel eigenes Geld hineingesteckt, sondern auch viele Milliarden Euro von anderen Investoren und vom US-Energieministerium eingesammelt. Wenn Bill Gates in eine Technologie einsteigt, so denken wohl viele, dann muss da was dran sein. Andere verspotten Bill Gates' neue Kernkraftwerke als Powerpoint-Reaktoren. In 15 Jahren ist noch kein marktfähiges Produkt entstanden, und wie viel ein neuer Reaktor am Ende kosten wird, ist auch noch völlig unklar. Ursprünglich sollte ein Prototyp in China gebaut werden. Das ist schon bezeichnend. Für einen Prototyp in den USA war die Technologie der amerikanischen Firma wohl zu riskant. Das Projekt wurde aber 2019 wieder gestoppt, ironischerweise vom Klimaleugner Donald Trump, im Zuge seiner Handelsfehde mit China. Aber es ist immer noch vom Bau eines Prototyps in den 2020er-Jahren die Rede. Joe Biden will die Stromversorgung in den USA bis 2035 komplett klimaneutral machen. Dafür kommt die Technologie, sollte sie jemals funktionieren, reichlich spät. Auch für die deutsche Energiewende wird sie gar nicht mehr infrage kommen.

Ironischerweise argumentiert Bill Gates, dass es zu lange dauere, die Erneuerbaren aufzubauen, und man deshalb auf Atom setzen sollte. Und Bill Gates ist nicht gerade als verträumter Spinner bekannt, schließlich ist er mit seinen Ideen einmal zum reichsten Menschen der Welt geworden. Die Klimakrise ist für ihn ein ernstes Problem. Von erneuerbaren Energien hält er aber wenig. Die Kernkraft ist für ihn eine der zehn wichtigsten Technologien in der Zukunft der Menschheit, neben dem tierfreien Hamburger, Krebsimpfstoffen und anderen. Bleibt die Frage, warum bei ihm die Kernenergie einen so hohen Stellenwert hat. Sein Wunsch, einen entscheidenden Beitrag zur Lösung der Klimakrise zu leisten, ist durchaus ernst gemeint. Vermutlich liegt seine Einstellung zur Kernenergie in seiner Biografie. In seinem Weltbild können offenbar nur große Unternehmen die Welt retten. Dass Menschen überall auf der Welt Milliarden kleiner Solaranlagen bauen und die Weltrettung in die eigene Hand nehmen, kann er sich nicht vorstellen. Außerdem ist er Computerspezialist, von Energieversorgung hat er wenig Ahnung. Bei seinen Einschätzungen spielen also Beraterinnen und Berater eine große Rolle. Und die stammen offenbar aus dem Umfeld der Militärs und der großen Energiekonzerne. Bill Gates hat noch nicht verstanden, dass die Solarenergie die preiswerteste Art der Stromversorgung ist. Vielleicht hat er es von seinen Berater:innen auch noch nie gehört oder glaubt den Zahlen nicht. Offenbar ist er im Denken der 1980er-Jahre verhaftet. Hätte er versucht, einen Windpark in Bayern zu bauen, würde er vermutlich sofort aus Terrapower wieder aussteigen. Allein aus Akzeptanzgründen werden wir in Deutschland und in vielen anderen Ländern der Welt keine neuen Kernkraftwerke errichten können. Eine Handvoll Menschen hat schon Ängste vor Windkraftanlagen, da darf man sehr gespannt sein, wie sie auf neue Kernkraftwerke reagieren, von denen tatsächlich eine reale Gefahr ausgeht. Aber Bill Gates stellt sich offenbar vor, er könne die Welt mit seinen Lösungen überrollen wie mit seiner Software. Das wird aber nicht funktionieren.

Es gibt auch noch andere Investoren, die auf sogenannte kleine modulare Reaktoren setzen. Dahinter steckt die Idee, Kostensenkungen über Serienfertigung und große Stückzahlen baugleicher Minireaktoren zu erreichen. Es wird auch versprochen, dass von kleinen Reaktoren keine großen Sicherheitsrisiken ausgehen würden. Das Bundesamt für die Sicherheit der nuklearen Entsorgung (BASE) (2021) hat die Minireaktoren in einer Studie untersuchen lassen und kommt zu folgendem Urteil: »Anders als teilweise von Herstellern angegeben, muss bisher davon ausgegangen werden, dass für den anlagenexternen Notfallschutz die Möglichkeit von Kontaminationen besteht, die deutlich über das Anlagengelände hinausreichen.« Auf gut Deutsch: Auch wenn bei einem Minireaktor ein Unglück passiert, ist es besser, wenn man nicht in der Nähe ist. Auch die möglichen Kostensenkungen werden kritisch gesehen, Zitat: »Durch die geringe elektrische Leistung sind die Baukosten relativ betrachtet höher als bei großen Atomkraftwerken. Eine Produktionskostenrechnung unter Berücksichtigung von Skalen-, Massen- und Lerneffekten aus der Atomindustrie legt nahe, dass im Mittel dreitausend Kleinstreaktoren produziert werden müssten, bevor sich der Einstieg lohnen würde.« 3000 Reaktoren für den Einstieg. Davon ist selbst China Lichtjahre entfernt. Wenn man bedenkt, dass derzeit gerade einmal 441 große Reaktoren weltweit in Betrieb sind, ist das wieder einmal viel Rauch um nichts.

Wirklich neu ist die Idee der Kleinstreaktoren übrigens auch nicht. In den 1950er-Jahren war man in dieser Frage völlig unbedarft. Damals wollte man sogar nuklearbetriebene Autos bauen. Die Idee ist faszinierend. Dann hätte man Radiodurchsagen wie die folgende hören können: »Das Kamener Kreuz ist für die nächsten 1000 Jahre gesperrt, weil es gestern dort einen Auffahrunfall mit zwei Atomautos gegeben hat.«

Ungelöste Probleme und Kernfusion

Auch Kernkraftfans erkennen einige dieser Fakten durchaus an. Sie argumentieren, dass die Kernkraftwerke der bisherigen Technologie, aber auch der noch gar nicht gebauten vierten Generation, auf die Bill Gates und Co. setzen, nur Übergangstechnologien seien. Sie würden gebraucht, bis schließlich die Kernfusion verfügbar sei und damit alle Energiesorgen ein für alle Mal erledigt wären. Beim Fusionsreaktor gewinnt man den Brennstoff aus schwerem Wasser. Das ist Wasser mit besonderen Wasserstoffisotopen, das man beispielsweise aus Meerwasser fördern kann. Ähnlich wie in der Sonne werden Wasserstoffkerne bei Temperaturen von mehreren Millionen Grad Celsius zu Helium fusioniert. Im Gegensatz zu Uran gibt es bei den Brennstoffen für diesen Reaktor in menschlichen Zeithorizonten kein Rohstoffproblem. Dafür ist die Technologie erheblich aufwändiger und für zahlreiche technische Probleme gibt es immer noch keine befriedigende Lösung. Spötter:innen sprechen deshalb auch von der Fusionskonstante: Egal, in welchem Jahrzehnt man fragt, es dauere immer genau 30 Jahre, bis einmal ein funktionierender Fusionsreaktor verfügbar sein soll. Während bei den zuvor genannten Kernkraftwerken der vierten Generation wenigstens noch einige auf einen schnellen Durchbruch hoffen, wird der bei Fusionsreaktoren von niemandem ernsthaft erwartet. Doch selbst wenn wir die technischen Probleme zeitnah gelöst bekommen, sprechen zwei entscheidende Gründe gegen den Fusionsreaktor: Die Technologie ist deutlich aufwändiger als die heutige Kernspaltung. Warum dann ausgerechnet Fusionskraftwerke preiswerteren Strom als die heute schon viel zu teuren Anlagen zur Kernspaltung erzeugen sollen, ist nicht wirklich nachvollziehbar. Für einen wirksamen Klimaschutz müssen wir zudem in weniger als 30 Jahren bereits weltweit klimaneutral sein. Dafür wird die Fusionstechnologie viel zu spät einsatzfähig sein, wenn es überhaupt so weit kommt. Außerdem eignet sie sich sehr schlecht zum kombinierten Einsatz mit erneuerbaren Energien. Denn Sonne und Wind schwanken, große Kernenergiereaktoren lassen sich nur sinnvoll betreiben, wenn sie möglichst das ganze Jahr durchlaufen. Wir brauchen hier also flexible Kraftwerke, die wir schnell hoch- und runterfahren können, um die erneuerbaren Energien sinnvoll zu unterstützen.

Es fällt wirklich schwer, schlüssige Argumente für die Nutzung der Kernenergie zu finden. Der einzige unbestreitbare Vorteil der Kernkraftwerke ist der kohlendioxidarme Betrieb. Der kommt aber nur zum Tragen, wenn die Kernenergie nicht nur einen verschwindend kleinen Anteil unseres Energiebedarfs deckt. Selbst ein höherer Atomstromanteil führt nicht unbedingt zu niedrigen Kohlendioxidemissionen, wie die Zahlen für verschiedene Länder Europas zeigen. So sind die Kohlendioxidemissionen beispielsweise in Frankreich und Dänemark im europäischen Vergleich verhältnismäßig niedrig und bezogen auf die jeweilige Wirtschaftsleistung in etwa gleich groß. Während Frankreich den weltweit größten Atomstromanteil hat, betreibt Dänemark gar keine Kernkraftwerke. Hier drücken die erneuerbaren Energien spürbar die Kohlendioxidemissionen. Bulgarien und Tschechien haben hingegen vergleichsweise schlechte Kohlendioxidwerte, obwohl sie rund ein Drittel ihres Strombedarfs über die Kernenergie decken.

Ganz kohlendioxidfrei sind aber auch Kernkraftwerke nicht. Beim Reaktorbau oder der Uranförderung entsteht auch Kohlendioxid, wenn auch in kleineren Mengen als beispielsweise beim Betrieb von Erdgaskraftwerken. Die potenziellen Kohlendioxidreduktionen erkaufen wir aber durch andere Risiken, die wir noch nicht erwähnt haben. Die unüberschaubaren Risiken der Kernenergie konnte man am besten an den Reaktorunglücken in Tschernobyl oder Fukushima sehen, wo heute noch mit den Folgen gekämpft wird. Die Fans neuer Reaktortypen versprechen, dass bei ihnen alles besser sein wird. Es gibt aber keinen triftigen Grund, warum das Risiko bei der neue Reaktorgeneration deutlich geringer sein sollte. Schon gar nicht, wenn Natrium ins Spiel kommt. Neben den Risiken durch den normalen Betrieb gibt es auch ein potenzielles Anschlagsrisiko. Bislang

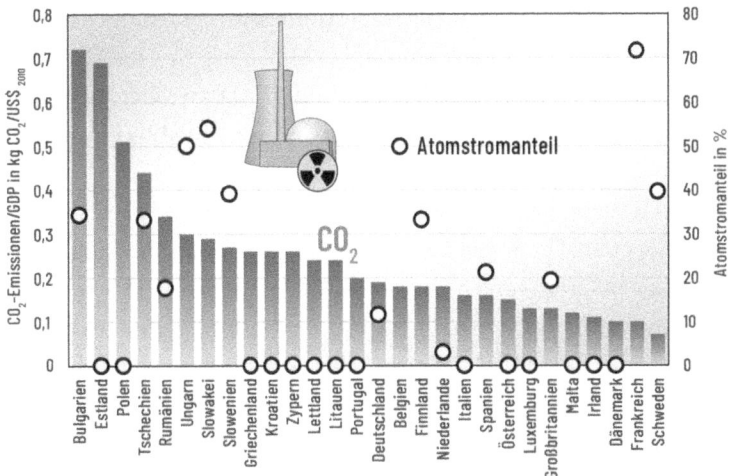

BILD 10 Atomstromanteil und auf die Wirtschaftsleistung bezogene Kohlendioxidemission verschiedener Länder in Europa (Stand 2019). Ein erkennbarer Zusammenhang zwischen Atomstromanteil und Kohlendioxidemissionen existiert nicht (Daten: Europäische Kommission [2020], *IEA* [2020])

haben wir in dieser Beziehung noch Glück gehabt. Bei den Anschlägen von 9/11 war ursprünglich auch ein Kernkraftwerk im Visier. Das haben die Terroristen dann aber wieder verworfen. Möglicherweise ist es aber nur eine Frage der Zeit, bis einmal ein Kernkraftwerk Ziel eines terroristischen Anschlags wird. Auch im regulären Betrieb gibt es Risiken durch das radioaktive Material, das gefördert, transportiert und am Ende entsorgt werden muss. Hier gibt es über Millionen Jahre ernste Gesundheitsrisiken für Mensch und Natur. Die Frage der sicheren Endlagerung ist bis heute noch nicht befriedigend gelöst.

Kernkraftfans bringen hier immer wieder die Transmutation von Atommüll ins Spiel. Die Idee geistert schon seit Jahrzehnten durch die Lande. Dabei packt man Atommüll in die neue Reaktorgeneration, wo er durch Neutronenbeschuss unschädlich gemacht wird und dabei sogar noch Energie liefert. Das klappt bislang aber auch nur auf dem Papier. Nicht alle Abfälle sind geeignet. Das Verfahren ist zudem teuer, und es verkleinert nur das Problem, beseitigt es aber nicht völlig. Es bleibt immer noch hochradioaktiver Müll übrig, und die Menge an weniger stark strahlendem Material nimmt zu. Das ist aber auch nicht ungefährlich. Ein atommüllfreies Atomkraftwerk ist also eine reine Illusion.

Was letztendlich mit dem Atommüll in Deutschland passieren soll, ist völlig offen. Die Suche nach einem Endlager läuft. Die Aufgabe ist dabei, einen Ort zu finden, der das gefährlich strahlende Material Jahrmillionen sicher verwahrt. In solchen Zeiträumen kommt es zu Eiszeiten, möglicherweise auch zur Klimakatastrophe, Meteoriteneinschlägen und Kontinentalverschiebungen. Es sind Zeiträume, die der Mensch überhaupt nicht überblicken kann. Solche Erblasten unzähligen künftigen Generationen zu überlassen zeugt wirklich nicht von einem echten Verantwortungsbewusstsein.

Das größte Risiko wird in der Verbreitung des nuklearen Materials gesehen. Die Kernenergie war schon immer Treiber für militärische Konflikte. Die Grenze zwischen der zivilen und militärischen Nutzung der Kernenergie ist fließend. Besonders großen Anklang findet die Kernenergie daher immer beim Militär. Reaktoren waren auch schon Gegenstand militärischer Auseinandersetzungen. Israel hat 1981 einen im Bau befindlichen irakischen Reaktor bombardiert. Auch die Atomprogramme in Nordkorea und im Iran haben nicht nur die Aufgabe der Stromproduktion. Je höher das Material angereichert ist, desto problematischer ist es. Vor allem die von Bill Gates ins Gespräch gebrachten Reaktoren sind unter diesem Aspekt besonders kritisch. Selbst Atommüll hat ein enormes Schadenspotenzial, wenn er in die falschen Hände kommt. Er kann zum Bau einer sogenannten schmutzigen Bombe verwendet werden. Dabei sprengt man radioaktives Material mit konventionellem Sprengstoff und verseucht damit große Gebiete.

Zum Glück steigt Deutschland Ende 2022 aus der Kernenergienutzung aus. Es war ein langer Kampf der Anti-Atomkraft-Bewegung, dieses Ziel zu erreichen. Am Ende hat es aber geklappt. Die Kernenergie ist riskant, teuer, und der Nutzen für den Klimaschutz ist mehr als überschaubar. Es gibt keinen wirklich sinnvollen Grund, der Technologie auch nur eine einzige Träne nachzuweinen. Ganz sicher wird es Talkshows zum Ende der Kernenergie in Deutschland geben und die Sau noch einmal durchs Dorf getrieben. Der Drops ist aber gelutscht. Keine Partei außer der AfD rüttelt ernsthaft am Kernenergieausstieg. Nicht einmal die Energiekonzerne haben Lust auf neue nukleare Abenteuer. Anders als in anderen Ländern ist nicht mal die Bundeswehr an der Atombombe interessiert. Denn die ist ja schon froh, wenn ihre kaputten Hubschrauber wieder fliegen.

Ein wirklich ernsthaftes Interesse an der Kernenergie gibt es bei uns also nicht. Für ihre Fans dient die Kernenergie weiter als Ausrede und als Rechtfertigung für ein fortgesetztes Versagen beim Klimaschutz, das wir ja – »schnick« – mit der Kernenergie jederzeit sofort stoppen könnten. Hier gilt das Motto: Machen wir erst einmal weiter wie bisher. Dann kommt der Zauberstab, und wir haben in Deutschland Hunderte völlig sichere Kernreaktoren, die für fast umsonst Strom produzieren, ihren eigenen Müll auffressen und uns so in eine strahlende Zukunft katapultieren. Hören wir auf diese Stimmen, werden wir beseelt den gut klingenden Versprechungen hinterherlaufen und laufen am Ende in unser Verderben, das in diesem Fall Klimakatastrophe heißt.

Dieses Kapitel liefert genug Gegenargumente, um dem Kernenergiethema etwas entgegenzusetzen, wenn es wieder jemand als Ausrede für das Nichthandeln beim Klimaschutz nutzt. Eine klimaneutrale Zukunft, die uns auch wirklich eine Zukunft bietet, kann nur erneuerbar sein. Wir brauchen keine neuen Ausreden, um weiterhin unser Versagen beim Klimaschutz zu rechtfertigen oder das Ausbremsen der erneuerbaren Energien. Wir müssen endlich den Allerwertesten hochbekommen und erneuerbare Energien in einem ausreichenden Tempo ausbauen. Dazu können alle zu Hause auch völlig risikolos die Kernenergie nutzen, Kernenergie von dem schon seit Milliarden Jahren laufenden Fusionsreaktor, der auch noch einen Sicherheitsabstand von 150 Millionen Kilometern hat: unsere Sonne. Warum sollten wir hier auf der Erde etwas nachbauen, was die Natur für uns kostenlos betreibt? Mit einer eigenen Solaranlage können wir die Fusionsenergie der Sonne nutzen, und das noch viel billiger, schneller und sicherer, als ein Kernkraftwerk es auf der Erde jemals machen kann.

IST WASSERSTOFF LÖSUNG ODER IRRWEG FÜR DIE ENERGIEREVOLUTION?

Immer wenn der Ausbau der Solar- und Windenergie stockt, wird Wasserstoff als Alternative genannt. Wasserstoff soll uns in die Klimaneutralität führen, Wasserstoffautos den Verkehr vom Treibhausgasausstoß befreien. Dabei kommt Wasserstoff auf der Erde in reiner Form so gut wie gar nicht vor. Er muss erst einmal aufwändig hergestellt werden – das kostet Energie sowie jede Menge Geld. Wählt man dabei den falschen Weg, entstehen sogar mehr Treibhausgase, als wenn man weiterhin fossile Energieträger nutzt. Dann führt Wasserstoff in die Klimaschutzsackgasse anstatt in die Klimaneutralität. Grund genug, beim Wasserstoff einmal näher hinzuschauen und zu erklären, wo der Einsatz von Wasserstoff sinnvoll ist und wo er am Ende den Klimaschutz erschwert.

Jules Verne träumte in seinem Roman »Die geheimnisvolle Insel« bereits von einer Wasserstoffwirtschaft. Damit hat er offenbar viele Menschen angesteckt. Wasserstoff hat ein unglaublich positives Image. Er lässt sich genauso wie Erdgas als Energieträger sehr universell einsetzen. Wir können mit Wasserstoff heizen, Wasserstoffautos fahren, Strom erzeugen, Energie speichern oder ihn als Rohstoff für die Industrie nutzen. Er gilt als sehr sauber und als die ultimative Lösung für den Klimaschutz. Richtig ist, dass Wasserstoff erst einmal sehr sauber verbrennt. Wasserstoff reagiert mit Luftsauerstoff zu Wasser. Das kennt man aus dem Chemieunterricht: Wasserstoff (H_2) oxidiert mit Sauerstoff (O_2) zu Wasser (H_2O). Das Abfallprodukt der Reaktion ist reines Wasser. Das ist für die Klimakrise erst einmal völlig unschädlich. Wasserdampf ist zwar auch ein natürliches Treibhausgas, aber der Mensch kann den Wasserdampfgehalt in der Atmosphäre nicht wirklich beeinflussen. Im Vergleich zu den natürlichen Quellen wie der Verdunstung durch die Meere sind die vom Menschen verursachten Mengen vernachlässigbar gering. Anders als Kohlendioxid bleibt Wasserdampf auch nicht dauerhaft in der Atmosphäre, sondern kondensiert und fällt irgendwann als Regen recht zeitnah wieder zurück auf die Erde.

Das Problem beim Wasserstoff entsteht an anderer Stelle. Es gibt keinen Wasserstoff, den wir einfach wie Erdgas oder Erdöl zutage fördern können. Wir müssen Wasserstoff erst einmal aufwändig technisch erzeugen. Je nach Art der Erzeugung kann der so vermeintlich saubere Wasserstoff plötzlich zum Problem werden. Wasserstoff wird heute schon in großen Mengen verwendet, und zwar vor allem in der chemischen Industrie. Beim Wasserstoff denken viele zuerst an das Wasserstoffauto. Dabei sind die Mengen, die derzeit dort zum Einsatz kommen, im Vergleich zur Industrie homöopathische Dosen. Rund 500 Milliarden Kubikmeter Wasserstoff werden schon heute weltweit verwendet. Das ist schon eine ganz schön große Menge, die derzeit fast ausschließlich mit fossilen Energieträgern wie Erdgas, Schweröl oder Kohle hergestellt wird. Dabei entsteht auch jede Menge Kohlendioxid. Rund ein Prozent der weltweiten Kohlendioxidemissionen stammt aus der Produktion von Wasserstoff. Momentan ist Wasserstoff also kein Klimaschützer, sondern eher ein Klimakiller.

Wasserstoff ist das häufigste Element in unserem Universum, ohne Wasserstoff würde auf der Erde auch gar kein Leben existieren. 93 Prozent aller Atome in unserem Sonnensystem sind Wasserstoffatome. Der Anteil an der Erdmasse ist allerdings deutlich geringer und beträgt nicht einmal 0,03 Prozent. Die häufigsten Elemente bei uns sind Eisen und Sauerstoff. In der Erdkruste kommt Wasserstoff aber viel häufiger vor, beispielsweise in den Weltmeeren. Anders als bei der Sonne oder den Planeten Jupiter, Saturn oder Uranus, die größtenteils aus Wasserstoff bestehen, gibt es Wasserstoff bei uns nur in gebundener Form. Die bekannteste Form ist Wasser (H_2O). Auch Erdgas besteht zu großen Teilen aus Wasserstoff. Erdgas ist im Wesentlichen identisch mit Methan, das die chemische Formel CH_4 hat. Es besteht also aus einem Kohlenstoffatom und vier Wasserstoffatomen.

Wasser und Erdgas sind die wichtigsten Rohstoffe, wenn wir auf der Erde Wasserstoff erzeugen wollen. Alternativ könnten wir auch zum Jupiter oder zum Saturn fliegen und dort Wasserstoff einfach einladen. Für den Flug würden wir aber mehr Wasserstoff als Treibstoff verbrauchen, als wir transportieren könnten. Also bleibt uns am Ende doch nur die Herstellung auf der Erde.

Die Wasserstoff-Farbenlehre

Je nachdem, wie Wasserstoff hergestellt wird und wie klimaverträglich er ist, weist man ihm eine Farbe zu. Es gibt grauen, blauen, türkisen oder grünen Wasserstoff, und es werden immer noch neue Farben erfunden. Aber egal, von welcher Farbe der Wasserstoff angeblich ist: Er ist in Wirklichkeit nur ein farbloses Gas. Wird ein Wasserstoffauto mit blauem oder grünem Wasserstoff betankt, tropft also am Ende hinten kein blaues oder grünes Wasser heraus. Die genannten Farben dienen nur zur theoretischen Unterscheidung des Herstellungsverfahrens. Es gibt sie also nur auf dem Papier. Beginnen wir in der Wasserstoff-Farbenlehre mit dem grauen Wasserstoff.

Grauer Wasserstoff ist, wie die Farbe schon sagt, die schmutzigste Form des Wasserstoffs. Dreckiges Grau erinnert an düstere Wintertage. Hergestellt wird grauer Wasserstoff aus Erdgas, Schweröl oder Kohle. Das sind alles fossile Energieträger und sogenannte Kohlenwasserstoffe, die aus Kohlenstoff und Wasserstoff bestehen. Zur Herstellung von Wasserstoff muss man in chemischen Verfahren Kohlenstoff und Wasserstoff trennen. Das gängigste großindustrielle Verfahren dafür ist das Dampfreforming. Ausgangsstoff ist Erdgas. Bei hohen Temperaturen wird der Wasserstoff vom Kohlenstoff abgetrennt. Der Kohlenstoff reagiert dann mit Luftsauerstoff zu Kohlendioxid. Weil dabei ein Teil der Energie des Erdgases verloren geht, entsteht am Ende bei der

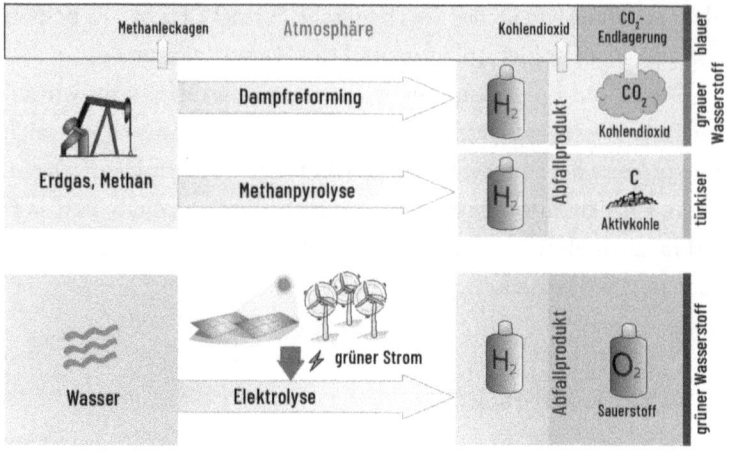

BILD 11   Die Wasserstoff-Farbenlehre – Möglichkeiten der Wasserstofferzeugung

Herstellung von grauem Wasserstoff rund 50 Prozent mehr Kohlendioxid, als wenn man Erdgas mit der gleichen Energiemenge direkt verbrennen würde. Noch schlimmer wird es, wenn andere Verfahren zur Wasserstoffproduktion zum Einsatz kommen, wie zum Beispiel Oxidation von Schweröl oder Elektrolyse mit grauem Strom, also Strom aus Kohle- oder Gaskraftwerken. Für den Klimaschutz ist grauer Wasserstoff damit völlig kontraproduktiv. Der Wasserstoff verbrennt am Ende zwar sauber, aber die Herstellung von grauem Wasserstoff verursacht extrem viele Treibhausgase. Wer heute also ein Wasserstoffauto mit grauem Wasserstoff fährt, erzeugt damit mehr Kohlendioxid als mit einem Benzin-, Diesel oder Erdgasauto.

> *»Grauer Wasserstoff wird aus fossilen Energieträgern wie Erdgas hergestellt. Bei der Herstellung von Wasserstoff aus Erdgas wird deutlich mehr Kohlendioxid frei als bei der direkten Verbrennung von Erdgas.«*

122

Als Ausweg aus diesem Dilemma setzt die Erdgaswirtschaft auf blauen Wasserstoff. Blauer Wasserstoff wird erst einmal genauso wie grauer Wasserstoff hergestellt. Es entstehen also auch wieder große Mengen an Kohlendioxid. Das Kohlendioxid wird aber nicht in die Atmosphäre geblasen, sondern abgetrennt, aufgefangen und anschließend in einem Endlager unter Tage entsorgt, um keinen Klimaschaden zu verursachen. Die Idee des »Carbon Capture and Storage« (CCS) kennen wir schon aus den vorigen Kapiteln. Das große Versprechen der Gasindustrie lautet also: »Wir können aus dreckigem Erdgas sauberen Wasserstoff herstellen und damit das Klimaproblem lösen.«

Wirklich klimaneutral ist blauer Wasserstoff aber auch nicht. Für das Einhalten des Pariser Klimaschutzabkommens dürfen wir in absehbarer Zeit gar keine Treibhausgase mehr freisetzen. Wenn blauer Wasserstoff nur weniger klimaschädlicher ist, aber am Ende immer noch Treibhausgase frei werden, ist uns am Ende auch nicht wirklich geholfen. Bei der Förderung und dem Transport von Erdgas gibt es nämlich immer kleinste Leckagen. Sehr kleine Mengen an Erdgas entweichen dort unweigerlich und gelangen dann ungenutzt in die Atmosphäre. Bei einem Tausende Kilometer langen Leitungsnetz können sich aber auch kleinste Mengen zu einem echten Problem summieren. Erdgas besteht, wie bereits erwähnt, fast ausschließlich aus Methan. Methan, das unverbrannt in die Atmosphäre gelangt, ist aber ein sehr potentes Treibhausgas. Auch kleine Mengen können darum einen großen Klimaschaden anrichten. Ein zweites Problem tritt bei der Abtrennung des Kohlendioxids auf. In heutigen Anlagen lassen sich bestenfalls gut 90 Prozent des Kohlendioxids auffangen und der Endlagerung zuführen, heute sind eher 60 bis 70 Prozent üblich. Der Rest gelangt dann immer noch in die Atmosphäre. Mit blauem Wasserstoff lassen sich im Vergleich zu grauem Wasserstoff die Kohlendioxidemissionen also nur um etwas mehr als die Hälfte reduzieren. Damit hat am Ende auch blauer Wasserstoff nur eine geringfügig bessere Klimabilanz als Erdgas. Für das Einhalten des Pariser Klimaschutzabkommens ist er keine Alternative.

Es gibt noch eine weitere Möglichkeit, aus Erdgas Wasserstoff zu erzeugen, die einen etwas kleineren Klimafußabdruck hat. Der türkise Wasserstoff wird über die sogenannte Methanpyrolyse gewonnen. Bei der Methanpyrolyse ist auch wieder Erdgas beziehungsweise Methan das Ausgangsprodukt. Die Aufspaltung von Methan erfolgt bei der Methanpyrolyse bei viel höheren Temperaturen als beim Dampfreforming. Neben Wasserstoff entsteht als Abfallprodukt dann nicht mehr gasförmiges Kohlendioxid, sondern fester Kohlenstoff. Dadurch gelangt kaum mehr Kohlendioxid in die Atmosphäre. Das Problem der Methanleckagen bei der Erdgasgewinnung bleibt aber bestehen.

Türkiser und blauer Wasserstoff haben eines gemein: Beide Verfahren sind derzeit relativ teuer, sodass sie sich heute wirtschaftlich noch überhaupt nicht tragen. Es gibt natürlich bereits Prototypanlagen. Die Gewinnung im großen industriellen Maßstab findet aber noch nicht statt. Unternehmen wie BASF haben aber Interesse bekundet, in diese Technologie einzusteigen. Festes Carbon, also Kohlenstoff, als Abfallprodukt lässt sich nämlich auch in der chemischen Industrie verwenden. Man kann damit verschiedene Produkte herstellen, wie zum Beispiel Batterien. Wird das Carbon aber stofflich genutzt, stellt sich ein anderes Problem: Wenn die Produkte, für die das Carbon verwendet wird, irgendwann einmal ausgedient haben, kommen sie in die Entsorgung. Im Zweifelsfall landen sie in der Müllverbrennungsanlage, die dann das Carbon wieder zu Kohlendioxid verbrennt. Auch das würde wiederum den Treibhauseffekt befeuern. Die Klimabilanz von türkisem Wasserstoff wäre wie die von grauem Wasserstoff deutlich schlechter als bei der direkten Nutzung von Erdgas.

Wird das Carbon hingegen in Endlagern entsorgt, wäre verhindert, dass daraus klimaschädliches Kohlendioxid entsteht und in die Atmosphäre gelangt. Ein Vorteil ist dabei, dass das Volumen von festem Carbon viel kleiner als das von gasförmigem Kohlendioxid ist. Das erleichtert die Endlagerung. Bekäme man dann auch noch die Methanleckagen in den Griff, wäre türkiser Wasserstoff am Ende nahezu klimaneutral. Noch besser wäre die Klimabilanz, wenn als Ausgangsstoff Biogas anstelle von Erdgas verwendet wird. Nachhaltig angebaute Biomasse entzieht beim Wachsen der Atmosphäre Kohlendioxid. Biogasanlagen können die Biomasse dann in Methan umwandeln. Auch hier muss man aufpassen, dass man mit Methanleckagen kein zusätzliches Klimaproblem erzeugt. Gewinnt man Methan aber weitgehend leckagefrei und wird das bei der Wasserstoffherstellung entstehende Carbon endgelagert und nicht wieder verbrannt, ließe sich mit dem Verfahren der Atmosphäre sogar Kohlendioxid entziehen. Das bei Biomassewachstum aus der Atmosphäre gebundene Kohlendioxid würde dann am Ende als festes Carbon endgelagert.

Türkiser Wasserstoff ist nicht in jeder Form eine Option für den Klimaschutz. Man muss ihm aber auch nicht gleich die rote Klimaschutzkarte zeigen, da bei der Nutzung von Biogas große Vorteile für den Klimaschutz entstehen können. Auf den ersten Blick klingt das bestechend. Auf den zweiten Blick ist diese Variante sehr teuer. Darum ist es auch wenig wahrscheinlich, dass sie sich in absehbarer Zeit durchsetzt. Die Fragezeichen überwiegen also auch beim türkisen Wasserstoff.

Schließen wir die Wasserstoff-Farbenlehre mit dem viel gehypten Hoffnungsträger ab: dem grünen Wasserstoff. Beim grünen Wasserstoff ist Wasser und nicht Erdgas der Ausgangsstoff. Mit Hilfe der Elektrolyse und Strom aus erneuerbaren Energien lässt sich Wasser in Wasserstoff und Sauerstoff aufspalten. Die Elektrolyse kennt man in der Regel aus dem Chemie- oder Physikunterricht. Strom, der über zwei Elektroden in ein Gefäß mit Wasser geleitet wird, zersetzt Wasser in Wasserstoff- und Sauerstoffgas. Das Wasserstoffgas kann aufgefangen und als grüner Wasserstoff genutzt werden. Das Problem von Methanleckagen fällt hierbei weg.

Stammt der Strom für die Elektrolyse ausschließlich aus erneuerbaren Energieanlagen wie Photovoltaik- oder Windkraftanlagen, ist die Wasserstoffherstellung völlig klimaneutral. Entscheidend ist dafür aber, dass der Strom wirklich nur durch erneuerbare Energieanlagen erzeugt wurde. Wird gewöhnlicher Strom aus dem Netz verwendet, der in Deutschland noch etwa zur Hälfte mit fossilen Kohle- oder Erd-gaskraftwerken gewonnen wird, ist der Klimavorteil schon wieder da-hin. Dann entsteht das Kohlendioxid nicht bei der Wasserstoffherstel-lung, aber dafür in den fossilen Kraftwerken zur Stromerzeugung. Ei-gentlich ist dann der Wasserstoff auch nicht grün, sondern genau genommen graugrün. Wirklich grünen Wasserstoff herzustellen ist in Deutschland derzeit noch schwierig, weil nicht ausreichend grüner Strom zur Verfügung steht. Die Wasserstoffherstellung ist also erst der zweite Schritt. Im ersten Schritt müssen wir dafür sorgen, dass wir aus-reichend grünen Strom produzieren. Insofern ist der aktuelle Wasser-stoffhype deutlich verfrüht. Die Herstellung von Wasserstoff durch die Elektrolyse hilft momentan kaum, die Treibhausgase zu senken, da wir damit eher die Laufzeiten von Kohle- und Gaskraftwerken verlän-gern.

Nun gibt es auch Stimmen, die sagen, dass wir doch heute schon Überschussstrom aus der Windkraft zur Wasserstoffherstellung nut-zen könnten. In der Tat wird im Jahresverlauf ein Teil der Stromerzeu-gung aus Windkraftanlagen abgeregelt, da die Netze nicht den gesam-ten Strom aufnehmen können. Wenn wir sehr viel Wind haben und schon viel Strom im Netz ist, können die Netze den Windstrom nicht mehr dahin transportieren, wo er noch verbraucht werden könnte. Dann schaltet man einfach einige Windkraftanlagen ab, obwohl sie Strom erzeugen könnten, und wirft den Strom praktisch weg. Warum also nicht aus diesem Wegwerfstrom Wasserstoff erzeugen, der dann völlig unbestritten grün wäre? Was auf den ersten Blick sehr einleuch-tend klingt, hat auf den zweiten Blick einen Haken. Im Jahr 2019 muss-ten gerade einmal rund drei Prozent des Windkraftstroms abgeregelt werden. Wir reden also im Mittel nicht über Wochen oder gar Mo-nate, die Windkraftanlagen stillstehen, sondern nur über Stunden, schlimmstenfalls Tage. Einen Elektrolyseur an einer Windkraftanlage aufzubauen, der am Ende nur wenige Tage im Jahr läuft, lässt die Kos-ten für grünen Wasserstoff explodieren. Die hohen Kosten für den Elektrolyseur müssten nämlich auf kleinste Mengen an Wasserstoff umgelegt werden. Da kommt man schnell in Regionen, in denen dann grüner Wasserstoff hundertmal so teuer ist wie Erdgas. Die Fans, die zu diesen Kosten ein Wasserstoffauto fahren würden, kann man vermutlich an einer Hand abzählen.

> *»Wasserstoff ist der Champagner unter den Energie-*
> *trägern.«*

Das zeigt den Schwachpunkt bei dem aktuellen Hype um den Wasserstoff: die Kosten. Dieser Punkt ist spannend. Die gleichen Politikerinnen und Politiker, die immer vor dem Ausbau erneuerbarer Energien zur Stromerzeugung mit Verweis auf die Kosten gewarnt haben, feiern nun Wasserstoff als Lösung für die Klimakrise. Irgendwelche Gedanken über die Kosten machen sie sich hier nicht. Derzeit ist grüner Wasserstoff praktisch nicht verfügbar. Wenn dann die Rechnung für größere Mengen präsentiert wird, bleibt es spannend, ob der klimaneutrale Energieträger dann immer noch so hoch im Kurs steht. Wie die Energieökonomin Claudia Kemfert treffend formulierte: »Wasserstoff ist der Champagner unter den Energieträgern.« Champagner hat durchaus auch seine Berechtigung auf dem Speiseplan – nur eben nicht als Grundnahrungsmittel.

Schauen wir uns doch einmal an, wie hoch die Kosten heute für die Wasserstoffproduktion sind. Die Referenz ist sinnvollerweise fossiles Erdgas. Erdgas kostete Anfang 2021 frei Grenze gerade einmal 1,6 Cent pro Kilowattstunde. Nach einer Studie von Greenpeace Energy (2020) muss man für grauen Wasserstoff heute die dreifachen Kosten veranschlagen. Blauer Wasserstoff ist bereits viermal so teuer. Grüner Wasserstoff ist heute mit 16,5 Cent pro Kilowattstunde oder gut fünf Euro pro Kilogramm sogar rund zehnmal so teuer wie Erdgas. Fairerweise muss man dazusagen, dass der Preisunterschied bei den Endverbraucher:innen etwas geringer ausfällt, da bei ihnen noch recht hohe Kosten für die Verteilung und sichere Versorgung mit Erdgas sowie Steuern und Abgaben dazukommen. Rechnet man diese Kosten sowohl bei Erdgas als auch bei Wasserstoff noch obendrauf, bleiben beim grünen Wasserstoff aber immer noch Mehrkosten um den Faktor drei.

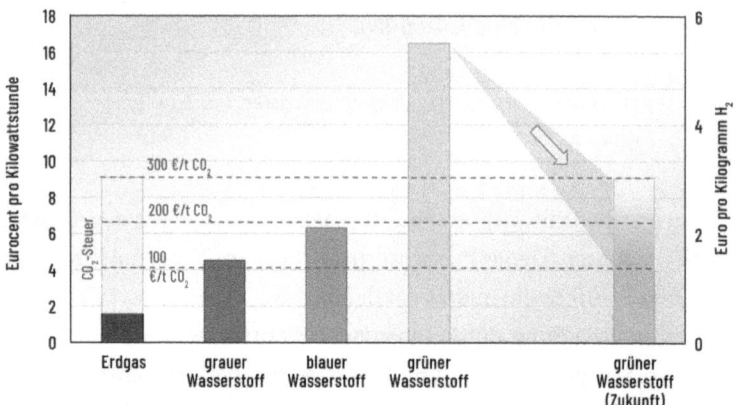

BILD 12 Heutige Kosten von Erdgas, grauem, blauem und grünem Wasserstoff im Vergleich sowie mögliche künftige Kosten; blauer und grauer Wasserstoff ohne CO_2-Steuer (Daten: Greenpeace Energy [2020] sowie eigene Berechnungen)

Das ist freilich eine Momentaufnahme. Mit Kostenargumenten wurde auch der Ausbau der Photovoltaik lange kritisiert und gebremst. Doch dann sind die Preise für Solarstrom um Größenordnungen gefallen, sodass Photovoltaik heute die preiswerteste Art der Stromerzeugung ist. Auch bei der Wasserstoffherstellung werden künftig die Kosten deutlich purzeln. Darin stimmen alle Prognosen überein. Nur bei der Frage, wie stark die Kosten fallen werden, gibt es deutliche Unterschiede. Vor allem bei Elektrolyseuren sind deutliche Kostensenkungen zu erwarten. Aber selbst wenn die Kosten für grünen Wasserstoff auf ein Drittel fallen würden, wäre dieser nur mit einer extrem hohen CO_2-Steuer zu Erdgas konkurrenzfähig. In Ländern, die keine entsprechende CO_2-Steuer einführen, hätte grüner Wasserstoff kaum eine Chance.

Noch stärkere Kostensenkungen sind bei Wasserstoff aber ziemlich unwahrscheinlich. Denn am Ende kommt man an der Physik nicht vorbei. Nehmen wir einmal an, wir erreichen bei der Wasserstoffherstellung wirklich enorme Kostensenkungen, sodass man irgendwann einmal Elektrolyseure fast für umsonst bekommt. Dann braucht man immer noch Strom für die Herstellung von Wasserstoff. Betrachten wir dazu als Beispiel das Elektroauto.

Wasserstoff im Verkehr nur selten sinnvoll

Ein Elektroauto mit Batterie kann hocheffizient geladen werden. Die Wirkungsgrade liegen heute in der Größenordnung von 70 bis 80 Prozent, 90 Prozent sind künftig denkbar. Wird das Auto zu Hause mit Solarstrom aus der eigenen Photovoltaikanlage geladen, stehen dann davon auch rund 80 Prozent als Fahrstrom zur Verfügung. Völlig anders ist dies beim Wasserstoffauto. Elektrolyseure müssen Strom aus erneuerbaren Energien erst einmal in Wasserstoff umwandeln, 20 bis 30 Prozent des erneuerbaren Stroms gehen dabei schon einmal verloren. Der Wasserstoff muss anschließend auf Druck gebracht, zwischengelagert und zur Wasserstofftankstelle transportiert werden. Etwa 25 Prozent der Energie des Wasserstoffs werden dafür aufgewendet. Im Auto wandelt dann eine Brennstoffzelle den Wasserstoff wieder in Strom um, wobei noch einmal Verluste in der Größenordnung von 40 Prozent entstehen. Wegen der langen Verlustkette stehen beim Wasserstoffauto am Ende nur 25 bis 40 Prozent des ursprünglichen Solarstroms als Fahrstrom zur Verfügung. Der Wasserstoffweg ist immer ein deutlich ineffizienterer Weg mit wesentlich mehr Verlusten als die direkte Nutzung von Strom. Das bedeutet aber auch, dass am Anfang deutlich mehr Strom aus erneuerbaren Energien eingesetzt werden muss. Das Wasserstoffauto benötigt am Ende doppelt oder sogar dreimal so viel Strom aus Photovoltaikanlagen oder Windrädern wie das batterieelektrische Auto. Das ist Physik, und die wird man kaum ändern können. Darum wird der Betrieb des Wasserstoffautos ohne Subventionen immer auch mindestens doppelt oder dreimal so teuer bleiben.

»Ein Wasserstoffauto benötigt zwei- bis dreimal so viel erneuerbaren Strom wie ein batterieelektrisches Auto. Darum wird der Betrieb auch mindestens doppelt bis dreimal so teuer bleiben.«

Bei der Betrachtung sind die Kosten für die Wasserstoffinfrastruktur noch nicht einmal enthalten. Allein der Wasserstofftransport über 500 Kilometer kostet heute drei bis sechs Cent pro Kilowattstunde oder ein bis zwei Euro pro Kilogramm Wasserstoff. Damit ist der Transport allein so teuer wie die Produktion der gleichen Energiemenge an Solar- oder Windstrom. Wasserstofftankstellen sind ebenfalls enorm teuer. Derzeit muss man mit etwa einer Million Euro für eine Wasserstofftankstelle rechnen. Eine Schnellladesäule für ein Elektroauto kostet schlimmstenfalls ein Zehntel. Die Preise, zu denen heute Wasserstoff an Tankstellen verkauft wird, sind stark subventioniert. Nur darum sind die Kosten für das Tanken eines Wasserstoffautos in etwa vergleichbar mit dem Laden eines batterieelektrischen Autos an einer Schnellladesäule. Das Laden eines Elektroautos mit billigem Solarstrom an der heimischen Steckdose unterbietet die heutigen Kosten von subventioniertem Tanken von Wasserstoffautos um Größenordnungen. Dabei ist der getankte Wasserstoff in der Regel nicht einmal wirklich grün. Auf die Umwelt- und Klimabilanz von Elektroautos werden wir später in einem eigenen Kapitel noch einmal näher eingehen.

Anders als beim PKW-Verkehr werden beim LKW-Verkehr oder der Bahn für den Wasserstoff größere Chancen gesehen. Viele denken bei der Bahn immer an den ICE, der mit der Oberleitung fährt. Aber auf ganz vielen Nebenstrecken fährt die Bahn noch mit klimaschädlichen Dieselloks. Auch die müssen natürlich so bald wie möglich ersetzt werden. Dafür gibt es bereits Prototypen, die mit Wasserstoff fahren. Die anfängliche Euphorie für den Wasserstoff ist aber inzwischen verflogen, und viele Experten sehen Batteriezüge im Vorteil. Die Batterien entwickeln sich schnell weiter und können immer schneller zum Beispiel an Bahnhöfen wieder aufgeladen werden. Nur wenn der Zug sehr weite Strecken ohne Halt fährt, ist der Wasserstoff im Vorteil. Am Ende wird auch hier der Preis entscheiden, welche Technologie sich durchsetzt. Das Pendel zeigt immer mehr in Richtung von Batteriezügen.

LKWs legen täglich meist viel weitere Strecken zurück als PKWs. Das spricht erst einmal für den Wasserstoff, da mit dem Wasserstofftank größere Reichweiten zurückgelegt werden können als mit Batterien. Aber auch hier entwickeln sich die Batterien schnell weiter. Neben Wasserstoff und Batterie gibt es aber für LKWs noch eine dritte Option: die bereits erwähnte Elektrifizierung der Autobahn mit Oberleitungen. Das dürfte die preisgünstigste Lösung sein, sofern der Staat es schafft, rechtzeitig die Infrastruktur dafür bereitzustellen. Während vor einigen Jahren der Wasserstoffantrieb beim LKW ganz klar die Nase vorne hatte, ist jetzt das Rennen wieder völlig offen. Der Preis spricht auch hier immer mehr gegen den Wasserstoff.

Bleibt am Ende noch der Schiffs- und Flugverkehr. Flugzeuge und Schiffe klimaneutral zu betreiben ist wirklich eine Herausforderung. Auf Mittel- und Langstrecken ist man derzeit auf transportable Treibstoffe angewiesen. Batterien sind heute lediglich für den Kurzstreckenbereich brauchbar, aber für längere Strecken in den nächsten zehn oder 20 Jahren sicher keine Alternative. Also brauchen wir für Flugzeuge und Schiffe auch flüssige oder gasförmige Treibstoffe. Den Flugverkehr werden wir in einem eigenen Kapitel noch näher beleuchten. Aber so viel vorab: Wasserstoff oder synthetische Treibstoffe sind durchaus eine Option, den Treibhausgasausstoß im Flugverkehr zu senken, aber in der Regel auch nicht auf null, und sie sind teuer. Das 29-Euro-Flugticket nach Mallorca wird es dann mit Sicherheit nicht mehr geben. Dass das für den Klimaschutz unvermeidbar ist, steht eigentlich zweifelsfrei fest.

Kleinere Schiffe und Fähren werden heute schon elektrisch über Batterien betrieben. Der Frachtverkehr zwischen den Kontinenten benötigt aber noch lange Zeit andere Lösungen. Hier sind grüner Wasserstoff oder darauf basierende Produkte wie Methanol oder Ammoniak eine Option. Auch Biotreibstoffe könnten im Schiffsverkehr deutlich sinnvoller eingesetzt werden, als – völlig ineffizient – im PKW-Verkehr. Vermutlich werden alle genannten Optionen Anwendung finden. Im Vergleich zu den heutigen Schiffen, die den letzten Müll wie Schweröl zu abartig niedrigen Kosten ohne Rücksicht auf Umwelt und Klima verfeuern, muss auch beim klimaverträglichen Schiffsverkehr mit steigenden Kosten gerechnet werden.

Wasserstoff zum Verheizen zu schade

Schauen wir uns an, wo Wasserstoff sonst noch überall eingesetzt wird. Fangen wir mit dem Wärmebereich an. Hier verbreitet die Erdgasindustrie eine verlockende Story: »Baut weiter fleißig Erdgasbrenner ein, gerne auch moderne Brennstoffzellen, denn Gas ist die Lösung. Für die Übergangzeit liefern wir noch fossiles Erdgas. Natürlich hat das ein Klimaproblem. Darum ersetzen wir es irgendwann ganz plötzlich durch grünen Wasserstoff oder vielleicht auch grünes Methan, und alles wird gut.« Aber auch hier stellt sich natürlich die Kostenfrage. Grüner Wasserstoff ist teuer und wird auch bei massivsten Kostensenkungen deutlich teurer als Erdgas bleiben. Fairerweise müsste man also dazusagen: »Ja, wenn wir Erdgas irgendwann einmal durch grünen Wasserstoff ersetzen, dann wird auch die Gasrechnung mindestens doppelt so teuer.« Für das Heizen gibt es heute schon viel effizientere Lösungen, die direkt mit grünem Strom laufen und darum stabile Preise haben werden: elektrische Wärmepumpen. Auf sie werden wir im Kapitel zum klimaverträglichen Heizen noch näher eingehen.

Die Kosten sind aber beim Heizen mit grünem Wasserstoff nicht das einzige Problem. Grüner Wasserstoff lässt sich hervorragend und sauber verbrennen. Damit ließen sich nicht nur das Kohlendioxid, sondern auch die gesundheitsschädlichen Luftschadstoffe durch die Verbrennung eliminieren. Aber der Wasserstoff muss dazu erst einmal zu den Haushalten kommen. Heute liegt dorthin eine Erdgasleitung. Da kann man nicht einfach plötzlich grünen Wasserstoff durchschicken. Zuvor müssten das gesamte Leitungsnetz und vor allem auch alle Endverbraucher auf Wasserstoff umgerüstet werden. Man kann nicht einfach in der Erdgasheizung von heute auf morgen grünen Wasserstoff verbrennen. Da der Heizwert von Wasserstoff niedriger als der von Erdgas ist, muss man bei Wasserstoff mehr Gasvolumen verbrennen als bei Erdgas, um die gleiche Menge an Wärme zu erzeugen. Wird die Gasmenge nicht angepasst, würden alle frieren. Darum müssten alle Brenner zuvor umgerüstet werden, damit sie auch die richtige Gasmenge verfeuern.

So eine Umstellung gab es vielerorts schon einmal. Nach dem Krieg wurde in vielen Gasnetzen das sogenannte Stadtgas genutzt. In Deutschland war damals Erdgas Mangelware. Darum hatte man Stadtgas aus Kohle hergestellt. Erdgas ist, wie schon erwähnt, fast reines Methan, Stadtgas war hingegen eine Mischung aus Methan, Wasserstoff und anderen Gasen. Darum hatte es auch einen anderen Heizwert. Seit den 1960er-Jahren hat man dann sukzessive auf das preiswertere Erdgas umgerüstet. In Berlin wurde Stadtgas noch bis in die 1990er-Jahre verwendet. Die Umstellung in Deutschland hat also rund 30 Jahre gedauert. Sämtliche Verbraucher und viele Leitungen mussten dabei umgestellt und erneuert werden. Ähnlich lange könnte es dauern, wenn wir das gesamte Leitungsnetz auf Wasserstoff umrüsten wollen. So viel Zeit haben wir aber nicht, wenn wir das Pariser Klimaschutzabkommen einhalten wollen.

Schneller ginge es, wenn wir anstatt auf grünen Wasserstoff auf grünes Methan umsteigen würden. Grüner Wasserstoff lässt sich über den nach dem französischen Chemiker Paul Sabatier benannten Sabatier-Prozess in grünes Methan umwandeln. Dazu braucht man eine weitere Prozessstufe: die Methanisierung. Hierbei reagieren Wasserstoff und Kohlendioxid mit Hilfe eines Katalysators zu Methan, das

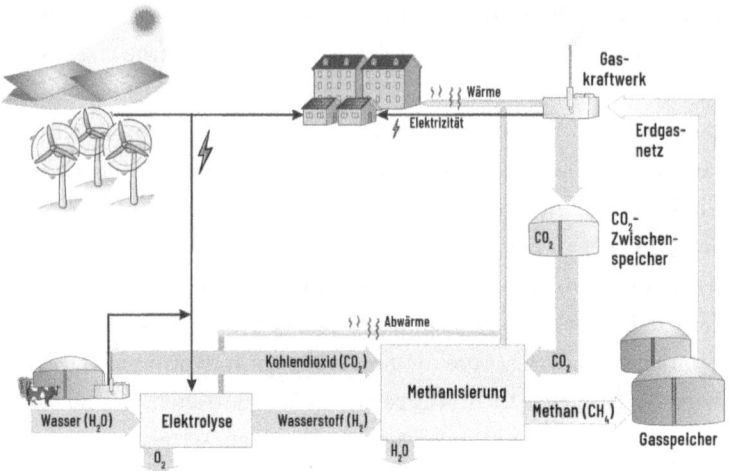

BILD 13 Ersetzen von Erdgas durch grünes Methan (Quaschning [2021b])

fossiles Erdgas eins zu eins ersetzen kann (Bild 13). Ein zusätzlicher Prozessschritt bedeutet aber auch zusätzliche Kosten und weitere Verluste.

Außerdem wird eine Kohlendioxidquelle benötigt. Für die Methanisierung braucht man die gleiche Menge an Kohlendioxid, die bei der späteren Verbrennung wieder frei wird. Darum ist grünes Methan erst einmal kohlendioxidneutral. Das Problem ist aber die Kohlendioxidquelle. Möchte man kleine Mengen an grünem Methan herstellen, könnten Biogasanlagen dafür genügend Kohlendioxid liefern. Ausreichend Biogas herzustellen, um das gesamte Erdgasnetz umzurüsten, würde uns aber nicht einmal ansatzweise gelingen. So viele Biomasserohstoffe gibt es in Deutschland nicht. Am Ende müssten wir Kohlendioxid aus der Luft gewinnen. Beides verursacht wiederum hohe Kosten. Damit wäre die Versorgung mit grünem Methan am Ende noch einmal teurer als die mit grünem Wasserstoff. Darum ist es wenig sinnvoll, Erdgas durch grünes Methan zu ersetzen und in Millionen kleinen dezentralen Erdgasheizungen oder in Blockheizkraftwerken zu verfeuern. Wird das grüne Methan aber in größeren Kraftwerken zur Strom- und Wärmeerzeugung verwendet, ließe sich dort das dabei entstehende Kohlendioxid wieder auffangen, zwischenspeichern und der Methanisierung zuführen. Für die reine Wärmeerzeugung ist aber auch dieser Weg vermutlich zu teuer. Er könnte aber in einem anderen Bereich große Bedeutung erlangen: bei der Langzeitspeicherung von Strom.

Hoffnungsträger für die Langzeitstromspeicherung

Im letzten Kapitel haben wir bereits erläutert, dass Strom aus Solar- und Windkraftanlagen den künftigen Energiemarkt dominieren wird. Weil nachts die Sonne nicht scheint und weil es auch Tage gibt, an denen wir kaum Wind haben, wird der Speicherbedarf enorm steigen. Ein Faktor 1000 ist durchaus realistisch. Mit den heutigen Pumpspeicherkraftwerken oder Batterien werden wir derartige Speicherkapazitäten nicht zur Verfügung stellen können. Hier kann Wasserstoff seine Stärken ausspielen. In Deutschland gibt es schon heute gigantische Erdgasspeicher. Die sollen saisonale Schwankungen ausgleichen und Versorgungsengpässe abpuffern, wenn etwa Putin einmal den Gashahn abdreht. Da wir aber aus Klimaschutzgründen künftig gar kein fossiles Erdgas aus Russland mehr beziehen dürfen, werden diese Speicher frei und können für grünes Methan oder zum Teil für grünen Wasserstoff genutzt werden. Die Idee ist also, Überschussstrom von Solar- und Windkraftanlagen in grünen Wasserstoff oder grünes Methan umzuwandeln und diesen in bestehenden Gasspeichern unter Tage zwischenzulagern. Die existierenden Speicher sind so groß, dass wir damit mehrere Wochen und sogar zwei oder drei Monate überbrücken können. Haben wir zu wenig erneuerbaren Strom, wird dann einfach aus dem gespeicherten Gas wieder Strom erzeugt und somit die Lücke überbrückt.

Auch bei dieser Art der Nutzung von grünem Wasserstoff entstehen hohe Verluste und damit auch hohe Kosten. Darum werden wir in Zukunft auch eine Kombination aus verschiedenen Speicherva-rianten sehen. Bei der Kurzzeitspeicherung, zum Beispiel für den re-gelmäßigen Ausgleich zwischen Tag und Nacht, werden effizientere Speicher wie Batteriespeicher zum Einsatz kommen. Aber für die Langzeitspeicherung, bei der sehr große Mengen an Energie zu spei-chern sind, kommt Wasserstoff ins Spiel. Da nur ein kleiner Teil des Gesamtenergiebedarfs über diese Speicher gedeckt werden muss, sind auch die hohen Verluste und Kosten vertretbar. Dabei ist noch offen, ob am Ende das Gas in Form von grünem Wasserstoff oder grünem Methan gespeichert wird. Der Vorteil von Methan ist, dass im gleichen Speicher viel mehr Energie als in Form von Wasserstoff gespeichert werden kann.

Grüner Stahl aus grünem Wasserstoff

Bei der Stahlherstellung werden enorme Mengen an Koks verbrannt. Rauschgift spielt aber bei der Stahlherstellung keine Rolle, das hier verwendete Koks wird aus Steinkohle gewonnen und zusammen mit Eisenerz im Hochofen verfeuert. Dabei entstehen enorme Mengen an Kohlendioxid. Etwa vier Prozent der deutschen Kohlendioxidemissio-nen stammen aus der Stahlherstellung. Das ist fast so viel, wie der ge-samte deutsche LKW-Verkehr ausstößt. Dabei hat das Koks bei der Stahlherstellung nicht nur die Aufgabe, im Hochofen große Hitze zu erzeugen. Der Kohlenstoff im Koks bindet den Sauerstoff aus dem Ei-senerz. Nur so lässt sich Eisenerz in Rohstahl umwandeln. Diese Auf-gabe kann aber auch grüner Wasserstoff übernehmen. Um die Stahl-herstellung klimaneutral zu gestalten, wird also grüner Wasserstoff dringend benötigt. Neben der Herstellung von Stahl gibt es noch vie-le weitere Industrieprozesse, bei denen fossile Energieträger stofflich genutzt werden und wo grüner Wasserstoff für die Klimaneutralität sorgen kann.

»Etwa vier Prozent der deutschen Kohlendioxidemissionen stammen aus der Stahlherstellung. Das ist fast so viel, wie der gesamte deutsche LKW-Verkehr ausstößt. Um diese Emissionen zu vermeiden, wird grüner Wasserstoff gebraucht.«

Durch den Einsatz von grünem Wasserstoff werden aber auch Stahl und andere Rohstoffe teurer. Bislang galt immer das Argument: »Chinesischer Stahl ist auch nicht grün, und wenn wir unseren Stahl grün und damit teurer machen, können wir nicht mehr auf dem Weltmarkt konkurrieren.« Die Konkurrenzfähigkeit gegenüber asiatischen Unternehmen wird aber auch ohne grünen Stahl für deutsche Unternehmen immer mehr zur Herausforderung. Darum hat sich die Einstellung der deutschen Industrie zum Klimaschutz verändert. Inzwischen wird klimaneutraler Stahl als Überlebenschance wahrgenommen. Eine Tonne Stahl würde auch bei starken Kostensenkungen von grünem Wasserstoff aber etwa doppelt so teuer. Optimist:innen gehen von einer Preissteigerung um rund 50 Prozent aus. Das wären dann gut 200 Euro pro Tonne Stahl. So viel würde auch ein Auto teurer werden, wenn es aus grünem Stahl hergestellt würde. Eigentlich zu verschmerzen. Wenn dann Europa noch die Importzölle an die Klimaintensität der Produkte koppelt, könnte der Plan zur Rettung der deutschen Stahlindustrie über den Weg des Klimaschutzes aufgehen.

Gießkannenstrategie

Während die Verwendung von grünem Wasserstoff beim Heizen und beim Verkehr eher kritisch zu sehen ist, werden wir am Einsatz von grünem Wasserstoff bei der Stromspeicherung und in der Industrie nicht vorbeikommen. In der deutschen Politik kommt diese Differenzierung kaum vor. Es gibt kaum jemanden in der Politik, der nicht von irgendeiner Wasserstoffstrategie schwärmt. Milliardensummen werden mit großen Gießkannen über die Wasserstoffindustrie ausgeschüttet. Damit hat die Politik einen regelrechten Wasserstoffhype ausgelöst. Wir haben in diesem Kapitel aber ausführlich erläutert, dass der Einsatz von Wasserstoff nur in bestimmten Bereichen sinnvoll ist. Das ist bei den aktuellen Wasserstoffplänen völlig egal. Geradezu blind wird in alle Bereiche investiert. Damit wird am Ende auch viel Geld verbrannt.

Einen weiteren wichtigen Aspekt hat die Politik bei den viel gefeierten Wasserstoffstrategien vergessen: Für die Herstellung und Verwendung von grünem Wasserstoff braucht man erst einmal grünen Strom, und der ist in Deutschland immer noch Mangelware. Setzen wir auf grünen Wasserstoff, ohne ausreichend erneuerbaren Strom dafür zu haben, würde der Wasserstoff dann erst einmal mit grauem Strom aus dem Netz hergestellt werden müssen. Für den Klimaschutz wäre das fatal. Klimaschädliche Kohle- und Gaskraftwerke müssten länger betrieben werden, wodurch die Wasserstoffherstellung dann sogar zu steigenden Kohlendioxidemissionen führen würde. Insofern ist es absolut unverständlich, wenn die Politik in ihren Plänen zur Wasserstoffnutzung die Herstellung von Wasserstoff schneller steigern möchte als den Ausbau erneuerbarer Energien. Die einzige erkennbare Strategie wäre dabei ein Rettungsplan für Kohlekraftwerke.

Erst wenn wir bei der Stromerzeugung große Überschüsse haben, dann mehr grünen Strom erzeugen, als wir direkt verbrauchen, und damit dann Wasserstoff herstellen, können wir über grünen Wasserstoff reden. Aber selbst wenn wir uns entscheiden würden, in großem Tempo erneuerbare Energien zuzubauen, um zeitnah grünen Wasserstoff bei uns in Deutschland produzieren zu können, könnten am Ende die Standorte für die Errichtung erneuerbarer Energien ausgehen. Soll grüner Wasserstoff – wie oft versprochen – in allen Bereichen, also zum Heizen, im Verkehr und der Industrie, verwendet werden, würden die in Deutschland verfügbaren Standorte für Windkraft- und Photovoltaikanlagen kaum ausreichen. Wir können Deutschland nur aus eigener Kraft klimaneutral machen, wenn wir uns beim grünen Wasserstoff auf die sinnvollen Einsatzgebiete beschränken: die Langzeitstromspeicherung, die Industrie sowie Flug- und Schiffsverkehr. Beim Straßen- und Zugverkehr müssen wir hingegen auf effiziente Elektroantriebe und beim Heizen auf effiziente elektrische Wärmepumpen setzen. Das würde den Strombedarf in Deutschland signifikant reduzieren. Nur so haben wir eine Chance auf eine schnelle Klimaneutralität.

> *»Wenn wir Deutschland aus eigener Kraft klimaneutral machen wollen, müssen wir die Verwendung von grünem Wasserstoff auf die sinnvollen Einsatzgebiete beschränken: Langzeitstromspeicherung, Industrie sowie Flug- und Schiffsverkehr.«*

Das Warten auf das Wasserstoffauto ist damit für den Klimaschutz kontraproduktiv. Immer wenn die Politik grünen Wasserstoff als Lösung für das Klimaproblem ins Spiel bringt, sollten wir nachfragen. Wie viel teurer wird es für uns durch den Wasserstoff? Haben wir bereits ausreichend grünen Strom für die Produktion von grünem Wasserstoff, und wenn nein, wo soll der grüne Wasserstoff denn dann herkommen? An dieser Stelle wird oft gerne geantwortet: Der Markt wird das schon richten. Wenn in Deutschland nicht genug grüner Wasserstoff produziert werden kann, dann importieren wir den Wasserstoff halt von irgendwoher. Grund genug, im nächsten Kapitel die Frage der Energieimporte einmal näher zu beleuchten.

WIE VIEL ENERGIEIMPORTE
BRAUCHEN WIR?

In der politischen Debatte hört man immer wieder Stimmen, die behaupten, Deutschland könne sich gar nicht mit erneuerbaren Energien versorgen und wäre auch künftig auf umfangreiche Energieimporte angewiesen. Deshalb sei es auch kein Problem, wenn der Ausbau der Windkraft in Deutschland stockt. Mit der Pipeline Nord Stream 2 treibt Deutschland den Ausbau der fossilen Erdgasinfrastruktur voran, die nach Verlautbarungen der Betreiber und der Politik irgendwann einmal auf grünen Wasserstoff umgerüstet werden soll – zumindest ein bisschen. Für den Import von viel Energie braucht man auch viele Pipelines und viele Stromleitungen, die ebenfalls wenig beliebt und außerdem teuer sind. Bleibt die Frage, wie viel Energieimporte sich Deutschland überhaupt leisten kann und ob wir mit den wenig konkreten Versprechungen von grünen Energieimporten am Ende nicht sogar unsere Klimaschutzziele gefährden.

Bereits in den letzten Kapiteln haben wir gezeigt, dass die Behauptung, Deutschland könne sich gar nicht aus eigener Kraft mit erneuerbaren Energien versorgen, völliger Nonsens ist. Natürlich müssen wir noch sehr viele Solar- und Windkraftanlagen bauen, bis es so weit ist. Deutschland wird sich dadurch verändern. Wir werden immer mehr Solar- und Windkraftanlagen sehen. Diese Veränderungen werden von einigen Menschen abgelehnt und von manchen regelrecht bekämpft. Die Politik hat in den letzten Jahren vor den Gegner:innen der Energiewende und den Klimaleugner:innen immer häufiger kapituliert. Als Volker im September 2020 den ehemaligen Wirtschaftsminister Peter Altmaier auf Twitter darauf hinwies, dass er mit dem jetzigen Ausbautempo der Photovoltaik und der Windkraft in Deutschland seine selbst gesteckten Klimaschutzziele gar nicht erreichen kann, antwortete der: »Heute werden 70 Prozent des Primärenergiebedarfs importiert (Öl, Gas, Kohle, Uran). Wir werden künftig mehr grüne Energie in Deutschland produzieren. Aber auch künftig werden wir importieren: grünen Wasserstoff und grünen Strom.«

Das klingt erst einmal überzeugend. Es gibt aber keinen funktionierenden Plan, nicht mal den Ansatz einer Idee, wie wir in weniger als 20 Jahren ausreichend grünen Wasserstoff und grünen Strom nach Deutschland transportieren sollen. So viel Zeit bleibt uns bekanntlich nur noch, um das Pariser Klimaschutzabkommen einzuhalten. Die Absichtserklärungen für Energieimporte aus Saudi-Arabien oder Marokko helfen ohne einen funktionierenden Fahrplan wenig weiter. Die Politik macht mal wieder das, was sie immer tut, wenn sie nicht in der Lage ist, eine funktionierende Lösung zu präsentieren. Sie verspricht eine Scheinlösung, die uns irgendwann einmal in ferner Zukunft retten soll. Aber auch jenseits der ungedeckten Versprechungen der Politik gibt es zahlreiche Fans der Importlösung. Sie weisen darauf hin, dass wir in Deutschland im Winter kaum Solarstrom erzeugen können. Das sei in Südeuropa oder Nordafrika anders, und darum könne man dort Solarstrom auch billiger als in Deutschland produzieren.

In Südeuropa oder Nordafrika aber gibt es ebenfalls einen Winter, und nachts scheint auch dort keine Sonne. In Südspanien oder Marokko liefert die Sonne im Dezember nur halb so viel Energie wie im Juni. Das ist mehr als in Deutschland, wo der Unterschied eher beim Faktor zehn liegt. Die Idee, eine riesige Solaranlage in Marokko zu bauen, eine dicke Leitung zu uns nach Deutschland zu legen und dann das ganz Jahr lang rund um die Uhr billigen Solarstrom zu beziehen, funktioniert aber erst einmal nicht.

Fossiles Energieimportland Deutschland

Schauen wir uns erst einmal an, woher Deutschland heute seine Energie bezieht. Dass wir heute rund 70 Prozent unserer Energie importieren, ist erst einmal richtig. Erdöl, Erdgas und Steinkohle werden inzwischen sogar zu über 99 Prozent importiert. Die Förderung in Deutschland spielt da praktisch keine Rolle mehr. Aus Deutschland selbst kommen nur die Braunkohle und die erneuerbaren Energien. Der Importanteil hat seit 1990 stark zugenommen. Damals wurden noch 25 Prozent des Erdgases und über 90 Prozent der Steinkohle in Deutschland gefördert. Den drastischen Rückgang der Inlandsförderung fossiler Energieträger konnten die erneuerbaren Energien bislang nur teilweise auffangen.

Wirklich gut ist der hohe Importanteil aber nicht. Daraus entstehen massive finanzielle und politische Abhängigkeiten, die auch die Wirtschaft und die Verbraucher:innen stark belasten. Energieimporte können sogar Wirtschaftskrisen auslösen. Das bekannteste Beispiel waren die Ölpreiskrisen der 1970er- und 1980er-Jahre mit dramatischen Folgen für Wirtschaft und Verbraucher:innen. Heute ist die Wirtschaft zwar viel weniger anfällig für starke Ölpreisschwankungen, aber Risiken bestehen nach wie vor. Im Jahr 2012 hat Deutschland Erdöl, Erdgas und Steinkohle für über 90 Milliarden Euro importiert. Im Jahr 2020 ist die Summe durch den Verfall der Öl- und Gaspreise infolge der Coronakrise auf knapp 50 Milliarden Euro gefallen. Aber auch das ist immer noch eine Stange Geld, die in Länder wie Russland oder Saudi-Arabien fließt.

> »*Deutschland gibt derzeit jedes Jahr 50 bis 100 Milliarden Euro für den Import von Erdgas, Erdöl und Steinkohle aus.*«

Das ist ganz schön paradox: Permanent wird Putins Politik kritisiert, und dann überweisen wir ihm jedes Jahr einen zweistelligen Milliardenbetrag für Erdöl und Erdgas. Saudi-Arabien ist auch nicht gerade ein Vorzeigeland in Sachen Demokratie und Menschenrechte. Wie wir wissen, schreckt man dort auch nicht davor zurück, unliebsame Journalisten zu ermorden. Fairerweise muss man dazu sagen, dass wir aus Saudi-Arabien im Vergleich zu Russland nur einen sehr kleinen Teil unseres Erdöls beziehen. Aber mit der Absichtserklärung für den Import von grünem Wasserstoff wollte die letzte Bundesregierung den Importanteil künftig weiter ausbauen. Bis irgendwann einmal in Saudi-Arabien grüner Wasserstoff produziert wird, verbessert sich dort vielleicht sogar die Menschenrechtssituation. Die Hoffnung stirbt zuletzt. Bis dahin ist der hohe Anteil der Energieimporte aber in mehrerlei Hinsicht alles andere als eine saubere Sache.

Wollen wir die Klimakrise stoppen, dürfen wir bereits in 15 Jahren gar keine fossilen Energieträger mehr nach Deutschland importieren. Setzen wir das wirklich um, wird das massive Konsequenzen für die heutigen Exportländer haben. In vielen Ländern hängt die Wirtschaft zu großen Teilen direkt vom Export fossiler Energieträger ab. Steuern sie nicht rechtzeitig um, kann es hier zu großen Verwerfungen, Krisen und sogar Kriegen kommen. Eine vorausschauende Politik müsste das auf dem Schirm haben und Lösungen für die betroffenen Länder entwickeln. Weil die Folgen einer ungebremsten Klimakrise noch viel dramatischer wären, ist das kein Grund, auf einen schnellen Stopp der fossilen Energieimporte zu verzichten. Schauen wir uns einmal an, welche Möglichkeiten es für den Import grüner Energie gibt.

Heilsbringer Stromautobahnen?

Wollen wir klimaneutrale grüne Energieträger aus erneuerbaren Energieanlagen importieren, haben wir prinzipiell zwei Möglichkeiten. Wir können grünen Strom über ganz normale Stromleitungen über weite Strecken transportieren. Die andere Möglichkeit ist der Transport von grünen Energieträgern wie grünem Wasserstoff oder daraus hergestelltem grünen Methan oder Methanol.

Beginnen wir mit den Leitungen. Eine Reihe neuer Hochspannungsleitungen wird gerade in Deutschland gebaut. Einige bezeichnen sie auch als Stromautobahnen. Ein umstrittenes aktuelles Bauprojekt ist der sogenannte Suedlink. Er soll Strom von Windkraftanlagen aus Norddeutschland nach Süddeutschland transportieren. Diese Leitungstrasse hat eine skurrile Historie. Im Jahr 2014 hat Horst Seehofer als Ministerpräsident in Bayern die schon erwähnte 10-H-Regelung eingeführt, die den Windkraftausbau dort praktisch gestoppt hat. Markus Söder führt diese Politik fort. Gleichzeitig wurde gegen neue Stromtrassen Stimmung gemacht, ganz nach dem Motto: Der Strom in Bayern kommt künftig einfach aus der Steckdose. Als der CSU dann klar wurde, dass es wohl ohne Windkraft und ohne Leitungen wirklich nicht geht, sollte die Suedlink-Trasse über Südhessen und Baden-Württemberg nach Bayern führen – möglichst wenig über bayerisches Gebiet. Eine solche Politik fördert nicht gerade das Vertrauen der Bevölkerung in die Energiewende.

Im Gegensatz zu den üblichen Drehstromleitungen wird der Suedlink mit HGÜ-Leitungen realisiert. HGÜ steht für Hochspannungs-Gleichstrom-Übertragung. Der Vorteil einer HGÜ-Leitung sind geringere Verluste. Der Nachteil ist, dass der übliche Wechselstrom erst einmal in Gleichstrom und später wieder in Wechselstrom umgewandelt werden muss. Das verursacht auch Verluste und zusätzliche Kosten für die nötigen Umwandlerstationen. Darum rechnet sich HGÜ erst ab Entfernungen von ein paar Hundert Kilometern. Beim Suedlink werden zwei parallele Leitungstrassen gebaut, die im Mittel gut

700 Kilometer lang sind. Sie werden eine Spannung von 525 000 Volt und eine Übertragungsleistung von jeweils zwei Gigawatt haben. Die Übertragungsverluste liegen im unteren einstelligen Prozentbereich, das macht diese Technik generell auch für deutlich größere Übertragungsentfernungen interessant.

Man könnte Trassen wie den Suedlink also prinzipiell auch nach Südeuropa oder Nordafrika ziehen und Strom mit Verlusten von weniger als zehn Prozent bis nach Deutschland transportieren. Was die Verluste anbelangt, sind Stromleitungen allen anderen Transportmöglichkeiten klar überlegen. Viele können sich aber unter einer Zwei-Gigawatt-Leitung wie dem Suedlink kaum etwas vorstellen. Darum stellen wir dazu einmal ein paar Überlegungen an.

Erst einmal wird es nie gelingen, eine Leitung zu 100 Prozent auszulasten. Dafür müssten wir am Anfang und am Ende große und teure Speicher bauen, die den Strom zwischenpuffern, wenn zu wenig produziert oder zeitweise wenig Strom gebraucht wird. Wenn alle Leitungen so wichtig wären, dass sie permanent zu 100 Prozent ausgelastet wären, hätten wir zudem ein massives Problem, wenn einmal eine Leitung ausfällt.

Gehen wir darum an dieser Stelle ganz konservativ von einer durchschnittlichen Auslastung von 70 Prozent aus. Dann kann man mit einer Übertragungsleistung von zwei Gigawatt gerade einmal ein halbes Prozent des derzeitigen deutschen Endenergiebedarfs liefern. Auch wenn der Endenergiebedarf künftig deutlich sinken sollte: Wollten wir weiterhin 70 Prozent unseres künftigen Endenergiebedarfs nur durch Stromimporte decken, bräuchten wir dazu rund 100 parallele Leitungen, wie sie beim Suedlink gebaut werden. Alle 300 bis 500 Meter müsste dann ein Strommast stehen. Wenn die Übertragungsentfernung im Mittel 3000 Kilometer beträgt, wären dafür 750 000 Hochspannungs-Strommasten nötig. Um das noch mal klarzustellen, wir reden bei diesen Zahlen über große Stromimporte aus Nordafrika und nicht über den Suedlink. Bei zweimal 700 Kilometer wären »nur« rund 3500 Strommasten nötig. Wollten wir die gleiche Strommenge, die durch den Suedlink transportiert werden soll, vor Ort in Bayern mit Windrädern erzeugen, bräuchten wir je nach Größe der Windkraftanlagen zwischen 2500 und 3500 Stück. Damit in Bayern keine Windräder gebaut werden müssen, stehen die Windräder nun in Norddeutschland, und zusätzlich braucht man für jede Windkraftanlage rechnerisch einen Strommast, damit der Strom nach Bayern transportiert werden kann.

Grüner Strom aus Afrika?

Soll der Strom aus Nordafrika kommen, wären es dann sogar mehr als vier Strommasten für jede nicht gebaute Windkraftanlage. Schaut man sich diese Zahlen an, ist es doch am Ende nur gerecht, den Strom dort zu erzeugen, wo er auch gebraucht wird. Wer den Bau von Windkraftanlagen ablehnt, erwartet selbstredend, dass diese woanders gebaut werden und außerdem viele andere Menschen vom Leitungsbau betroffen werden.

> *»Wollen wir Windkraftanlagen in Deutschland durch Importstrom aus Nordafrika ersetzen, brauchen wir für jede nicht gebaute Windkraftanlage vier neue Strommasten.«*

Einige glauben, es wäre besser, den Strom zu importieren, anstatt Windkraftanlagen bei uns zu errichten, weil es vor Ort ab und zu Widerstände gibt. Der Preis dafür ist aber ein Leitungsbau, der am Ende noch mehr Widerstände hervorrufen wird. In Deutschland hat man beim Suedlink die ursprünglichen Pläne für eine Freileitung mit Strommasten beerdigt, weil man sie nicht durchsetzen konnte.

Jetzt verlegt man Erdkabel. Dafür braucht man eine rund elf Meter breite Kabeltrasse, die einfach im Boden vergraben wird. Wobei »einfach« relativ ist. Eigentlich vergräbt man eine zweispurige Straße quer durch Deutschland. Die damit verbundenen Eingriffe in Natur und Umwelt sind massiv. Das ist der Preis dafür, wenn niemand Strommasten und Windräder in Süddeutschland sehen soll. Der Aufwand für Erdkabel ist auch deutlich größer, als »nur« ein paar Strommasten aufzustellen. Darum sind dann die Kosten auch etwa sechsmal so hoch. Im Betrieb spart man dann wieder etwas ein, weil Erdkabel nicht so schnell kaputtgehen wie Freileitungen. Am Ende sind Erdkabel aber dann doch je nach Rechnung zwei- bis viermal teurer als Freileitungen. Das erklärt auch, warum die Suedlink-Doppelleitung am Ende rund zehn Milliarden Euro kosten soll. In anderen Ländern Europas ist die Liebe zu Strommasten auch nicht stärker ausgeprägt als in Deutschland. Auch hier wird man über weite Strecken Erdkabel verlegen müssen. Da kann sich jeder selbst ausrechnen, was 100 Leitungen kosten, die im Mittel viermal so lang sind wie der Suedlink.

Auch wenn durch Synergieeffekte die Kosten noch fallen werden, reden wir am Ende durchaus über Summen in der Größenordnung von 1000 Milliarden Euro, nur für Stromleitungen. Dafür kann man schon recht viele Solar- und Windkraftanlagen in Deutschland errichten. Befürworter:innen von Leitungen behaupten immer wieder, dass in Nordafrika die Sonne wesentlich öfter scheint und darum der Solarstrom deutlich billiger wäre. Prinzipiell ist das richtig. An einem guten Standort in Marokko ist die jährliche solare Bestrahlung etwa doppelt so hoch wie in Berlin. Weil es dort weniger regnet und darum Solaranlagen mehr verschmutzen und die höheren Temperaturen die Leistung von Photovoltaikanlagen reduzieren, kann man grob über den Daumen gepeilt damit rechnen, dass eine Photovoltaikanlage in Marokko 80 Prozent mehr Strom liefert als bei uns in Berlin. Davon würden dann aber auch wieder, ganz grob gerechnet, zehn Prozent als Leitungsverluste verloren gehen, und wir hätten zusätzlich die genannten hohen Kosten der Leitung.

Wenn es uns gelingt, unseren Endenergiebedarf deutlich zu senken, und wir Speicher- und Transportverluste einfachheitshalber außen vorlassen, bräuchten wir ungefähr 600 Gigawatt an Photovoltaikleistung. Diese würde dann etwa 300 Milliarden Euro kosten. Damit könnten wir in Marokko eine Photovoltaikanlage bauen, die rein rechnerisch 70 Prozent unseres Endenergiebedarfs decken würde. Im Vergleich zur zuvor erläuterten Kernenergie wäre das ein echtes Schnäppchen. Das spricht erst mal ganz klar für die Photovoltaik.

Bei einem Megawatt pro Hektar kommen wir dann auf einen Landbedarf von 600 000 Hektar oder 6000 Quadratkilometer oder 1,3 Prozent der Landesfläche Marokkos. Die Fläche entspricht 2,3-mal der Fläche des Saarlandes, und weil die Saarländer:innen Flächenvergleiche leid sind, würde auch ein Drittel des Bundeslands Sachsen passen. Einerseits klingt es spannend, dass man mit einem guten Prozent der Landesfläche Marokkos einen Großteil der deutschen Energieversorgung decken kann. Andererseits sollte man die Menschen in Marokko aber erst einmal fragen, ob sie uns so viel Land abgeben wollen. Denn die Marokkaner:innen müssen sich erst einmal selbst mit klimaneutralem Strom versorgen.

Wollen wir uns in Deutschland selbst versorgen, brauchen wir 70 Prozent mehr Photovoltaikleistung. Aber die werden dann trotzdem deutlich weniger als die Leitung kosten. Wenn die Leitung wirklich eine Alternative sein soll, lässt sie sich aus Kostengründen nicht mit teuren Erdkabeln realisieren. Dass aber die Freileitungsvariante mit Hunderttausenden Strommasten in Europa Akzeptanz finden würde, erscheint auch illusorisch.

»Stromimporte von großen Photovoltaikanlagen in Nordafrika über Leitungen nach Deutschland sind nicht billiger als die Solarstromerzeugung in Deutschland.«

Zusätzlich zur riesigen Solaranlage braucht man natürlich auch noch Speicher, weil sie nachts keinen Strom liefert. Die Speicher kosten noch einmal sehr viel Geld, außerdem treten Speicherverluste auf. Bei einer Versorgung nur in Deutschland braucht man sogar noch mehr Speicher, als wenn wir den Strom importieren, da wir bei uns größere Zeiträume überbrücken müssten. Mit der Importlösung könnten wir also einen Teil der Speicher wiederum einsparen und damit die Mehrkosten der Leitung teilweise kompensieren, sodass sich die Kosten für Stromimporte und heimische Energieversorgung unterm Strich gar nicht so sehr unterscheiden. Das Argument, die Importlösung sei so viel billiger, ist aber ziemlich aus der Zeit gefallen, weil die Kosten für Solaranlagen inzwischen deutlich gesunken sind.

Der Traum vom Wüstenstrom

Solarstromimporte nach Deutschland sollten schon vor vielen Jahren im Desertec-Projekt realisiert werden. Der Vorgänger von Desertec, die Trans-Mediterranean Renewable Energy Cooperation, kurz TREC, wurde im Jahr 2003 gegründet. Daraus ging im Jahr 2009 die Desertec Foundation hervor. Der Name setzt sich aus *desert* (Wüste) und *technology* zusammen. Ziel war und ist es, Stromimporte aus erneuerbaren Energien aus dem Nahen Osten und Nordafrika nach Europa zu realisieren. Die Importidee ist also nicht neu. Kernstück des Desertec-Konzepts waren solarthermische Kraftwerke, aber auch andere erneuerbare Energien, die in Nordafrika und Europa aufgebaut und durch große Leitungen verbunden werden.

Solarthermische Kraftwerke unterscheiden sich von Photovoltaikanlagen. Sie konzentrieren mit großen Parabolrinnenspiegeln das Sonnenlicht auf ein Rohr, in dem ein Thermoöl auf knapp 400 Grad Celsius erwärmt wird. Ein Wärmekraftwerk wandelt dann das durch die Hochtemperatur-Solarwärme erhitzte Öl in elektrische Energie um. Außerdem lassen sich in solarthermischen Kraftwerken recht kostengünstig Wärmespeicher integrieren, sodass sie auch nachts Strom liefern können. Anfang der 2000er-Jahre waren Photovoltaikanlagen fast noch zehnmal so teuer wie heute. Solarthermische Kraftwerke hatten damals in Nordafrika noch deutliche Kostenvorteile.

Wenn Solarkraftwerke um Größenordnungen teurer sind, dann stellt sich die Importoption ganz anders dar, weil die Kosten für die Leitung nicht so stark ins Gewicht fallen. Aber diese Zeiten sind vorbei. Photovoltaikanlagen haben inzwischen solarthermische Kraftwerke bei den Kosten deutlich abgehängt. Die kostengünstige Photovoltaik sorgt heute dafür, dass die Importlösung keine klaren Kostenvorteile mehr hat. Darum rücken die Nachteile wie die des Leitungsbaus in den Vordergrund, und diese überwiegen heute eindeutig.

Bei den Gründungsmitgliedern von Desertec waren damals auch die ganz großen Konzerne wie Siemens, die Deutsche Bank, RWE und e.on dabei – Akteure, von denen man die schnelle Dekarbonisierung Deutschlands eigentlich nicht erwarten konnte. Wer großspurig Stromimporte nach Deutschland verspricht und dann gleichzeitig in Deutschland neue Kohlekraftwerke baut oder finanziert, kann eines von beiden nicht wirklich ernst meinen. Desertec ist auch heute noch aktiv. Dabei wird aber mehr über Wasserstoff als über Stromleitungen gesprochen.

Gehen wir noch einmal in die 2000er-Jahre zurück. Hätte man damals das Desertec-Konzept ambitioniert in Angriff genommen, wäre man heute vermutlich schon recht weit. Dann hätte Wüstenstrom durchaus ein wichtiger Pfeiler der europäischen Energieversorgung werden können. Heute gibt es zwar schon ein paar Solarkraftwerke in Marokko. Die sollen auch weiter ausgebaut werden, aber selbst im Jahr 2030 will Marokko nur 52 Prozent seines Strommixes durch erneuerbare Energien decken. Das ist durchaus ein beachtlicher Anteil, aber weniger als in Deutschland. Für den Export von grünem Strom müsste das Land natürlich erst einmal selbst klimaneutral werden. Davon ist es trotz der riesigen Fortschritte immer noch sehr weit entfernt. Es ist extrem unwahrscheinlich, dass Marokko bis 2030 substanzielle Überschüsse produzieren wird, und es ist noch unwahrscheinlicher, dass bis dahin auch nur eine Mega-Stromleitung von Nordafrika bis nach Deutschland gebaut ist. Man hat noch nicht einmal mit den konkreten Planungen dafür angefangen.

Wie lang das dauern kann, lässt sich am Suedlink-Projekt ablesen. Im Jahr 2013 wurde der Beschluss für den Bau der Leitung gefällt. Ursprünglich sollte der Baubeginn im Jahr 2016 sein, aber der zog sich wie bei allen Großprojekten in Deutschland hin. Ursprünglich sollte die Leitung im Jahr 2022 fertig sein, nun ist bereits 2026 im Gespräch, trotz eines Netzausbau-Beschleunigungsgesetzes. Thüringen hat gegen die Leitung bereits jetzt massiven Widerstand angekündigt. Am Ende werden Gerichte über die Leitungstrassen entscheiden, und dafür werden sicher noch einmal ein paar Jahre ins Land gehen. Vom Beschluss zum Bau der Leitung bis zur Fertigstellung kann man also gut und gerne mit 15 Jahren rechnen. Das gilt für ein rein deutsches Projekt. Wenn in die Trassenführung auch noch mehrere europäische und afrikanische Länder eingebunden werden müssen, dürfte noch einmal deutlich mehr Zeit vergehen. Wir müssen aber versuchen, möglichst in den nächsten 15 Jahren klimaneutral zu werden, damit wir die Klimakatastrophe noch einigermaßen in den Griff bekommen. Darauf zu setzen, dass bis dahin 100 neue Leitungen quer durch Europa gebaut werden und am anderen Ende Tausende Quadratkilometer an Solaranlagen entstehen, ist mehr als naiv.

Vor 20 Jahren wäre das noch eine sinnvolle Strategie gewesen. Inzwischen ist das ein reines Feigenblattkonzept. Es suggeriert uns, wir bräuchten in Deutschland keine Windräder mehr zu bauen, weil eine laute Minderheit dies ablehnt. Stattdessen könne man auf Importe setzen, mit einem Konzept, das niemals aufgehen wird. Wir haben nichts dagegen, wenn jemand versucht, eine Leitung mit erneuerbaren Energien am anderen Ende zu realisieren. Jede Kilowattstunde aus erneuerbaren Anlagen ist eine gute Kilowattstunde. Aber das Leben unserer Kinder darauf zu verwetten, wobei es beim Stoppen der Klimakrise letztendlich geht, ist mehr als grob fahrlässig.

Die Illusion von billigen grünen Wasserstoffimporten

Das Problem mit den Leitungstrassen wird mittlerweile auch von den Befürworter:innen der Importstrategie gesehen. Darum setzen sie inzwischen im Wesentlichen auf den Import von grünem Wasserstoff. Auch hier klingt die Story auf den ersten Blick ziemlich plausibel: Wir werden es nicht schaffen, in der nötigen Zeit Stromtrassen nach Deutschland zu bauen, die zudem noch von vielen Betroffenen abgelehnt und bekämpft werden. Darum erzeugen wir einfach im Nahen Osten und Nordafrika aus Solarstrom Wasserstoff. Den transportieren wir dann über Pipelines oder den Seeweg nach Deutschland und wandeln ihn bei uns wieder in Strom um.

Schauen wir uns jetzt näher an, was auf den ersten Blick gerne übersehen wird, und nehmen uns dazu als Beispiel wieder Marokko. Dort können wir Solarstrom mit Photovoltaikanlagen produzieren, die 80 Prozent mehr elektrische Energie pro Jahr liefern als in Deutschland. Wenn wir den Strom nun in Wasserstoff umwandeln wollen, brauchen wir erst einmal Süßwasser, um daraus mit Hilfe von Elektrolyse Wasserstoff herzustellen. Bereits jetzt ist Süßwasser in Marokko Mangelware, aber wir brauchen das Süßwasser nicht nur für die Elektrolyse, sondern auch für die Reinigung der Solaranlagen. Um mit heutiger Technik aus Meerwasser Wasserstoff herstellen zu können, muss dieses erst mal entsalzt werden, damit wir aus Meerwasser elektrolysetaugliches Süßwasser machen können. Auch das kostet Geld.

Die Elektrolyse war schon einmal Thema im vorigen Kapitel. Zwei Elektroden zersetzen dabei mit Solarstrom Wasser, und es entstehen Wasserstoff- und Sauerstoffgas. Aber das Ganze funktioniert nicht verlustfrei, ein Teil der Solarenergie geht bei dem Prozess verloren. Auch die Elektrolyseure kosten Geld. Im besten Fall erreicht man bei der Elektrolyse Wirkungsgrade von etwas über 80 Prozent. Heute liegt man in der Praxis noch deutlich darunter. 70 Prozent sind im Mittel realistisch. Das heißt, bei der Elektrolyse gehen also bereits 30 Prozent verloren, dazu kommen die Energieverluste bei der Meerwasserentsalzung. Ein knappes Drittel der Solarenergie ist an der Stelle also schon einmal weg. Dann hat man auch erst mal nur Wasserstoff in der marokkanischen Wüste produziert. Der lässt sich aber leider nicht so einfach transportieren.

Wasserstoff ist ein sehr leichtes Gas und nimmt deshalb ein großes Volumen ein. Um ihn sinnvoll transportieren zu können, muss er erst einmal auf hohen Druck gebracht oder bei minus 253 Grad Celsius verflüssigt werden. Auch das kostet wieder Energie und Geld. Dabei gehen noch einmal sieben bis 15 Prozent der ursprünglichen Solarenergie verloren. Das komprimierte Gas lässt sich dann zum Beispiel durch Pipelines transportieren. Derzeit exportiert Algerien große Mengen an Erdgas nach Europa. Es gibt Erdgaspipelines von Marokko nach Spanien, von Algerien nach Spanien und über Tunesien nach Italien sowie von Libyen nach Italien. Die Erdgaspipelines kann man aber nicht so einfach für den Wasserstofftransport nutzen. Die gesamte Infrastruktur und alle angeschlossenen Verbraucher sind auf Erdgas ausgelegt. Wenn man von Erdgas zu Wasserstoff wechselt, muss man alle Verbrauchsgeräte austauschen – das dauert. Bis dahin kann man Wasserstoff nur in sehr geringen Mengen dem Erdgas beimischen. Dann hat man für den Klimaschutz aber nicht sehr viel gewonnen.

Man könnte natürlich auch die Pipelines komplett von Erdgas auf Wasserstoff umrüsten. Doch dazu müsste man erst einmal die Erdgasförderung in Algerien einstellen. Kurzfristig wird das auch nicht funktionieren. Und selbst wenn es gelingen würde, durch die bestehenden Pipelines nur noch grünen Wasserstoff zu transportieren, würden die paar Pipelines nicht einmal ansatzweise ausreichen, um die zuvor besprochenen gigantischen Energiemengen nach Europa und Deutschland zu transportieren. Man müsste also das Pipelinenetz massiv ausbauen, und das ist ähnlich kompliziert wie der Bau neuer Stromtrassen.

Eine umstrittene Erdgaspipeline wurde gerade durch die Ostsee nach Russland gebaut: Nord Stream 2. Als Volker den ehemaligen Wirtschaftsminister Peter Altmaier auf Twitter für den Bau kritisierte, antwortete er: »Man könne die Pipeline doch auch nutzen, um grünen Wasserstoff zu transportieren.« Bei dieser Aussage ist aber eher der Wunsch Vater des Gedankens. Russland deckt derzeit sechs Prozent seines Energiebedarfs mit erneuerbaren Energien. Selbst wenn Russland zeitnah mit seiner Energierevolution anfängt, wird es dort sehr, sehr lange Zeit noch gar keine Überschüsse aus grünem Strom geben, die sich in grünen Wasserstoff zum Export umwandeln lassen. Bis dahin exportiert Nord Stream 2 munter klimaschädliches Erdgas von Russland nach Deutschland. Ein Plan für den Klimaschutz ist das nicht.

>*Die Erdgas-Pipeline Nord Stream 2 ist ein für den Klimaschutz extrem schädliches Projekt. Die rechtzeitige Umrüstung auf grünen Wasserstoff ist eine reine Illusion.*«

Weil Pipelines auch mittelfristig nur für den Import recht kleiner Mengen an grünem Wasserstoff geeignet sind, plant und baut man auch in Deutschland und Europa neue Flüssiggasterminals. Diese sind erst einmal für den Import von flüssigem, stark klimaschädlichem Erdgas nach Europa gedacht. Für den Klimaschutz sind sie daher ein Problem und keine Lösung. Aber es wird immer versprochen, dass man über diese Terminals auch flüssigen Wasserstoff importieren könnte. Dafür aber müsste man erst einmal in Nordafrika Verladeterminals für den Wasserstoff errichten, und eine Schiffsflotte, die Wasserstoff überhaupt transportieren könnte, gibt es auch noch nicht. Bisher wurde weltweit überhaupt nur ein einziges, vergleichsweise kleines Schiff für den Transport von flüssigem Wasserstoff gebaut: die Suiso Frontier von Kawasaki. Eine kleine Anekdote am Rande: Das Schiff fährt noch mit klimaschädlichem Schiffsdiesel. Ein Antriebssystem auf Basis von Wasserstoff war zu teuer. Bei künftigen Schiffen wird immerhin zumindest über einen Antrieb mit einem Elektromotor nachgedacht, für den Brennstoffzellen Strom aus Wasserstoff herstellen.

Der Hauptvorteil an der Schiffslösung ist, dass sich eine Schiffsflotte erheblich schneller aufbauen lässt als ein Stromleitungs- oder Pipelinenetz. Dafür verursacht der Transport mit Schiffen aber höhere Verluste als über Pipelines. Von dem aufwändig produzierten grünen Wasserstoff geht also ein weiterer Anteil verloren. Hat es der Wasserstoff dann erst mal nach Deutschland geschafft, lagert er an einem Wasserstoffterminal an der Küste und muss am Ende wieder in Strom umgewandelt werden. Das kann mit herkömmlichen Gaskraftwerken oder mit Brennstoffzellen erfolgen. Zu den Kraftwerken muss der Wasserstoff aber erst einmal transportiert werden. Wir brauchen dann auch in Deutschland ein Wasserstoff-Pipelinenetz. Der Strom könnte auch an der Küste produziert werden. Dann bräuchte man aber ein gigantisches Stromleitungsnetz von der Küste quer durch Deutschland. Was das wiederum bedeutet, haben wir vorhin am Beispiel Suedlink ausführlich erklärt. Konkrete Planungen dafür gibt es nicht.

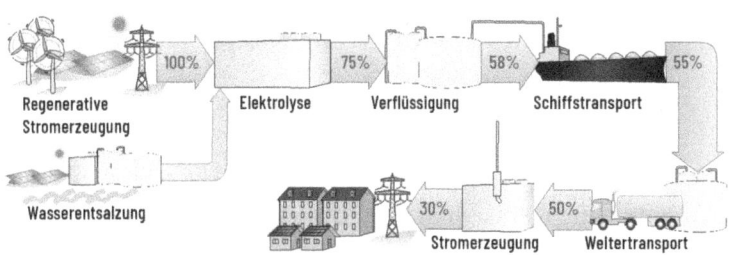

BILD 14 Welcher Anteil beim Import von grünem Strom über den Energieträger Wasserstoff bei uns am Ende noch ankommt (basierend auf Quaschning [2021b])

Heute liegt man bei der Stromerzeugung aus Wasserstoff bei Wirkungsgraden in der Größenordnung von 60 Prozent. Das heißt, es gehen noch einmal 40 Prozent der Energie des nach Deutschland gelieferten Wasserstoffs verloren. Theoretisch sind auch Wirkungsgrade von 80 Prozent erreichbar. Bis man aber auch nur ansatzweise in diese Größenordnung kommt, wird noch ziemlich viel Zeit vergehen.

Selbst wenn es uns gelingen würde, die Infrastruktur zeitnah aufzubauen, hätten wir ein Problem. Wegen der Verluste bei der Wasserentsalzung, Elektrolyse, Wasserstoffverflüssigung, Schiffstransport, Weitertransport in Deutschland und Rückverstromung würden derzeit bestenfalls 30 Prozent des in der Wüste erzeugten Solarstroms als Strom in Deutschland ankommen. Auch wenn wir davon ausgehen, dass eine Solaranlage in der Wüste erst einmal 80 Prozent mehr Strom liefern würde als eine in Deutschland, käme am Ende in Deutschland nur noch gut halb so viel Strom an, wie eine Solaranlage in Deutschland erzeugen würde. Dafür muss man auch noch eine sündhaft teure Infrastruktur finanzieren. Selbst wenn es uns in der Forschung gelingt, die Wirkungsgrade deutlich zu steigern, wird die erneuerbare Erzeugung in Deutschland immer im Vorteil bleiben und damit erheblich preiswerter sein.

> *»Transportieren wir grünen Strom mit Hilfe des Energieträgers Wasserstoff von Afrika nach Deutschland, gehen derzeit 70 Prozent des ursprünglich erzeugten Stroms verloren.«*

Die Importlösung über Wasserstoff ist extrem teuer. Es überrascht, dass genau jene Politikerinnen und Politiker, die vor einigen Jahren den Ausbau der Solarenergie in Deutschland mit dem Argument der hohen Kosten radikal abgewürgt haben, nun auf den noch viel teureren Import von grünem Wasserstoff setzen. Wenn dann am Ende die dicke Rechnung kommt, werden genau die gleichen Menschen sagen: Wir können leider unsere Klimaschutzziele nicht erreichen, weil die deutsche Industrie mit den hohen Kosten des Imports von grünem Wasserstoff überfordert wäre. Genau das könnte sich tatsächlich zu einem massiven Problem für die deutsche Wirtschaft entwickeln. Schon bald werden sich viele Produkte nur noch auf dem Weltmarkt verkaufen lassen, wenn sie klimaneutral hergestellt werden. Ein Verzicht auf Klimaschutz bedeutet dann Verluste großer Marktanteile.

Wenn grüner Strom in der Wüste aber um Größenordnungen preiswerter sein wird als der umständliche und teure Transport nach Deutschland, stellt sich früher oder später eine ganz andere Frage. Wird man dann weiter grünen Strom über den Wasserstoffumweg teuer zur Industrie nach Deutschland schaffen, oder wird die Industrie dahin gehen, wo grüner Strom preiswert ist? Wer also massiv auf den Wasserstoffpfad setzt, gefährdet am Ende auch den Industriestandort Deutschland, zumindest jene Industriebereiche, die viel Energie brauchen. Was den Industriestandort anbelangt, ist die Erzeugung von Solar- und Windstrom in Deutschland deutlich weniger riskant als die Importlösung, auch wenn es hier ebenfalls Kostennachteile gegenüber Wüstenstandorten gibt.

> *»Wer für die klimaneutrale Stromversorgung in Deutschland auf massive Importe über den Wasserstoffpfad setzt, gefährdet damit den Wirtschaftsstandort Deutschland.«*

Nun sagen einige zu Recht, dass wir nicht überall Strom brauchen, sondern Wasserstoff in einigen Bereichen direkt nutzen könnten, zum Beispiel zum Heizen mit Gasheizungen, in Wasserstoffautos, als Treibstoffe für den Flug- und Schiffsverkehr oder für die chemische Industrie und die Stahlherstellung. Diese Möglichkeiten haben wir ausführlich im letzten Kapitel erörtert. Aus Effizienz- und Kostengründen ist der Einsatz von grünem Wasserstoff nur dort sinnvoll, wo es keine Alternativen gibt. Dort könnte dann aber importierter grüner Wasserstoff durchaus zum Einsatz kommen. Die importierten Mengen werden dafür aber recht überschaubar sein. Wollen wir weiter Energie in der heutigen Größenordnung von 70 Prozent importieren, wird eine schnelle Klimaneutralität vermutlich nicht gelingen. Darum müssen wir auf den schnellen Ausbau vor allem der Photovoltaik und der Windkraft in Deutschland setzen.

Ausbau erneuerbarer Energien statt Importe

Fassen wir einmal die Argumente der letzten vier Kapitel zusammen. Der Ausbau erneuerbarer Energien, vor allem der Windkraft, in Deutschland stockt. Die Kernenergie ist keine Alternative. Politiker:innen versprechen, dass wir dennoch klimaneutral werden können, indem wir künftig einen Großteil der Energie in anderen Ländern durch Solar- und Windkraftanlagen produzieren lassen und nach Deutschland importieren. Der Import über Stromleitungen würde ähnliche Kosten verursachen wie die Produktion von erneuerbarem Strom in Deutschland, aber nur wenn wir dafür Freileitungen mit Hochspannungsmasten verwenden. Das ist aber nicht durchsetzbar. Erdkabel wären deutlich teurer, und die Trassenplanung und der Leitungsbau von Nordafrika oder dem Nahen Osten nach Deutschland ließen sich in dem für den Klimaschutz nötigen Zeitraum nicht umsetzen.

Die Alternative wäre die Umwandlung des grünen Stroms in Wasserstoff und die Rückverstromung in Deutschland. Der Transport über Pipelines, die noch gebaut werden müssten, ist aber zeitlich genau wie der von Stromleitungen in der für den Klimaschutz nötigen Geschwindigkeit nicht realisierbar. Es bleibt der Transport mit Schiffen. Bei der Umwandlungskette Strom – Wasserstoff – Strom entstehen sehr große Verluste, sodass die Wasserstofflösung erheblich teurer ist als die erneuerbare Stromproduktion in Deutschland. Die Mehrkosten sind so hoch, dass der Ausbau wegen der zu erwartenden Widerstände sehr wahrscheinlich früher oder später wieder gestoppt oder zumindest verzögert wird, was für das Erreichen von Klimaschutzzielen fatal wäre. Die hohen Kosten gefährden auch die energieintensive deutsche Industrie, die möglicherweise ihre Produktionsstätten an Standorte mit günstigem erneuerbarem Strom verlegen müsste. Der Einsatz und der Import von grünem Wasserstoff sind aus Effizienz- und Kostengründen nur in den Bereichen sinnvoll, in denen es heute keine effizientere Alternative gibt. Aus heutiger Sicht sind das die Langzeitspeicherung von Strom, die Herstellung von Treibstoffen für den Flug- und Schiffsverkehr sowie der Einsatz in der Grundstoffindustrie wie beispielsweise bei der Stahlherstellung.

Das Hauptargument für den Import großer Mengen an grüner Energie ist vor allem die angeblich mangelnde Akzeptanz für den nötigen dezentralen Windkraft- und Solarausbau in Deutschland. Die Importlösungen setzen aber auch den Bau von Leitungstrassen, Pipelines und Flüssiggasterminals voraus, die meist noch viel umstrittener sind als die Errichtung von Anlagen zur Nutzung erneuerbarer Energien. Wir erwarten, dass die Kapazitäten, die wir in Deutschland nicht bauen möchten, in anderen Ländern zusätzlich zu dem, was diese für ihren eigenen Verbrauch benötigen, errichtet werden. Im Prinzip ist das eine neue Art des Kolonialismus, der früher oder später auch in den betroffenen Ländern Widerstände hervorrufen wird.

Wer also auf echten Klimaschutz setzt, das Pariser Klimaschutzabkommen einhalten und damit unsere Lebensgrundlagen erhalten möchte und in weniger als 20 Jahren eine klimaneutrale Energieversorgung in Deutschland aufbauen möchte, kommt an dem massiven Ausbau erneuerbarer Energien in Kombination mit Speichern in Deutschland nicht vorbei. Die größten Potenziale haben dabei die Photovoltaik und die Windkraft, die mindestens um den Faktor vier bis sechs schneller zugebaut werden müssen. Die Argumente und der Fahrplan für die Energierevolution liegen damit jetzt also klar auf dem Tisch.

IST DAS ELEKTROAUTO EIN KLIMASÜNDER?

Die Mobilität ist das Sorgenkind beim Klimaschutz. Seit 1990 sind die Kohlendioxidemissionen in diesem Sektor praktisch nicht gefallen. Maßnahmen wie die Beimischung von Biosprit zu Benzin und Diesel oder die Entwicklung sparsamerer Motoren verpuffen, weil wir immer mehr und immer größere Autos fahren. Beim Thema Elektromobilität prallen zwei Welten aufeinander. Befürworter:innen sehen in ihr die Chance für den Klimaschutz. Gegner:innen geißeln die Elektromobilität hingegen als Mogelpackung mit gravierenden Umweltfolgen. Verschiedene Studien bescheinigen sogar immer mal wieder dem Diesel eine bessere Klimabilanz als den Stromern. Andere Studien sehen das wiederum ganz anders. Viele Menschen bleiben am Ende mit Fragezeichen zurück, die wir in diesem Kapitel beseitigen wollen.

Eines ist klar: Ein »weiter so« kann es bei der Mobilität nicht geben. Fast 20 Prozent der deutschen Treibhausgasemissionen werden aktuell durch den Verkehr verursacht. Alle Konzepte der letzten 30 Jahre, die Emissionen zu senken, sind kläglich gescheitert. Die Automobilindustrie hat durch intensive Lobbyarbeit strenge Kohlendioxidgrenzwerte stets verhindert. Der Trend zu immer schwereren SUVs hat alle Effizienzerfolge bei der Motorenentwicklung wieder aufgefressen, der LKW-Verkehr nimmt immer mehr zu. In den letzten 30 Jahren gab es bei den Treibhausgasemissionen des Verkehrs immer ein leichtes Auf und Ab. Einen wirklichen Rückgang gab es aber nicht.

»Fast 20 Prozent der deutschen Treibhausgasemis-
sionen werden aktuell durch den Verkehr verursacht.
Seit 1990 sind die Emissionen im Verkehrssektor
nicht gesunken.«

Nun sollen laut Klimaschutzgesetz die Treibhausgasemissionen bis
2030 um mehr als 40 Prozent sinken. Zum Einhalten des Pariser Klimaschutzabkommens müssten die Emissionen sogar noch schneller
fallen. Das wird kaum gelingen, wenn wir weiter munter auf das Dieselauto setzen und für das schlechte Gewissen hin und wieder mal
eine Stecke mit dem Fahrrad zurücklegen.

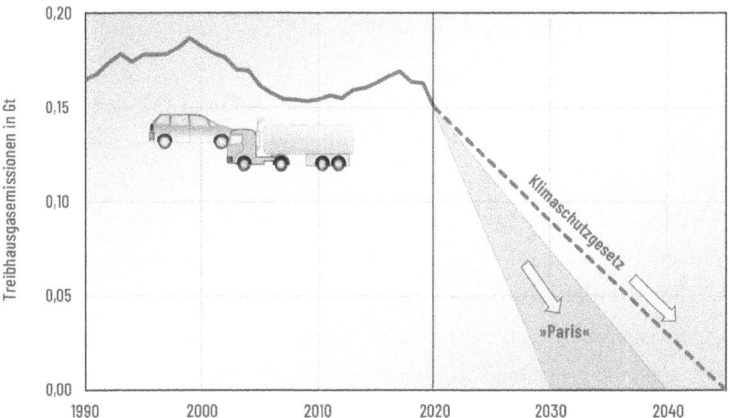

BILD 15 Bisherige Entwicklung der Treibhausgasemissionen im Verkehr in
Deutschland und notwendige Änderungen für den Klimaschutz (Daten: Umweltbundesamt [2021d], eigene Berechnungen)

Dabei können wir den schwarzen Peter für die fatale Entwicklung
nicht nur der Politik oder den Automobilkonzernen in die Schuhe
schieben. Das Automobil ist in Deutschland praktisch heilig. Der Bau
neuer Autobahnen und Schnellstraßen gilt immer noch in unserer
Gesellschaft als erstrebenswert. Eine Minderheit bekämpft ein gene-

relles Tempolimit, als ob damit ihr Leben seinen Sinn verlieren würde. Wollen wir unsere Klimaschutzziele erreichen, müssen wir dringend unsere emotionale Beziehung zum Auto überprüfen. Reines Autobashing hilft für den Klimaschutz aber auch erst einmal nicht weiter. Wir werden in 20 Jahren nicht alle Autos abschaffen können. Aber wir müssen unsere Verkehrssysteme so verändern, dass wir mobil bleiben, ohne die Erderhitzung immer weiter anzufeuern. Gehen wir dazu einmal durch, welche Möglichkeiten wir überhaupt haben, um in weniger als 20 Jahren unseren Verkehr von dem Ausstoß klimaschädlicher Treibhausgase ganz zu befreien. Schauen wir uns dazu zuerst den Personenverkehr und später den Güterverkehr an.

Weniger Autos braucht das Land

Erst einmal haben wir in Deutschland ein Problem mit der schieren Zahl der Autos. Anfang 2021 waren über 48 Millionen Autos zugelassen. Auf 1,7 Menschen in Deutschland kommt somit bereits ein Auto. Wollten wir die deutsche Autodichte auf den Rest unseres Planeten übertragen, bräuchten wir 4,6 Milliarden Autos. Das wären über drei Milliarden mehr Autos, als es heute gibt. Allein die Herstellung dieser gigantischen Zahl an Fahrzeugen würde so viele Rohstoffe verschlingen, dass das an vielen Stellen unlösbare Probleme gäbe.

> *»Wollten alle Menschen auf der Erde so viel Auto fahren wie wir in Deutschland, bräuchten wir über drei Milliarden zusätzliche Autos. Die Belastung für die Erde wäre enorm. Für wirksamen Klimaschutz müssen wir die Zahl der Autos deutlich reduzieren.«*

Wir können unseren hohen Fahrzeugbestand in Deutschland nur aufrechterhalten, solange große Teile der Weltbevölkerung zu arm sind, sich ein Auto zu leisten. Auf Dauer ist so ein Verhalten fatal. Darum werden wir uns in Deutschland damit anfreunden müssen, die Zahl der Autos auf ein für die Erde verträgliches Maß zu reduzieren. Eine Halbierung der Anzahl der Autos in den nächsten 20 Jahren ist darum ein erstrebenswertes Ziel.

Unsere Verkehrspolitik muss also auf einen deutlichen Rückgang der Autoanzahl hinarbeiten. Darum müssen alle großen Straßenneubauprojekte gestoppt werden. Sinkt die Zahl der Autos deutlich, wäre ein weiterer Ausbau des Straßennetzes reine Geldverschwendung. Nicht nur das: Wir würden auch sinnlos Flächen zubetonieren und damit letztendlich auch unsere Lebensqualität reduzieren. Anstatt weiterhin unsinnigerweise unser Geld in den Straßenbau zu stecken, müssen wir massiv in Alternativen investieren: den öffentlichen Personenverkehr, innovative Carsharing-Angebote sowie das Radwegenetz.

Die dänische Stadt Kopenhagen gilt als die Vorzeigestadt für den Fahrradverkehr. Das Erfolgsrezept war der Aufbau einer exzellenten Fahrradinfrastruktur und das Zurückdrängen des Autoverkehrs. Autos machen in Kopenhagen nur noch ein Drittel des Verkehrsaufkommens aus. Jährlich wird der Parkraum für Autos um drei Prozent reduziert. Das schafft Flächen für zusätzliche Radstrecken und Fahrradparkplätze. Außerdem sind die Parkgebühren sehr hoch, was das Autofahren zunehmend unattraktiv macht. Auch andere Städte planen, den Autoverkehr immer mehr zu reduzieren und durch klimaverträgliche Alternativen zu ersetzen. Wer in der Londoner Innenstadt Auto fahren möchte, muss zuvor eine Citymaut von mehr als zwölf Euro entrichten. Paris will ab 2024 die Stadt komplett für Dieselautos sperren und ab 2030 für alle Verbrennerautos. Damit sollen aber nicht nur die Erderhitzung bekämpft, sondern auch die Zahl der Todesopfer reduziert und Gesundheitsschäden durch Autoabgase verhindert werden. Somit bedeuten diese Maßnahmen keinen Verzicht, sondern versprechen eine Erhöhung der Lebensqualität in Großstädten.

Weil wir für den Klimaschutz die Zahl der Autos deutlich reduzieren müssen, muss Auto fahren deutlich unbequemer werden. Hohe Parkgebühren, Reduzierung des Parkraums, Sperrung von Straßen für den Autoverkehr, Citymaut und Fahrverbote für Verbrennerautos sind dazu geeignete Maßnahmen. Deutsche Städte tun sich aber mit solchen Maßnahmen schwer, selbst wenn sie von klimafreundlichen Parteien regiert werden oder gar den Klimanotstand ausgerufen haben. »Mehr Mut!«, möchte man den verantwortlichen Politikerinnen und Politikern immer wieder zurufen. Wäre die Mehrzahl der Menschen vernünftig genug, ihr Verhalten von allein zu ändern, dann bräuchten wir keine mutigen Politiker:innen.

Einige Menschen wollen partout nicht akzeptieren, dass der Diesel ein Auslaufmodell ist. Moderne Filter könnten ihrer Meinung nach die gesundheitsschädlichen Abgase auf ein Minimum reduzieren, und mit Biotreibstoffen oder synthetischen Treibstoffen ließe sich theoretisch auch der Diesel klimaneutral betreiben. Auf die Biospritlösung hat man in Deutschland schon vor vielen Jahren gesetzt. Darum wird herkömmlichem Diesel Biodiesel und Benzin Ethanol beigemischt. Wie stark der Umwelt- und Klimanutzen durch Biotreibstoffe ist, hängt stark von der Art des Anbaus der Biomasserohstoffe ab. Verfeuern wir aus Palmöl hergestellten Dieselersatz, der in Monokulturen auf ehemaligen Regenwaldflächen angebaut wird, ist das für den Klimaschutz sogar kontraproduktiv. Bauen wir Ölpflanzen in Deutschland an und achten dabei auch noch auf Nachhaltigkeitsaspekte, kann Biodiesel durchaus Treibhausgase einsparen. Hätten wir genügend Anbauflächen, um alle fossilen Treibstoffe durch Biosprit zu ersetzen, könnte man daraus tatsächlich eine Lösung für die Klimakrise entwickeln. Aber selbst wenn wir alle landwirtschaftlichen Flächen in Deutschland nutzen würden, um dort Rohstoffe für Biosprit anzubauen, könnten wir nicht einmal genug Biodiesel produzieren, um den fossilen Dieselverbrauch zu ersetzen. Alle Benzinautos müssten dann stehen bleiben, und außerdem hätten wir nichts mehr zu essen. Die Möglichkeiten, Biotreibstoffe herzustellen, sind also sehr begrenzt.

Darum sollte man die knappen Biotreibstoffe nur dort einsetzen, wo es heute noch keine flächendeckenden Alternativen gibt, wie zum Beispiel in Baumaschinen, landwirtschaftlichen Maschinen oder beim Schiffsverkehr. Bei den Autos sollten bestenfalls noch Oldtimer mit Biotreibstoffen betankt werden. Aber selbst die lassen sich auf Elektroantriebe umrüsten. Der sehr knappe Biosprit ist definitiv zu schade, um ihn in normalen Autos zu verheizen.

Sackgasse E-Fuels

Die Beimischung der Biotreibstoffe in großem Umfang wurde auch eingeführt, damit die Automobilkonzerne mit geringerem Aufwand die viel zu laschen Flottengrenzwerte einhalten können. Das bedeutet: Mit dem Biosprit sinkt rechnerisch der Kohlendioxidausstoß bei der Verbrennung der Treibstoffe. Die Hersteller müssen darum weniger Treibstoffe einsparen und können weiter Autos mit höheren Verbrauchswerten verkaufen. Perspektiven, die Biospritanteile deutlich zu erhöhen, um so die nötigen, immer stärkeren Treibhausgaseinsparungen zu erreichen, gibt es nicht. Darum ist dieser Weg gescheitert. Dieselfans setzen inzwischen auf sogenannte synthetische Treibstoffe. Dabei ist der Begriff synthetische Treibstoffe an dieser Stelle etwas irreführend. Diese lassen sich nämlich auch aus Erdgas oder Kohle herstellen. Das wäre aber für den Klimaschutz kontraproduktiv. Gemeint sind hier Treibstoffe auf der Basis von grünem Wasserstoff. Die Herstellung der synthetischen Treibstoffe erfolgt vergleichbar mit der Herstellung von grünem Methan. Dazu braucht es grünen Wasserstoff, eine Kohlendioxidquelle und einen chemischen Prozess, der am Ende ein Dieselersatzprodukt liefert. Auch Benzin lässt sich so substituieren. Da diese Treibstoffe auf Wasserstoff basieren, für dessen Herstellung Strom aus erneuerbaren Energieanlagen verwendet wird, werden diese Treibstoffe auch als Elektro-Kraftstoffe oder E-Fuels bezeichnet.

»Benzin- und Dieselautos, die mit E-Fuels betankt
werden, brauchen fünfmal so viel Strom aus erneuer-
baren Energieanlagen wie ein Elektroauto.«

Die Nachteile von grünem Wasserstoff haben wir bereits ausführlich beschrieben. Die Herstellung ist mit hohen Verlusten und hohen Kosten behaftet. Da der Prozess zur Herstellung von synthetischen Treibstoffen noch aufwändiger ist, fällt hier die Bilanz noch einmal deutlich schlechter aus. Dazu kommt, dass die synthetischen Treibstoffe dann in einem Verbrennungsmotor verbrannt werden, der eher einer fahrenden Heizung gleichkommt. Im Optimalfall können die Wirkungsgrade von Dieselmotoren 40 bis 45 Prozent erreichen. Bereits dann gehen schon 55 bis 60 Prozent der wertvollen Energie der E-Fuels verloren. Bei kaltem Motor im Stadtverkehr liegen die Wirkungsgrade auch gerne einmal unter zehn Prozent. Da könnte man den Sprit auch gleich auf die Straße schütten. Die Wirkungsgrade von Elektromotoren erreichen hingegen die Größenordnung von 90 Prozent. Möchte man Dieselautos mit E-Fuels betanken, die aus grünem Strom hergestellt wurden, ist der Bedarf an Solar- oder Windstrom für die gleiche Wegstrecke durch die hohen Verluste bei der Treibstoffherstellung und die schlechten Wirkungsgrade der Verbrennungsmotoren etwa fünfmal so groß, als wenn man die Batterie eines Elektroautos auflädt. Wollten wir die gesamte deutsche Verbrennerflotte auf synthetische Treibstoffe umstellen, ließe sich die dazu nötige Menge an Strom aus erneuerbaren Energien in Deutschland gar nicht herstellen. Wir wären also auf massive Importe angewiesen, mit allen zuvor beschriebenen Nachteilen.

Der enorm hohe Stromverbrauch schlägt sich dann auch in den Kosten nieder. Agora Verkehrswende, Agora Energiewende und Frontier Economics (2018) schätzen, dass selbst im Jahr 2030 die Preise ohne Steuern für in Afrika aus Solarstrom hergestellte E-Fuels etwa doppelt so hoch wären wie die heutigen Preise für Benzin oder Diesel. Wenn das batterieelektrische Auto im Betrieb nur ein Fünftel des Stroms benötigt im Vergleich zum Verbrennerauto beim Betrieb mit E-Fuels, muss man nicht einmal Betriebswirtschaft studiert haben, um zu verstehen, dass Verbrennerautos mit E-Fuels unter wirtschaftlichen Gesichtspunkten nicht mit Elektroautos konkurrieren können. Synthetische Treibstoffe dürften daher nur für einen Nischenmarkt geeignet sein, zum Beispiel für Vergnügungsfahrten mit Oldtimern, bei denen die Kosten keine große Rolle spielen. Sollten einmal E-Fuels flächendeckend vorgeschrieben werden, dürfte das zum Preisschock bei den Fahrer:innen von Verbrennerautos führen. Um das zu vermeiden, wäre zum Schutz der Verbraucher:innen ein schnellstmöglicher Produktionsstopp von Benzin- und Dieselautos sinnvoll. Dann könnte man einfach warten, dass die Menschen entweder auf Elektroautos umsteigen oder ihr Auto ganz abschaffen. Mit dem Weg der CO_2-Steuer und E-Fuels dürfte es früher oder später ein böses Erwachen bei denjenigen geben, die immer noch auf das Verbrennungsauto gesetzt haben.

Klimabilanz von Elektroautos

Vermutlich, weil der Diesel ein Auslaufmodell ist und schon sehr bald aus wirtschaftlichen Gründen keine Chance mehr gegen das Elektroauto haben wird, versuchen eingefleischte Dieselfans, das Image des Elektroautos zu beschädigen. Immer neue Studien bescheinigen dem Elektroauto eine fatale Umwelt- und Klimabilanz. Bislang hat sich in allen Fällen am Ende gezeigt, dass diese Studien entweder auf alten oder falschen Daten basieren oder handwerkliche Fehler gemacht wurden. Für weitere Diskussionen werden wir aber hier ein paar Argumente zusammenstellen.

Die Herstellung eines Autos verschlingt enorme Ressourcen. Laut Agora Verkehrswende (2019) kann man mit rund sieben Tonnen an Kohlendioxidemissionen bei der Herstellung eines Benzin- oder Dieselautos rechnen. Wer mit dem neu gekauften Verbrennerauto vom Hof des Autohändlers fährt, hat schon in diesem Moment mehr Treibhausgasemissionen verursacht als ein durchschnittlicher Mensch in einem armen Land wie der Demokratischen Republik Kongo in seinem ganzen Leben. Beim Kauf eines Elektroautos mit Batterie ist die Klimabilanz erst einmal noch schlechter. Für die Herstellung der Batterie entstehen noch einmal fünf Tonnen an zusätzlichen Kohlendioxidemissionen. Je nach Größe und Art der Batterie kann dieser Wert variieren.

Im Betrieb verursacht das Elektroauto allerdings deutlich weniger Emissionen. Wird das Elektroauto mit grünem Strom geladen, beispielsweise von der eigenen Photovoltaikanlagen auf dem Hausdach, fährt es komplett klimaneutral. Wird das Elektroauto mit Netzstrom geladen, verursacht es je nach Auto 50 bis 100 Gramm Kohlendioxid pro Kilometer. Abhängig vom Auto, der Fahrstrecke und der Fahrweise stößt ein Verbrennerauto 80 bis 240 Gramm Kohlendioxid pro Kilometer aus – in der Regel also deutlich mehr. Bei einer durchschnittlichen Fahrleistung von 14 000 Kilometern im Jahr kommen beim Verbrenner 1,1 bis 3,3 Tonnen Kohlendioxid pro Jahr zusammen, beim Elektroauto null bis 1,4 Tonnen Kohlendioxid. Wenn man den Diesel immer noch schönrechnen möchte, kann man Kombinationen wählen, die zum gewünschten Ergebnis führen. Dann kann es sein, dass der Elektro-SUV bei sportlicher Fahrt im Winter sogar mehr Kohlendioxid verursacht, als der Dieselkleinwagen bei Tempo 100 auf der Autobahn. Wenn man aber nicht Äpfel mit Birnen vergleicht, hat das Elektroauto nach zwei bis fünf Jahren in der Regel die Mehremissionen der Herstellung wieder eingespart. Die meisten Elektroautohersteller geben auf die Batterie eine Garantie von acht Jahren oder 160 000 Kilometern. Einige Hersteller garantieren inzwischen sogar eine Batterielebensdauer von einer Million Kilometer. Damit ist die Klimabilanz eines Elektroautos über die Lebensdauer ganz klar besser als die eines vergleichbaren Verbrenners. Wegen des hohen Energieaufwands bei der Herstellung ist das Elektroauto derzeit aber nur das kleinere Übel. Nur wenn es gelingt, die Herstellungsenergie für Elektroautos komplett klimaneutral aus erneuerbaren Energien zu gewinnen und für den Betrieb nur grünen Strom zu verwenden, ist es am Ende auch klimaneutral unterwegs. Prinzipiell wäre das aber in wenigen Jahren erreichbar, die großen Automobilkonzerne arbeiten bereits an der klimaneutralen Autoproduktion.

Die Klimabilanz des Wasserstoffautos fällt auch nicht besser aus. Der Treibhausgasausstoß bei der Autoherstellung bewegt sich zwischen dem eines Verbrennerautos und eines batterieelektrischen Autos. Das Wasserstoffauto benötigt eine Brennstoffzelle und einen Wasserstoffdrucktank und – was die wenigsten wissen – auch eine Batterie. Das sorgt im Vergleich zum Verbrenner auch für zusätzliche Emissionen bei der Autoproduktion. Da die Herstellung des Wasserstoffs sehr ineffizient ist und dafür viel mehr Strom als zum Laden eines batterieelektrischen Autos benötigt wird, sind die Treibhausgasemissionen beim Betrieb des Wasserstoffautos höher als beim batterieelektrischen Auto. Wird für das Tanken des Wasserstoffautos grauer Wasserstoff verwendet oder Wasserstoff, der mit Hilfe von Elektrolyse mit Netzstrom hergestellt wurde, verursacht das Wasserstoffauto im Betrieb sogar mehr Emissionen als das Benzin- oder Dieselauto. Eine wirklich sinnvolle Alternative für den Klimaschutz ist das Wasserstoffauto darum nur in wenigen Einzelfällen.

Problemfall Elektroautobatterie?

Auch wenn die Klimabilanz eines batterieelektrischen Autos deutlich besser ausfällt als die eines Verbrenners, werden oft weitere Umweltbelastungen als Argumente gegen das Elektroauto aufgeführt. Vor allem Seltene Erden, Lithium und Kobalt gelten dabei als problematische Stoffe beim Elektroauto.

Unter Seltenen Erden versteht man eine besondere Gruppe von Metallen wie zum Beispiel Neodym. Die meisten davon sind aber gar nicht so selten. Neodym gibt es zum Beispiel weltweit häufiger als Blei. Unter Rohstoffgesichtspunkten ist also die Bleibatterie im Dieselauto ein größeres Problem. Die Seltenen Erden kommen nur in wenigen Ländern vor. 97 Prozent der Seltenen Erden werden in China gefördert, wo nicht immer auf die nötigen Umweltbedingungen bei der Gewinnung von Rohstoffen geachtet wird. Der Druck zu mehr Nachhaltigkeit wächst allerdings auch in China. Seltene Erden werden gerne als Erstes im Zusammenhang mit Elektroautobatterien genannt. Dabei braucht man Seltene Erden bei der Batterieherstellung gar nicht. Für Elektroautobatterien benötigt man Lithium, Kupfer, Aluminium und für einige Batterien auch Kobalt. Aber all diese Elemente gehören gar nicht in die Gruppe der Seltenen Erden. Zugegeben: Das ist sicher ein bisschen Pedanterie. Aber das Argument »Seltene Erden in Autobatterien sind ein Problem« fällt erst einmal in die Kategorie Fake News. Wir brauchen Seltene Erden dennoch im Elektroauto, allerdings für den Elektromotor und nicht für die Batterie. Auch im Verbrennerauto findet man an einigen Stellen Seltene Erden: in der Elektronik, im Navi-Bildschirm oder im Katalysator oder Dieselrußfilter. Es ist schon interessant, dass Seltene Erden nun beim Elektroauto ein so großes Thema sind, deren Einsatz aber bei Verbrennerautos völlig in Ordnung zu sein scheint.

Kommen wir zum Lithium. Es ist zurzeit einer der wichtigsten Stoffe bei Elektroautobatterien. Lithium verwendet man allerdings nicht nur in Batterien, sondern auch für andere Produkte wie für Keramiken, die Glasherstellung oder für Schmierstoffe, die zum Beispiel auch wieder im Verbrennerauto zum Einsatz kommen. Lithium kommt auf der Erde häufiger vor als Zinn oder Blei, jedoch nicht in reiner Form, sondern mineralisch oder als Salz. Sogar Meerwasser enthält Lithium. Die Konzentration im Meer ist allerdings relativ gering. Momentan gibt es noch kein wirtschaftliches Verfahren, Lithium aus dem Meerwasser zu gewinnen, längerfristig ist das aber durchaus denkbar. Derzeit wird das Lithium im Wesentlichen aus Gestein gewonnen. In der Kritik ist aber vor allem die Gewinnung aus Sole, zum Beispiel in Bolivien, Argentinien oder Chile. Über 50 Prozent der weltweiten Vorkommen entfallen auf diese drei Länder. Geringe Solevorkommen gibt es auch bei uns in der Rheintiefebene. Die Sole, also Salzwasser, findet man dort in großen Grundwasserseen. Diese Sole wird nun nach oben gepumpt, um sie, etwa in der Atacamawüste, in gigantischen Seen verdunsten zu lassen. Dabei bleiben verschiedene Salze zurück, am Ende auch Lithiumsalze. Der viel kritisierte hohe Wasserverbrauch betrifft also nicht Süßwasser, sondern ungenießbares Salzwasser. Aber auch hier kann es noch nicht hinreichend erforschte Probleme geben, wenn aus benachbarten Gebieten Süßwasser nachströmt. Im Vergleich zu anderen Produkten ist der Wasserverbrauch bei der Lithiumgewinnung aber nicht ungewöhnlich hoch. Um das Lithium für eine große Elektroautobatterie zu gewinnen, verbraucht man gerade einmal so viel Wasser wie für ein Kilogramm Rindfleisch oder eine Jeans. In der Forschung wird derzeit auch an Verfahren zur Lithiumgewinnung ohne Wasserverdunstung gearbeitet. Insofern sind die viel kritisierten Umweltprobleme bei der Lithiumgewinnung nicht unbedingt größer als bei anderen Produkten, und es gibt immerhin Lösungsansätze für eine völlig umweltfreundliche Produktion.

»Für die Herstellung des Lithiums für eine große Autobatterie braucht man so viel Wasser wie für ein Kilogramm Rindfleisch oder eine Jeans.«

Werfen wir den letzten Blick auf den dritten, häufig kritisierten Rohstoff: Kobalt. Etwa 50 Prozent des weltweit verwendeten Kobalts kommen aus der Demokratischen Republik Kongo. Es ist ein sehr armes Land, Kinderarbeit gehört dort zum Alltag. Kobalt wird in vielen Lithiumbatterien eingesetzt, aber auch im Verbrennerauto für den Motorenblock, genauso wie in Metalllegierungen in Flugzeugtriebwerken und einigen Produkten der chemischen Industrie. Während es beim Elektroauto wegen des Kobalts einen Riesenaufschrei gab, käme niemand auf die Idee, Flugzeuge, Benzinautos oder bestimmte chemische Produkte zu boykottieren. Warum eigentlich nicht? Der Druck auf die Elektroautohersteller hat schon Wirkung gezeigt. Viele Hersteller versuchen Kobalt direkt bei Minen oder zertifizierten Anbietern zu kaufen, damit sie nicht mehr in Verbindung mit Kinderarbeit gebracht werden können. Inzwischen gibt es auch schon die ersten kobaltfreien Autobatterien. Wünschenswert wäre, wenn wir auch bei anderen Produkten durch den Druck von Verbraucherinnen und Verbrauchern die Kinderarbeit reduzieren könnten, etwa bei der Schokolade, denn in der Kakaoproduktion arbeiten über zwei Millionen Kinder, teils sogar als Kindersklaven. Mit einem Aufpreis von wenigen Cent pro Tafel Schokolade ließen sich diese erbärmlichen Zustände beenden, wenn das Geld den Menschen im Kakaoanbau zugutekäme. Nicht fair gehandelte Billigschokolade, die mit hoher Wahrscheinlichkeit mit Hilfe von Kinderarbeit hergestellt wurde, wird von vielen Menschen aber immer noch bedenkenlos gekauft. Es ist also wichtig, das Thema Kinderarbeit und ethische Produktion insgesamt anzugehen und es nicht nur auf das Thema Elektroauto zu reduzieren.

Ein weiteres Argument gegen das Elektroauto behauptet, man könne Elektroautobatterien nicht recyceln. Weil Elektroautobatterien noch relativ neu sind und darum noch sehr wenige zurückgegeben werden, sind die Recyclingmöglichkeiten noch nicht optimal ausgebaut. Mit einer zunehmenden Verbreitung des Elektroautos wird sich das aber schnell ändern. Dem deutschen Unternehmen Duesenfeld gelingt es bereits heute, bei den Batteriezellen eine Recyclingquote von 91 Prozent zu erreichen.

Es gibt also durchaus Umweltprobleme auch beim Elektroauto, sie sind aber lösbar. Künftige Batterietechnologien werden sich deutlich von den heutigen unterscheiden. Die Automobilhersteller arbeiten beispielsweise mit Hochdruck an der Feststoffbatterie. Diese könnte das Batteriegewicht, den Materialeinsatz und damit die Umweltprobleme noch einmal mindestens halbieren. Es ist darum völlig unverständlich, warum gerade Besitzer:innen von Benzin- und Dieselautos gerne mit dem Finger auf das Elektroauto zeigen. Die Umweltverschmutzungen bei der Förderung und dem Transport von Erdöl erreichen eine ganz andere Dimension. Die Liste der Erdölunfälle mit dramatischen Auswirkungen für die Natur und Umwelt ist lang. Dabei brauchen wir nicht einmal Unfälle. Allein durch die normale Erdölförderung und die Nutzung des Erdöls landen gigantische Mengen an Erdöl im Meer. Marode Pipelines verseuchen ganze Landstriche. In Kanada werden Ölsande im Tagebauverfahren abgebaut. Zuvor werden boreale Wälder abgeholzt, beim Abbau selbst gigantische Mengen an Wasser verseucht. Wer also aus Umweltgesichtspunkten ein Problem mit dem Elektroauto hat, darf auf keinen Fall weiter ein Verbrennerauto fahren. Die einzige, konsequente Lösung wäre der Verzicht aufs Auto.

Nun werden wir aber in den nächsten zehn bis 20 Jahren nicht auf alle Autos verzichten können. Gerade im ländlichen Raum wird der öffentliche Personenverkehr in solch kurzen Zeiträumen nicht überall einen angemessenen Ersatz schaffen können. Auch aus anderen Gründen, zum Beispiel für den Transport von Menschen mit eingeschränkter Mobilität, werden wir Autos brauchen. Darum müssen wir für den Klimaschutz auf zwei Säulen setzen: Priorität muss die Reduktion der Zahl der Autos haben. Die Autos, die dann noch unterwegs sind, dürfen kein Benzin und keinen Diesel mehr verbrennen. Am einfachsten ließe sich das durch einen sofortigen Zulassungsstopp für diese Autos erreichen. Allein mit einer CO_2-Steuer und Kaufanreizen für Elektroautos wird der nötige Wandel nicht ausreichend schnell erreichbar sein.

»Anstatt über eine CO_2-Steuer und Kaufprämien für Elektroautos sollten wir über schnellstmögliche Zulassungsstopps für neue Benzin- und Dieselautos diskutieren.«

Die angeblich unzureichende Ladeinfrastruktur ist für viele Menschen ein Argument, sich kein Elektroauto anzuschaffen. Wir fahren selbst seit zwei Jahren ein Elektroauto und haben beim Laden unterwegs noch nie Probleme gehabt. In den meisten Fällen laden wir die Batterie sowieso zu Hause, extrem preiswert mit eigenem Solarstrom. Die Vielzahl der Anbieter und ihre unterschiedlichen Angebote für das Laden unterwegs sind verwirrend, hier muss die Politik so schnell wie möglich Klarheit schaffen. Zur Not kann man ein Elektroauto aber auch an einer der unzähligen ganz normalen Steckdosen nachladen. Das dauert zwar etwas, aber die Angst, liegen zu bleiben, ist darum völlig unberechtigt. Ladestationen für Elektroautos sind eigentlich nichts anderes als intelligente Steckdosen mit hohen Leistungen, die sich in kürzester Zeit installieren lassen. Wenn künftig wesentlich mehr Elektroautos unterwegs sind, muss natürlich die öffentliche Ladeinfrastruktur auch stark ausgebaut werden. Am Bau von Steckdosen sollte die Energierevolution nun aber wirklich nicht scheitern.

Immer wieder wird vor dem Zusammenbruch der Stromnetze gewarnt, wenn wir massiv auf Elektroautos setzen. Gehen wir einmal davon aus, dass es uns gelingt, die Zahl der Autos in Deutschland auf 30 Millionen zu reduzieren. Wenn alle Elektroautos dann jeweils genauso viel fahren wie heutige Verbrenner, brauchen sie dafür zusätzlichen Strom in der Größenordnung von rund 15 Prozent des derzeitigen Strombedarfs. Das müssen wir beim Ausbau erneuerbarer Energien berücksichtigen, was wir aber bei der Beantwortung der Frage »Wie viel Photovoltaik und Windkraft brauchen wir?« bereits getan haben. Vor unlösbare Probleme sollte uns dieser Ausbau also nicht stellen.

Dann bleibt zum Schluss nur noch die Frage, ob die Netze zusammenbrechen, wenn alle Autos gleichzeitig laden. Interessant ist, dass solche Fragen praktisch nie von denen gestellt werden, die das eigentlich wissen sollten: den Netzbetreibern. Sie kennen nämlich die Antwort. Sie lautet: Ja. Sorgen wegen der Zunahme der Elektromobilität haben sie aber trotzdem nicht. Würden nämlich alle Verbrennerautos in Deutschland gleichzeitig zum Tanken fahren, würde der Verkehr genauso zusammenbrechen und an vielen Tankstellen wäre auch dort der Sprit schnell zu Ende. Und wenn alle Menschen in Deutschland genau gleichzeitig ihren Staubsauger, Fön oder Toaster anschalten würden, käme es zu einem europaweiten Blackout. Weil das aber bei Föns, Toastern oder auch Verbrennerautos nie passiert, wird das auch nie bei Elektroautos der Fall sein. All die genannten Systeme werden nicht darauf ausgelegt, dass sie alle Menschen gleichzeitig nutzen können. Das würde viel zu viel Geld kosten. Über Gleichzeitigkeitsfaktoren, die auf Erfahrungswerten basieren, wird die maximal zu erwartende Anzahl an gleichzeitigen Nutzer:innen abgeschätzt. Darauf werden die Systeme dann ausgelegt. Genauso wird es künftig auch bei Elektroautos sein. Die einen laden nach der Arbeit um 18 Uhr, andere kommen eine Stunde später nach Hause. Wieder andere laden am Vormittag bei der Arbeitsstelle, und noch einmal andere haben frei und laden tagsüber. Werden an einer Stelle besonders viele Ladestationen errichtet, kann es natürlich notwendig sein, dort die Netze zu verstärken. Das haben die Netzbetreiber aber auf dem Schirm. Eine Alternative ist auch das gesteuerte Laden. Die Ladestationen stimmen sich dann untereinander ab und stellen den Autos eine leicht reduzierte Ladeleistung zur Verfügung, oder sie verschieben die Ladung zeitlich. Künftig wird es auch spezielle grüne Autoladetarife geben. Wenn besonders viel grüner Strom aus Windkraft- oder Photovoltaikanlagen im Netz ist, wird der Ladestrom besonders günstig. Voreingestellte Ladestationen starten dann automatisch das Laden der angeschlossenen Autos. Ist das Angebot an erneuerbarem Strom knapp, verteuert sich der Ladestrom und nicht notwendige Ladungen werden gestoppt. Solche Lösungen sind bereits heute verfügbar. Wenn man unsere gut ausgebildeten Ingenieurinnen und Ingenieure einfach ihren Job machen ließe, wird es auch nicht dunkel, wenn wir alle Elektroauto fahren.

Neben dem Individualverkehr müssen wir aus Klimaschutzgründen auch den kompletten öffentlichen Personenverkehr auf Elektroantriebe umrüsten. Den geringsten Ressourcenverbrauch hat die Schiene. Aber die Möglichkeiten der Kapazitätssteigerung auf den bestehenden Schienennetzen sind begrenzt, und ein Neubau von Bahntrassen dauert in Deutschland ähnlich lange wie der Neubau von Hochspannungsleitungen. Das ist kein Grund, auf den Ausbau des

Schienennetzes zu verzichten. Die Straße wird darum aber auch künftig eine wichtige Rolle spielen. Elektrobusse sind hier die Lösung für den Klimaschutz. Für den Stadtverkehr gibt es bereits Lösungen, bei denen die Busse an wichtigen Haltestellen nachgeladen und nachts im Depot wieder komplett vollgeladen werden. Auch Wasserstoffbusse werden als eine mögliche Option gesehen. Aus den bereits erwähnten Kostengründen sind aber batterieelektrische Busse auf den üblichen kürzeren Stecken im Stadtverkehr heute klar im Vorteil. Sind die Busse täglich auf langen Strecken unterwegs, hat der Wasserstoffbus wegen der häufigeren nötigen Batterieladezeiten heute noch gewisse Vorteile. Da sich aber die Batterietechnologie schnell weiterentwickelt, könnten auch hier batterieelektrische Busse die Wasserstoffbusse bald wieder verdrängen.

Eine Achillesferse der Verkehrswende ist der Güterverkehr. Hier muss man zwischen Güternah- und Güterfernverkehr unterscheiden. Der Güternahverkehr, beispielsweise der Lieferverkehr in der Stadt, lässt sich hervorragend auf Elektromobilität umrüsten. Die Tagesstrecken sind kurz genug, dass Akkus nur einmal täglich nachgeladen werden müssen. Die Deutsche Post hat bereits einen Teil ihrer Fahrzeugflotte auf Elektrotransporter umgerüstet und damit gezeigt, dass eine Umrüstung machbar ist. Eine größere Herausforderung ist der Güterfernverkehr. Während bei PKWs der Wasserstoffantrieb bestenfalls noch eine Chance auf Nischenanwendungen hat und darum kaum mehr Hersteller auf diese Technologie setzen, ist die Entwicklung bei den LKWs noch nicht ganz so eindeutig. Bei den Lastkraftwagen gibt es prinzipiell drei konkurrierende Konzepte für den klimaneutralen Straßengüterverkehr. Tesla ist mit seinem Semi-Truck das erste Unternehmen, das medienwirksam Batterie-LKWs anbietet. Auch der Volkswagen-Konzern setzt ausschließlich auf die Batterietechnologie. Daimler und Volvo favorisieren hingegen die Wasserstofftechnologie. Mit der Wasserstofftechnologie sind derzeit längere Strecken ohne Nachladung möglich. Allerdings kauft man mit dem Wasserstoff eben auch die schon beschriebenen Nachteile der Technologie ein: hohe Effizienzverluste und damit auch hohe Kosten. Da die Batterietechnologien schnell große Fortschritte machen und mittelfristig auch Batterie-LKWs mit Reichweiten von 1000 Kilometern denkbar sind, ist fraglich, ob der Wasserstoff am Ende die in ihn gehegten Erwartungen erfüllen wird.

Möglicherweise ist der lachende Dritte aber der schon zuvor erwähnte Hybrid-Laster. Entlang der rechten Autobahnspur werden dazu auf den Hauptrouten des Autobahnnetzes Oberleitungen installiert, wie man sie auch von der Bahn her kennt. Erkennt nun ein LKW eine Oberleitung, fährt er automatisch Stromabnehmer aus. Soll der LKW auf Strecken ohne Oberleitung fahren, kommt wieder eine Batterie zum Einsatz. Da diese Strecken kurz sein werden, kann die Batterie deutlich kleiner als beim reinen Batterie-LKW ausfallen. Das macht die Fahrzeuge deutlich billiger und auch umweltfreundlicher. Erste Teststrecken in Deutschland wurden bereits gebaut. Rund eine Million Euro muss man pro Kilometer für die Elektrifizierung der Autobahn veranschlagen. Das ist ein vergleichsweise überschaubarer Betrag. Einen Plan für den schnellen flächendeckenden Bau von Oberleitungs-Autobahnen hat die Politik aber nicht. Da sich Deutschland bei Infrastrukturprojekten immer schwertut, ist zu befürchten, dass am Ende diese Technologie trotz aller Vorzüge doch nicht flächendeckend zum Einsatz kommt. Dafür bräuchte man jetzt einen schnellen Bau der Oberleitungsstrecken. LKWs sind im Schnitt über 20 Jahre unterwegs. Darum wäre es für den Klimaschutz enorm wichtig, möglichst schnell zu verhindern, dass immer noch neue Diesel-LKWs auf die Straße kommen. Diese LKWs weiter zu fahren und dann irgendwann einmal den Dieseltreibstoff durch klimaneutrale E-Fuels zu ersetzen wird vermutlich ein reiner Wunschtraum bleiben. Ein mit E-Fuels betankter Diesel-LKW dürfte mittelfristig kaum eine Chance haben, gegen Batterie- oder auch Wasserstoff-LKWs zu konkurrieren. Für Unternehmen mit einer großen und modernen Diesel-LKW-Flotte könnte das früher oder später zu einem bösen Erwachen führen. Darum ist es wichtig, dass die Politik auch hier möglichst bald einen klaren Fahrplan für eine schnelle Klimaneutralität vorgibt, um Planungssicherheit zu geben.

Eine noch größere Herausforderung für das schnelle Erreichen der Klimaneutralität ist der Flug- und Schiffsverkehr. Rund drei Prozent der weltweiten Kohlendioxidemissionen stammen vom Schiffsverkehr. Da Schiffe heute oft sehr lange Strecken ohne Lademöglichkeiten für Batterien fahren, wird man dort an synthetischen, klimaneutralen Treibstoffen nicht vorbeikommen. Das haben wir bereits im Kapitel zum Wasserstoff erläutert. Die Politik muss im Schiffsverkehr auch den weltweiten verpflichtenden Einsatz dieser Treibstoffe durchsetzen. Beim Flugverkehr haben wir eine Reduktion der Treibhausgasemissionen hingegen oftmals selbst in der Hand. Dennoch fällt es vielen Menschen schwer, auf Flüge zu verzichten. Grund genug, dem Thema Fliegen das nächste Kapitel zu widmen.

WIE GEHT FLIEGEN
IN DER KLIMAKRISE?

Fliegen gehört zu den heißen Eisen beim Thema Klimaschutz. Wir leben in einer globalisierten Welt. Arbeitswelten sind international vernetzt und Familien über den Globus verstreut. Das Flugzeug bringt uns zusammen. Unser Reiseverhalten hat sich in den letzten 30 Jahren drastisch verändert. Während Flugreisen früher die Ausnahme waren, sind Urlaubsflüge mehrmals im Jahr keine Seltenheit mehr – zumindest in den reichen Ländern der Erde. Das Flugzeug ist nämlich immer noch ein sehr elitäres Verkehrsmittel. Es sind nur wenige Prozent der Weltbevölkerung, die mit ihren Flügen einen enormen Klimaschaden anrichten. Schnelle Lösungen, die einen völlig klimaneutralen Flugverkehr versprechen, sind nicht in Sicht. Bleibt die Frage: Darf man in der Klimakrise noch fliegen?

Den meisten Menschen ist der extrem negative Klimafußabdruck des Flugverkehrs oftmals gar nicht bewusst. Volker lässt seine Studierenden im ersten Semester immer mit dem CO_2-Rechner des Umweltbundesamts (2021b) ihren persönlichen Kohlendioxidfußabdruck ausrechnen. Unter dem folgenden Link können Sie, liebe Leserinnen und Leser, das auch machen: https://uba.co2-rechner.de

Jeder von uns in Deutschland verursacht laut Umweltbundesamt rund elf Tonnen an Kohlendioxidäquivalenten pro Jahr. Dabei wird die Klimawirkung aller Treibhausgase berücksichtigt, also nicht nur die von Kohlendioxid. Bei den Studierenden liegen die Werte meistens deutlich unter elf Tonnen. Sie haben in der Regel ein geringeres Einkommen, konsumieren darum weniger und haben meist eine kleinere Wohnung, die weniger Heizenergie braucht. Aber es gibt jedes

Semester immer auch Ausreißer nach oben. Manche Studierende verursachen zwölf, 15 oder gar über 20 Tonnen an Treibhausgasemissionen pro Jahr. Für Studierende, die oberhalb des Bundesdurchschnitts liegen, lautet dann immer die klärende Frage: »Wohin sind Sie denn geflogen?« Es ist immer der Flugverkehr, der die Klimabilanz der Studierenden ruiniert. Das zeigt, wie groß tatsächlich der Einfluss des Fliegens ist.

Ein Urlaubstrip von Berlin nach Palma de Mallorca schlägt schon mit fast einer Tonne an zusätzlichen Treibhausgasemissionen zu Buche. Von Frankfurt nach New York und zurück sind es schon 3,6 Tonnen, nach Bangkok 6,2 Tonnen und nach Buenos Aires gut acht Tonnen. Wer einmal auf die andere Seite der Erde nach Australien oder Neuseeland fliegt, verdoppelt locker seinen jährlichen persönlichen Klimafußabdruck.

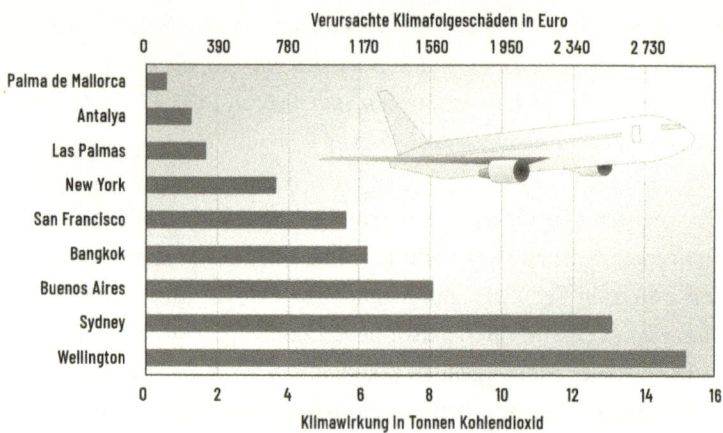

BILD 16 Klimawirkung bei Hin- und Rückflug von Frankfurt sowie verursachte Klimafolgeschäden (Daten: atmosfair.de, $RFI = 3$, Klimafolgeschäden 195 €/t CO_2)

Mit Flügen überschreiten wir sehr schnell die Menge an Treibhausgasen, die wir persönlich noch ausstoßen dürfen. Wenn wir das im Kapitel zum Pariser Klimaschutzabkommen genannte Kohlendioxidbudget von 4,2 bis 6,7 Gigatonnen für Deutschland pro Kopf herunterrechnen, dürfen wir alle gerechnet ab Anfang 2020 eigentlich nur noch 50 bis 80 Tonnen Kohlendioxid im gesamten Leben verursachen, je nachdem, ob wir die globale Erwärmung auf 1,5 oder 1,75 Grad Celsius begrenzen wollen. Drei Flüge bis nach Australien und das Budget für 1,5 Grad Celsius ist weg, bei sechs Flügen haben sich auch die 1,75 Grad Celsius erledigt.

> *»Die Flüge der Deutschen haben einen Anteil von*
> *rund zehn Prozent am von Deutschland verursachten*
> *jährlichen Klimaschaden.«*

In der Summe verursachen alle Flüge weltweit fünf bis acht Prozent des vom Menschen gemachten Treibhauseffekts. Flüge von Deutschen machen etwa zehn Prozent Anteil am Einfluss Deutschlands aus. Das ist schon beeindruckend und entwickelt sich langsam in die Größenordnung des Autoverkehrs. Oft wird betont, Fliegen sei für die Klimakrise nicht sonderlich relevant. Diese Zahlen zeigen: Das stimmt nicht. Während der Coronapandemie war der Anteil des Flugverkehrs am Klimaschaden shutdownbedingt geringer. Es ist aber zu erwarten, dass die Zahlen schon bald wieder Vorkrisenniveau erreichen.

Radiative Forcing Index und Chemtrails

Viele Fluggesellschaften würden die hier genannten Zahlen zum Klimaschaden stark anzweifeln. Sie behaupten, nur drei Prozent der deutschen Treibhausgasemissionen stammen vom Flugverkehr. Weltweit wären es sogar noch weniger. Diese Werte findet man meist auch in offiziellen Statistiken. Grund genug, ein wenig Licht in das Dunkel des Zahlengewirrs zu bringen.

Bei den genannten drei Prozent für Deutschland wird nur das Kohlendioxid betrachtet. Es wird zuerst die Menge an Kerosin ermittelt, die der Flugverkehr verbraucht. Damit wird dann die Kohlendioxid-menge bestimmt, die entstehen würde, wenn man das Kerosin am Boden verbrennt. Wird das Kerosin aber in Flugzeugturbinen in einigen Kilometern Höhe verbrannt, ist der Einfluss auf das Klima deutlich größer als bei der Verbrennung am Boden. Wie viel stärker der Treibhauseffekt durch die Verbrennung in der Höhe angefeuert wird, lässt sich durch den sogenannten Radiative Forcing Index (RFI) ausdrücken.

Wird Kerosin in großer Höhe verbrannt, entstehen neben Kohlendioxid auch Wasserdampf und Rußpartikel. Die Rußpartikel wirken als Kondensationskeime. An ihnen kann der Wasserdampf kondensieren. Es bilden sich Kondensstreifen und Cirruswolken, also Eiswolken, die einen zusätzlichen Effekt auf den Treibhauseffekt haben. Wie groß dieser Effekt ist, ist in der Wissenschaft noch nicht ganz eindeutig geklärt. Es ist schwer, den Effekt über Experimente zu bestimmen. Viele Studien basieren auf Abschätzungen oder Berechnungen, die ziemlich auseinandergehen. Die Luftfahrtlobby setzt den RFI einfach dreist auf eins. Sie ignoriert damit völlig den zusätzlichen Effekt durch die Eiswolkenbildung, der unbestritten existiert. Nur die exakte Höhe des Effekts lässt sich nicht eindeutig angeben. Laut Umweltbundesamt (2012) liegt der RFI zwischen drei und fünf. Das bedeutet: Durch die Verbrennung des Kerosins in der Flughöhe entsteht eine Treibhauswirkung, die drei- bis fünfmal so groß ist wie bei der Verbrennung der gleichen Menge an Kerosin am Boden. Damit werden aus den von den Fluggesellschaften genannten, harmlos klingenden drei Prozent am Ende doch recht bedeutende zehn Prozent, möglicherweise sogar noch mehr.

»Durch die Verbrennung des Kerosins in der Flughöhe entsteht eine Treibhauswirkung, die drei- bis fünfmal so groß ist wie bei der Verbrennung der gleichen Menge an Kerosin am Boden.«

Was die Kondensstreifen betrifft, gibt es übrigens neben den wissenschaftlichen Fakten auch noch recht absurde Verschwörungstheorien. Dunkle Mächte würden absichtlich Chemikalien in der Atmosphäre versprühen, um Teile der Menschheit zu vergiften oder um das Wetter oder gar das Klima zu beeinflussen. Die Kondensstreifen würden als Chemtrails dieses Treiben sichtbar machen. Verbrennungsabgase könnten sich gar nicht so lange als Spuren am Himmel halten. Dabei gibt es einfache physikalische Gründe für das Entstehen von Kondensstreifen. Flugzeuge fliegen in sehr großen Höhen mit niedrigen Außentemperaturen und geringer Luftdichte. Stößt ein Flugzeug nun in dieser Höhe große Mengen an Wasserdampf aus, kann die Luft diese oft nicht mehr aufnehmen, da sie schon weitgehend gesättigt ist. Dann bilden sich Eiskristalle. Es kann sogar einige Stunden dauern, bis die Luft wieder in der Lage ist, das zusätzliche Wasser aufzunehmen. So lange bleiben die Kondensstreifen für alle gut sichtbar am Himmel. Das ist Physik und keine Verschwörung. Eine direkte Gefahr für uns Menschen geht von den Kondensstreifen nicht aus. Die indirekte Gefahr durch das Verstärken des Treibhauseffekts ist aber nicht unerheblich.

Zurück zum Klimafußabdruck: Zehn Prozent Anteil des Flugverkehrs am deutschen Treibhauseffekt sind ganz schön viel. Dabei ist auch noch zu bedenken, dass selbst vor der Coronakrise nicht einmal die Hälfte der Deutschen überhaupt geflogen ist. Das Auto wird hingegen von fast allen Menschen genutzt. Vergleicht man die Klimawirkung jener Menschen, die das Flugzeug nutzen, mit der des Autofahrens, liegt das Fliegen sogar deutlich vorne. Vor der Coronakrise ist man davon ausgegangen, dass sich der Flugverkehr weltweit alle 20 Jahre verdoppelt. Vermutlich wird es nun nicht ganz so schlimm kommen. Dennoch müssen wir derzeit eher mit steigenden als mit sinkenden Flugverkehrszahlen rechnen. Bei stark steigenden Zahlen würde der Flugverkehr, wie wir ihn heute kennen, alle Klimaschutzbemühungen in anderen Bereichen wieder zunichtemachen.

Für wirksamen Klimaschutz müssen wir deshalb auf eine Reduktion des Flugverkehrs hinwirken. Weltweit ist Fliegen sowieso ein reines Luxusproblem. Geflogen wird vor allem von Menschen in den reichen Ländern. Flugverbote oder wenigstens Flugreduktionen werden hierzulande heiß diskutiert. Wenn man in einem armen Land in Afrika das Fliegen verbieten würde, würde der überwiegende Teil der Bevölkerung mit der Schulter zucken: »Gut, dann darf der Minister halt nicht mehr fliegen.« Besonders groß ist der Einfluss von Vielflieger:innen. Ein Prozent der Menschen verursacht 25 Prozent des Flugverkehrs weltweit. In einer Talkshow legte 2019 der VW-Chef Herbert Diess seinen persönlichen Kohlendioxidfußabdruck offen: 1300 Tonnen kommen bei ihm pro Jahr zusammen. Noch einmal im Vergleich: Elf Tonnen sind es im deutschen Durchschnitt. Im Wesentlichen dürfte die Vielzahl an Businessflügen für diese Negativbilanz verantwortlich sein. Doch man muss nicht zu den Vielflieger:innen zählen, um einen großen Klimaschaden zu verursachen. Nach einer Untersuchung von Gössling und Humpe (2020) sind gerade einmal elf Prozent der Weltbevölkerung für den Klimaschaden aller Flüge verantwortlich. 89 Prozent der Weltbevölkerung verursacht gar keine Klimaschäden durch Fliegen. In der Summe richtet auch der jährliche Urlaubsflug der reichen Länder einen großen Schaden an.

> *»Klimaschäden durch Fliegen sind ein elitäres Problem: Nur elf Prozent der Weltbevölkerung verursachen die Klimaschäden ALLER Flüge.«*

Am Boden bleiben

Wir, Cornelia und Volker, fliegen deshalb seit einiger Zeit nicht mehr. Wir haben mehrere Jahre in Spanien gelebt und sind damals ein- bis zweimal im Jahr geflogen, um die Familie in Deutschland zu besuchen. Dazu kamen noch etliche dienstliche Flüge. Wirklich angenehm haben wir das Fliegen nicht in Erinnerung. Das Fliegen mit kleinen

Kindern kann zur Tortur werden. Für Eltern, deren Kinder nicht einschlafen wollen oder die beim Starten und Landen wegen Ohrproblemen vor Schmerzen schreien, kann der Flug zum Horrortrip werden. Es ist erstaunlich, dass so viele Menschen das Fliegen toll finden. Vermutlich bedient es die Sehnsucht nach verklärten Fernreisezielen. Im Endeffekt ist Fliegen aber nur das Mittel zum Zweck: Man kommt relativ schnell von A nach B zu Zielen, die sonst nur deutlich mühseliger zu erreichen wären. Ein paar Minuten des Fluges können ganz schön sein, wenn man eine tolle Aussicht und einen Fensterplatz hat. Aber Hand aufs Herz: Der Rest ist alles andere als ein Reisevergnügen. Oft muss man zu unchristlichen Zeiten am Flughafen sein, am Securitycheck einen Striptease hinlegen und vorher alle Getränke abgeben. Durstig zwängt man sich dann in den Flieger und kann am Sitzplatz das Gefühl der Käfighaltung von Industriehühnern nachvollziehen. Wenn die Sitzplätze nebenan dann von Menschen mit etwas mehr Körperfülle belegt werden und der Fluggast davor es sich im ganz zurückgelehnten Sitz bequem macht, sollte man auf jeden Fall keine Platzangst haben. Beim Essen und Trinken muss man aufpassen, dass man sich die Klamotten nicht ruiniert oder die Mitreisenden einem Tomatensaft über den Schoß kippen.

Heute sind wir froh, dass wir auf dieses »Vergnügen« ganz verzichten können. Wir haben früher auch ab und zu Urlaubsreisen mit dem Flugzeug gemacht, aber irgendwann konnten wir das nicht mehr mit unserem Gewissen vereinbaren. Denn es ist absurd: Wir haben immer wieder unseren persönlichen Fußabdruck ausgerechnet und konnten ihn durch eine klimaneutrale Heizung, eigene Photovoltaikanlage und optimierte Ernährungs- und Konsumgewohnheiten immer weiter reduzieren. Ein Urlaubsflug hat dann aber alle Bemühungen in wenigen Stunden wieder zunichtegemacht. Natürlich findet sich immer eine Ausrede: »Ich achte das ganze Jahr auf Klimaschutz. Damit habe ich mir den Urlaubsflug verdient.« Nein. Dann ist man nur genauso gut unterwegs wie Menschen, denen Klimaschutz völlig egal ist, die aber wegen Flugangst den Flieger meiden.

Spannend sind die politischen Diskussionen über das Fliegen. Politikerinnen und Politiker und andere Menschen fordern gerne, dass sich auch ärmere Menschen künftig den Urlaubsflug nach Mallorca leisten können müssen. Die Forderung an sich ist allerdings einigermaßen zynisch. Die ganz armen Menschen in unserer Gesellschaft konnten sich nämlich noch nie einen Urlaubsflug leisten, und das wird auch in Zukunft so bleiben. Wer Klimaschutz wirklich ernst meint, sollte besser fordern, dass auch reichere Menschen künftig möglichst nicht mehr in den Urlaub fliegen. Das bedeutet nicht, dass alle Menschen künftig auf Balkonien Urlaub machen müssen. Viele spannende Urlaubsziele lassen sich auch mit der Bahn erreichen. Leider hat die Deutsche Bahn ihre Nachtzugverbindungen 2016 komplett eingestellt. Die Österreichischen Bundesbahnen ÖBB haben einen Teil der Verbindungen gerettet. Wien, Zürich, Rom oder Brüssel sind darum immer noch bequem mit dem Nachtzug erreichbar. Inzwischen gibt es auch Beschlüsse, das Nachtzugnetz wieder auszubauen. So lassen sich auch größere Reiseentfernungen im Schlaf überwinden. Generell sind Urlaubsflüge eine fragwürdige Errungenschaft der jüngeren Zeit. Vor 30 oder 40 Jahren waren Urlaubsflüge hingegen eher noch die Ausnahme. Sie waren damals einfach zu teuer. Urlaube haben die Menschen trotzdem gemacht, und viele haben auch sehr gute Erinnerungen daran. Um einen schönen und erholsamen Urlaub zu verbringen, muss man definitiv nicht fliegen. Wer von uns hat schon alle deutschen Nationalparks und alle Hauptstädte unserer europäischen Nachbarländer gesehen?

Immer mehr Unternehmen versuchen, ihrer Klimaschutzverantwortung gerecht zu werden und das Fliegen einzuschränken. Die Hochschule für Technik und Wirtschaft Berlin (HTW Berlin) hat als erste Hochschule Deutschlands klimaverträgliche Reiserichtlinien festgelegt. Alle Reiseziele, die in sechs Stunden mit der Bahn zu erreichen sind, dürfen nicht mehr angeflogen werden. Die Hochschule für nachhaltige Entwicklung Eberswalde hat die Messlatte mit zehn Stunden noch höher gelegt. Ein wirklicher Zeitverlust entsteht dabei nicht.

Die An- und Abreisezeiten zum Flughafen sind meist deutlich länger als zum Bahnhof, und die Zeit im Zug lässt sich gut als Arbeitszeit nutzen. Wenn dann hoffentlich in wenigen Jahren der geplante Mobilfunkausbau entlang der Bahntrassen fertiggestellt ist, lässt sich alles Geschäftliche auch von unterwegs aus erledigen.

> *»Die Klimaschäden durch einen Flug von Hamburg nach München sind pro Person mehr als 300-mal so groß wie durch eine längere Videokonferenz.«*

Die Regel sind solche Reiserichtlinien aber noch lange nicht, und bei Reiseentfernungen von mehr als 1000 Kilometern wird kaum noch ein Unternehmen verpflichtend die Bahn vorschreiben. Es bleibt zu hoffen, dass der Digitalisierungsschub durch die Coronakrise hilft, die Zahl der Geschäftsreisen dauerhaft zu reduzieren und durch Onlinemeetings zu ersetzen. Der Stromverbrauch des Internets steigt immer schneller an und damit auch die verbundenen Kohlendioxidemissionen. Darum haben Videokonferenzen inzwischen auch einen schlechten Ruf, was ihre Klimabilanz angeht. Aber selbst eine recht lange Videokonferenz verursacht in der Regel weniger als ein Kilogramm, also 0,001 Tonnen, Kohlendioxid pro Person. Das sind Emissionswerte, die sich derzeit nicht einmal mit der Bahn erreichen lassen. Im Vergleich zu den Emissionen eines Geschäftsfluges spielen sie praktisch keine Rolle. Die Klimabilanz eines Fluges wird auch nicht besser, wenn man versucht, diese hinter den Emissionen des Internets zu verstecken.

Kompensation und modernder Ablasshandel

Wenn sich trotz der Möglichkeiten der Digitalisierung eine Flugreise nicht vermeiden lässt, setzen einige auf die Kompensation der Kohlendioxidemissionen. Andere sehen darin hingegen eine neue Variante des Ablasshandels. Die Verheißung ist erst einmal gut: Wir können weiterhin mit gutem Gewissen fliegen, indem wir mit unserem Geld an anderer Stelle so viel Kohlendioxid einsparen, wie der Flug verursacht. Bei der Kompensation gibt es große Unterschiede. Die billigste Art der Kompensation ist, Bäume zu pflanzen. Einfach nur einen Setzling in die Erde stecken löst das Problem aber nicht. Auf die Hürden bei der Wiederaufforstung haben wir schon in den vorigen Kapiteln hingewiesen. Unternehmen wie atmosfair realisieren in der Regel regenerative Energieprojekte zum Einsparen von Treibhausgasemissionen. Das ist besser, aber auch nur eine Notlösung.

Durch den Flug ist das Kohlendioxid erst einmal in der Luft, der Klimaschaden irreversibel. Wenn wir von 195 Euro pro Tonne Kohlendioxid ausgehen, verursacht ein Flug von Deutschland nach Australien und zurück Klimafolgeschäden in der Größenordnung von 2500 Euro. Im Internet lässt sich dieser für 300 Euro oder weniger kompensieren. Bei Preisen in der Höhe der echten Klimafolgeschäden wäre die Kompensationskundschaft vermutlich recht überschaubar. Wirklich ehrlich sind die Dumpingpreise aber nicht. Meist werden Projekte in Entwicklungsländern realisiert, weil vergleichbare Projekte in Industrieländern viel teurer sind. Die Entwicklungsländer müssen aber auch bald ihre eigenen Emissionen senken. Wenn die günstigen Möglichkeiten für Reduktion den reichen Ländern angerechnet werden, wird für die Entwicklungsländer selbst Klimaschutz schnell teurer. Wollen wir das Pariser Klimaschutzabkommen einhalten, muss die Welt in gut 20 Jahren klimaneutral sein. Günstige Kompensationsmöglichkeiten wird es darum früher oder später ohnehin nicht mehr geben. Wer auf den Flug nicht verzichten will, aber trotzdem kompensieren möchte, sollte zumindest

eine Kompensation in der vollen Höhe der Klimafolgeschäden entrichten.

Mit Hilfe von Kompensationen können wir aber niemals klimaneutral werden. Schon bald wird jede Tonne Kohlendioxid eine Tonne
zu viel sein. Alle Flüge werden wir aber auch nicht vermeiden können.
Darum brauchen wir technische Lösungen für echtes klimaneutrales
Fliegen. Bei der heutigen Flugzeuggeneration kommen dafür nur alternative Treibstoffe infrage, also Biokerosin oder synthetische Treibstoffe.

Biokerosin und synthetisches Kerosin

Werfen wir erst einmal einen Blick auf Biokerosin. Biokerosin wird
aus Pflanzenölen wie Rapsöl oder Palmöl oder aus Algen hergestellt.
Die Pflanzen sollen beim Wachsen genau die Menge an Kohlendioxid
binden, die bei der Verbrennung des Biokerosins wieder frei wird. Bereits in den letzten Kapiteln haben wir erläutert, dass die Anbauflächen für die Herstellung von Biotreibstoffen überschaubar sind. Ob
sie für die gesamte weltweite Flugzeugflotte reichen, ist mehr als fraglich. Bio bedeutet übrigens nicht, dass die Pflanzen biologisch angebaut werden. Bio steht hier nur für Biomasse. Oftmals sind die Anbau-
bedingung unter Umwelt- und Klimagesichtspunkten fragwürdig.
Dann kann Biokerosin mehr schaden als nützen. Außerdem entstehen
auch bei der Verbrennung von Biokerosin Wasserdampf und Rußpartikel. Das Treibhausgasproblem der Cirruswolken würde damit, möglicherweise leicht reduziert, weiterhin bestehen. Wenn man von einem RFI-Faktor von drei ausgeht, würde der Einsatz von Biokerosin
selbst bei besonders nachhaltiger Landwirtschaft die Treibhauswirkung des Flugverkehrs nur um etwa ein Drittel, in günstigen Fällen
um die Hälfte reduzieren. Das reicht für den Klimaschutz nicht aus.

Die zweite Option für den Klimaschutz sind synthetische Treibstoffe oder E-Fuels, also ein Kerosinersatz, der mit Hilfe von Strom aus

erneuerbaren Energien hergestellt wird. Die Nachteile haben wir im letzten Kapitel ausführlich erläutert. Diese Treibstoffe verschlingen enorme Mengen an Strom aus erneuerbaren Energien, der erst einmal zur Verfügung stehen muss. Außerdem sind sie sehr aufwändig herzustellen und damit sehr teuer. In den Wüstenregionen der Erde stehen aber ausreichend Flächen für die Erzeugung von E-Fuels mit Hilfe von Solarenergie zur Verfügung. Erfolgt der Ausbau der Solarenergie dort in einem ganz anderen Tempo als heute, wäre zumindest theoretisch denkbar, dass in wenigen Jahren auch größere Mengen an E-Fuels hergestellt werden könnten. Für deren Transport könnte auf die Transportmittel für Erdöl zurückgegriffen werden. Für den Einsatz im Straßenverkehr gibt es deutlich preiswertere Alternative. Darum ist es wenig wahrscheinlich, dass sie sich dort in größerem Umfang durchsetzen werden.

Anders sieht es im Flugverkehr aus. Eine signifikante Reduktion der Treibhausgasemissionen bei der bestehenden Flugzeugflotte lässt sich im Prinzip nur durch synthetische Treibstoffe realisieren. Neue Flugzeuge sind auf eine Lebensdauer von 25 bis 30 Jahren ausgelegt. Nicht selten werden betagte Flugzeuge von kleineren Airlines in ärmeren Ländern noch länger geflogen. Selbst wenn es uns schnell gelingen würde, klimaneutrale Flugzeuge zu bauen, werden wir noch sehr lange mit veralteten Flugzeugen leben müssen. Werden die synthetischen Treibstoffe mit Strom aus erneuerbaren Energien hergestellt, ist die Verbrennung in der Flugzeugturbine klimaneutral. Neben erneuerbarem Strom und Wasser benötigt man bei der Herstellung von synthetischem Kerosin noch große Mengen an Kohlendioxid. In der benötigten Größenordnung wird man dieses nur aus der Luft gewinnen können, was aber die Herstellung zusätzlich verteuert. Bei der Verbrennung von synthetischem Kerosin in der Flugzeugturbine wird genauso viel Kohlendioxid frei, wie bei der Treibstoffherstellung zuvor aus der Luft entnommen wurde. Neben Kohlendioxid entsteht bei der Verbrennung auch wieder Wasserdampf. Im Vergleich zu fossilem Kerosin ist die Menge an Rußpartikeln aber deutlich reduziert.

Das verringert auch die Bildung von klimaschädlichen Cirruswolken, da dem Wasserdampf dafür weniger Kondensationskeime zur Verfügung stehen. Ganz ohne Ruß und Cirruswolken gelingt aber auch die Verbrennung von synthetischem Kerosin derzeit nicht. Darum sind auch Flugzeuge, die mit synthetischem Kerosin betankt werden, nicht völlig klimaneutral unterwegs. Eine Reduktion der Klimawirkung des Flugverkehrs um bis zu 80 Prozent ist aber denkbar.

Eine weitere Reduktion der Klimaschäden ließe sich durch eine Anpassung der Flugrouten und Flughöhen erreichen. Sind Flugzeuge nur in Höhen unterwegs, in denen die Luft den Wasserdampf noch aufnehmen kann, ließe sich die Bildung von Cirruswolken ebenfalls vermeiden. Fliegen Flugzeuge in geringeren Höhen, kämpfen sie mit einem größeren Luftwiderstand. Die Reisezeit wird länger, und der Treibstoffbedarf nimmt zu. Beim Einsatz von synthetischen Treibstoffen hätte das dann aber keine negativen Auswirkungen auf den Treibhauseffekt. Die Kosten des Flugverkehrs würden freilich noch weiter steigen. In der Kombination synthetischer Treibstoffe und veränderter Flugrouten ließen sich aber auch mit herkömmlichen Flugzeugen über 90 Prozent der Klimawirkung reduzieren.

> *»Ein Flug von Frankfurt nach New York und zurück verbraucht pro Person 450 Liter Kerosin und verursacht Klimafolgeschäden von über 700 Euro. Beim Ersatz durch synthetisches Kerosin aus erneuerbaren Energien würde der Flug etwa um 500 Euro teurer.«*

Bleibt die Frage, um wie viel sich ein Flug dadurch verteuern würde. Mitte 2021 kostete ein Liter Kerosin gut 40 Eurocent, was fünf Cent pro Kilowattstunde entspricht. Für einen 12 400 Kilometer langen Flug von Frankfurt nach New York und zurück werden pro Person 450 Liter Kerosin oder drei volle Badewannen verbrannt. Nicht ganz 200 Euro muss die Airline heute allein für das Kerosin bezahlen. Agora Verkehrswende, Agora Energiewende und Frontier Economics (2018) gehen davon aus, dass der Preis für synthetisches Kerosin, das mit Photovoltaikstrom in Afrika hergestellt wird, von derzeit knapp 20 Cent pro Kilowattstunde auf 15 Cent pro Kilowattstunde im Jahr 2030 fallen wird. Damit wäre heute synthetisches Kerosin aber fast viermal so teuer und im Jahr 2030 immer noch rund dreimal so teuer wie fossiles Kerosin. Dazu kämen noch die Kosten für die optimierten Flugrouten, sodass unser Flug nach New York selbst unter optimistischen Annahmen im Jahr 2030 rund 500 Euro teurer wäre als heute. Das ist immerhin weniger als der heute verursachte Klimafolgeschaden. Schnäppchentickets nach New York sind heute noch für weniger als 400 Euro zu haben. Solche Zeiten wären dann passé. Weitgehend klimaneutrales Fliegen wäre etwa doppelt so teuer wie heute.

Alternative Antriebe als Zukunftsoption

Bis aber ausreichend synthetische Treibstoffe zur Verfügung stehen, werden einige Jahre vergehen. So lange bleibt der Flugverzicht die einzige Möglichkeit, den persönlichen Klimafußabdruck noch einigermaßen im Lot zu halten. Aber selbst wenn es uns gelingen würde, mit synthetischen Treibstoffen die Klimaschäden des Fliegens um 90 oder 95 Prozent zu reduzieren, würde bei einem Flug nach Australien immer noch bis zu einer Tonne an Kohlendioxidäquivalent verursacht. Wenn künftig immer mehr Menschen den Flieger benutzen, werden auch solch kleine Mengen irgendwann zum Problem. Die Suche nach komplett klimaneutralen Lösungen für das Fliegen muss also weitergehen.

Denkbar ist, die Flugzeugturbinen weiterzuentwickeln, um die Abgabe von Rußpartikeln ganz zu vermeiden. Vielversprechender sind aber auch andere Antriebsarten. Eine Möglichkeit wären Elektroflugzeuge. Eine Hochleistungsbatterie liefert dabei den Strom für einen Elektromotor, der einen Propeller antreibt. Mit heutigen Batterien lässt sich aber viel weniger Energie pro Kilogramm speichern als in einem Kerosintank. Bei der Batterieentwicklung werden derzeit aber sehr große Fortschritte gemacht. Mittelfristig ist zu erwarten, dass die Batteriekapazität so weit gesteigert wird, dass sie genug Energie für Kurzstreckenflüge und vielleicht auch Mittelstreckenflüge bereitstellen kann. Kommt der Strom zum Laden der Batterien ausschließlich aus erneuerbaren Energien, wäre das Flugzeug dann gänzlich klimaneutral unterwegs.

Eine Erdumrundung mit einem Elektroflugzeug ist dem Abenteurer Bertrand Piccard im Jahr 2016 bereits gelungen. Dazu ließ er das Flugzeug mit dem Namen »Solar Impulse« mit 72 Metern Flügelspannweite konstruieren, dessen Tragflächen mit Solarzellen zum Laden der Batterien bestückt waren. Die Reisegeschwindigkeit war aber mit rund 70 Kilometer pro Stunde sehr niedrig, und es konnte nur eine Person mitfliegen. Von der Massentauglichkeit ist dieses Flugzeug noch weit entfernt. Es zeigt aber, in welche Richtung sich die Technik entwickeln kann.

Denkbar ist auch, dass der gute alte Zeppelin eine zweite Blütezeit erlebt. Auf seiner großen Hülle gäbe es ausreichend Platz für Solarzellen für den klimaneutralen Antrieb. Aber auch hier wäre die Reisegeschwindigkeit deutlich niedriger als bei den herkömmlichen Düsenjets. Aber vielleicht liegt in der Entschleunigung beim Reisen auch eine Chance. Vor gut 100 Jahren waren Zeppelinreisen schon einmal ein wirklicher Hit. Eine weitere Option wäre das Wasserstoffflugzeug, das mit grünem Wasserstoff betankt wird. Eine Brennstoffzelle wandelt die Energie des Wasserstoffs in elektrische Energie um, die wiederum einen Motor und einen Propeller antreibt. Als Abfallprodukt entsteht nur Wasser. Dies ließe sich am Boden problemlos entsorgen, wobei der Begriff »entsorgen« bei reinem Wasser unnötig negativ klingt. Auch so wäre ein Flugzeug völlig klimaneutral unterwegs. Ein Problem dabei wäre, dass der an Bord gespeicherte Wasserstoff mit Luftsauerstoff zu Wasser reagiert und damit das Gewicht an Bord deutlich zunimmt. Deshalb müsste das Wasser doch zumindest teilweise in der Luft abgelassen werden. Dies ließe sich aber auch ohne schädliche Treibhauswirkung umsetzen.

Die Zeit für das Einhalten des Pariser Klimaschutzabkommens wird knapp. In den nächsten 15 Jahren sollten darum alle Flüge auf synthetisches Kerosin, das aus erneuerbarem Strom gewonnen wurde, umgestellt werden. Jedes Flugzeug, das am Boden bleibt, nützt dem Klima. Unsere Liste mit fantastischen Urlaubszielen, die sich mit der Bahn oder dem Elektroauto erreichen lassen, reicht viele Jahrzehnte. Damit der Verzicht auf das Fliegen noch leichter fällt, müssen wir Alternativen wie Videokonferenzen, aber auch den Hochgeschwindigkeitsbahnverkehr und Nachtzugverbindungen optimieren und weiter ausbauen. Mittelfristig müssen dann Flugzeuge mit alternativen Antrieben, die völlig klimaneutral unterwegs sind, die heutigen Düsenjets ablösen. Der Weg in die Klimaneutralität bedeutet beim Fliegen sehr große Veränderungen. Ihn in wenigen Jahren umzusetzen ist aber möglich.

SOLARANLAGE?
MACHT EURE DÄCHER VOLL!

Bislang haben wir in diesem Buch viel von den Problemen der Klimakrise und den Herausforderungen durch den Klimaschutz gesprochen. Dabei stehen uns heute viel bessere Technologien zur Bewältigung der Klimakrise zur Verfügung als noch vor einigen Jahren. Es ist noch gar nicht so lange her, dass Solarstrom extrem teuer und nur mit hohen Subventionen konkurrenzfähig war. Aber die Kosten sind in einem atemberaubenden Tempo gefallen. Inzwischen ist Solarstrom die preiswerteste Art der Stromerzeugung. In den Ländern des Sonnengürtels wird die Photovoltaik künftig den Löwenanteil der Energieversorgung sicherstellen. Auch im weniger sonnigen Deutschland sind die Potenziale enorm.

Wenn wir durch die Vorstädte und Dörfer unseres Landes spazieren, sehen wir auf dem einen oder anderen Dach eine Photovoltaikanlage. Auf den meisten Dächern ist dafür aber noch viel Platz. In den Innenstadtbereichen muss man sehr lange suchen, bis man überhaupt eine Photovoltaikanlage findet. Genügend Dächer wären also bereit für die Energierevolution, und wer kein eigenes Dach hat, kann auch auf den Balkon ausweichen. Wollen wir in Deutschland klimaneutral werden, sollten wir in den nächsten zehn bis 15 Jahren auf all unseren Dächern die Kraft der Sonne nutzen.

Bei Einfamilienhäusern ist das besonders einfach. Immerhin 16 Millionen Einfamilienhäuser gibt es in Deutschland. Wenn wir all deren Dächer für Photovoltaikanlagen nutzen, könnten wir mit ihnen rund 20 Prozent des gesamten heutigen Strombedarfs decken. Die meisten Dächer von Einfamilienhäusern sind so groß, dass Photovoltaikanlagen dort im Mittel mehr Strom erzeugen können, als im Haus verbraucht wird. Je nach Größe der Anlage lassen sich damit drei bis zehn Tonnen an Kohlendioxid pro Jahr einsparen. Das ist ein richtig großer Beitrag für den Klimaschutz. Wer also Wert auf Klimaschutz legt und ein eigenes Dach hat, sollte mit dem Bau der Photovoltaikanlage nicht länger warten.

> *»Photovoltaikanlagen auf den Dächern aller 16 Millionen Einfamilienhäuser könnten allein rund 20 Prozent des gesamten heutigen Strombedarfs decken.«*

Wenn von Solarenergie die Rede ist, fallen Begriffe wie Photovoltaik, Solarthermie, Solarkollektor, Solarplatte, Solarmodul, Solarzelle, Solarpanel oder Solarabsorber. Versuchen wir zuerst einmal, diese ein wenig auseinanderzudividieren. Beginnen wir mit dem Begriff Photovoltaik. »Photo« steht für Licht und kommt vom griechischen *phõs* beziehungsweise *photós*. »Voltaik« geht auf den italienischen Physiker Alessandro Volta zurück, der als einer der Begründer der Elektrizitätslehre gilt. Die Photovoltaik umfasst also alle Anlagen, die Sonnenlicht direkt in Elektrizität umwandeln.

Neben der Photovoltaik gibt es noch die Solarthermie. *Thermós* kommt ebenfalls aus dem Griechischen und bedeutet warm oder heiß. Die Solarthermie wandelt demnach Sonnenenergie in Wärme um. Dabei absorbiert ein Solarabsorber die Solarstrahlung. Ein anderes Wort für absorbieren ist aufnehmen. Der Solarabsorber befindet sich in einem Solarkollektor und gibt dort die Wärme an Rohre ab, durch die Wasser gepumpt wird. Mit dem warmen Wasser können wir dann duschen oder sogar die Heizung betreiben. Es gibt bereits Häuser, die ihren gesamten Wärmebedarf für Warmwasser und Heizung durch Solarthermieanlagen decken. Sie brauchen aber sehr große Warmwasserspeicher und viele Kollektoren, um Solarenergie vom Sommer bis zum Winter zu speichern, was diese Art der Wärmenutzung vergleichsweise teuer macht.

Darum konzentrieren wir uns in diesem Kapitel auf die Photovoltaik. Der durch die Sonne erzeugte Strom lässt sich flexibler einsetzen. Er kann den täglichen Strombedarf decken, aber auch zum Heizen und zum Laden von Elektroautos genutzt werden. Das macht Strom wertvoller als Wärme, und darum sind heute Photovoltaikanlagen wirtschaftlich höchst attraktiv. Bei der Photovoltaik wandeln Solarzellen die Solarstrahlung direkt in elektrische Energie um. Heute werden üblicherweise 60 ganze Solarzellen oder 120 halbierte Solarzellen in einem Solarmodul, manchmal auch Solarpanel oder umgangssprachlich Solarplatte genannt, zusammengeschaltet. Ein Solarmodul ist etwa einen Meter mal 1,6 Meter groß und wiegt rund 20 Kilogramm. Viele miteinander verbundene Solarmodule bilden dann die gesamte Solaranlage.

Nur gute Erfahrungen

Wir, Cornelia und Volker, gehören nicht zu den Täter:innen der ersten Stunde. Wir haben unser Eigenheim erst 2005 gebaut. Aber für uns war es natürlich selbstverständlich, neben einer optimalen Dämmung und einer klimaneutralen Wärmeerzeugung auch eine Photovoltaikanlage auf dem Dach zu installieren. Damals war die Photovoltaik noch teuer, außerdem ist unser Süd-Ost-Ost-Dach nicht optimal ausgerichtet. Darum hatten wir uns erst einmal für eine Ein-Kilowatt-Photovoltaikanlage entschieden. Diese Kleinanlage hat ungefähr acht Quadratmeter und hat 6000 Euro gekostet. Das Dach vollzumachen hätte seinerzeit rund 60 000 Euro gekostet. Der Staat hatte damals Photovoltaikanlagen mit einer hohen Einspeisevergütung gefördert. Rund 53 Cent pro Kilowattstunde bekommen wir seitdem 20 Jahre lang für unseren eingespeisten Solarstrom. Obwohl die Anlage seit 2005 einwandfrei läuft, hat es über 15 Jahre gedauert, bis wir die Investitionskosten wieder eingespielt hatten. Am Ende wird die Anlage sogar ein kleines Plus erwirtschaften, mit dem wir gar nicht gerechnet hatten: Die Anlage liefert mehr Strom als gedacht. Durch die starke Luftverschmutzung kam vor allem in Ostdeutschland in den 1980er- und 1990er-Jahren weniger Strahlung an. Durch die sauberere Luft, aber auch mehr Sonne im Sommer bekommen heute Solaranlagen gut fünf Prozent mehr Solarstrahlung ab als noch vor 30 Jahren. Das wirkt sich natürlich positiv auf den Ertrag aus.

Weil in den 2010er-Jahren die Preise für Solaranlagen dramatisch gefallen sind, haben wir nachgerüstet, um das ganze Dach für uns arbeiten zu lassen – so wie es sein soll. 2013 installierten wir für nur noch 10 000 Euro auf dem Süd-Ost-Ost-Dach eine weitere 45 Quadratmeter große Sieben-Kilowatt-Photovoltaikanlage. In gerade einmal acht Jahren sind die Preise für Solaranlagen auf ein Viertel gefallen. Zwei Jahre später folgte eine 2,7-Kilowatt-Anlage auf dem Nord-West-West-Dach. Ein großer finanzieller Gewinn ist davon nicht zu erwarten, aber mit ein wenig Glück erreichen wir eine schwarze Null und sparen jede Menge Treibhausgase ein. Damit ist die Anlage auf jeden Fall ein Gewinn für den Klimaschutz und die künftigen Generationen.

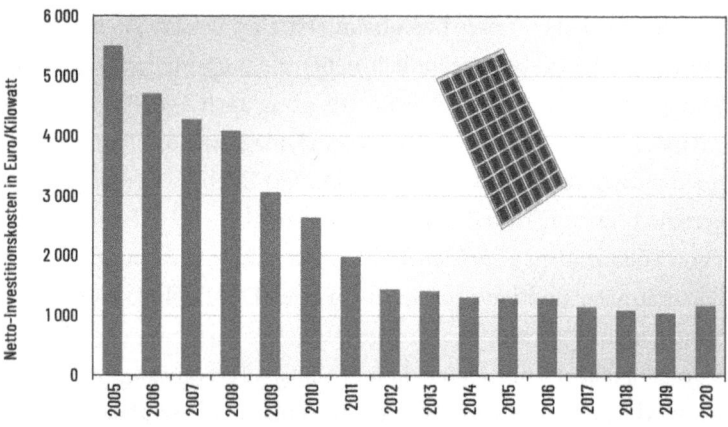

BILD 17 Durchschnittlicher Endkundenpreis für fertig installierte Aufdachanlagen von zehn bis 100 Kilowatt ohne Mehrwertsteuer (Daten: Wirth, Harry [2021] und eigene Abschätzungen)

Die nachgerüstete Photovoltaikanlage ist eine sogenannte Eigenverbrauchsanlage. Selbst verbrauchter Solarstrom drückt einmal unsere Stromrechnung. Überschüssiger Solarstrom, den wir nicht zeitgleich mit dem Sonnenangebot selbst verbrauchen können, wird ins Netz eingespeist und weiterhin über 20 Jahre vergütet, allerdings gibt es heute nur noch einen Bruchteil der extrem hohen Vergütung unserer teuren Anlage aus dem Jahr 2005. Die Höhe der Vergütung richtet sich immer nach dem Zeitpunkt der Inbetriebnahme der Anlage und bleibt dann 20 Jahre lang gleich hoch.

Bei unserer Photovoltaikanlage haben wir auch ein sogenanntes Smart-Home-System installiert. Das schaltet automatisch Steckdosen an, wenn viel Sonne vorhanden ist. Bei normalen Haushaltsgeräten wie Waschmaschine oder Spülmaschine hat sich diese Funktion aber nicht bewährt. Besonders praktisch war sie aber bei der Anschaffung unseres Elektroautos. Unser Auto wird im eigenen Carport über eine sogenannte Wallbox aufgeladen. Diese Wallbox kann mit der Photovoltaikanlage kommunizieren. Der Ladestrom richtet sich nach dem zur Verfügung stehenden Solarstrom. Nur wenn es Überschüsse von der Photovoltaikanlage gibt, wird das Elektroauto damit aufgeladen. Über 80 Prozent des Autoladestroms stammt direkt von unserer Photovoltaikanlage. Nur im Winter reicht es nicht ganz. Dann müssen wir ein wenig auf Netzstrom zurückgreifen.

Trotz der recht ungünstigen Dachausrichtung liefern unsere Photovoltaikanlagen 50 Prozent mehr Strom, als wir für unseren gesamten Strombedarf und das Laden des Elektroautos benötigen. Gerade beim Elektroautofahren ist es ein extrem gutes Gefühl zu wissen, dass der Fahrstrom fast ganz ohne den Ausstoß von Kohlendioxid erzeugt wird. Wir kennen sozusagen jedes Elektron persönlich, das von unserem Dach in der Autobatterie landet.

Die Nachrüstung der Photovoltaikanlage war erfreulich einfach. Das Kabel wurde einfach an der Hauswand hinter der Regenrinne in den Keller geführt. Nur zwei Tage hat die Installation benötigt. Der Aufwand für den Betrieb der Photovoltaikanlage ist seitdem sehr gering. Man sollte ab und zu die Erträge prüfen, um mögliche Defekte zu erkennen. Reinigen muss man Solaranlagen in der Regel nicht, das übernimmt der eine oder andere Gewitterschauer. Nur übergriffige Pflanzen sollte man entfernen. Ertragseinbußen durch Schnee sind in Berlin auch kein Problem. Durch den Klimawandel fällt immer weniger Schnee, außerdem sind die Erträge im Winter niedrig, sodass es kaum auffällt, wenn eine schneebedeckte Anlage einmal zwei Wochen keinen Strom liefert. In alpinen Gebieten ist das natürlich anders. Hier sind sehr steil aufgestellte Solaranlagen vorteilhaft, von denen der Schnee gut abrutschen kann.

Lediglich der bürokratische Aufwand bei der Anmeldung der Photovoltaikanlage und der Papierkrieg mit dem Finanzamt sind extrem lästig. Der enorme Beitrag zum Klimaschutz und das gute Gefühl, einen Teil der Stromversorgung in die eigene Hand nehmen zu können, wiegen das aber allemal wieder auf.

Haltlose Vorurteile

Bevor wir noch einmal genauer auf die Errichtung der eigenen Anlage eingehen, sollten wir erst einmal mit einigen haltlosen Vorurteilen gegenüber Solaranlagen aufräumen. Hartnäckig hält sich das Gerücht, die Produktion von Photovoltaikanlagen würde mehr Energie verschlingen und mehr Treibhausgase produzieren, als sie im Betrieb wieder einsparen können. Mit einer einfachen Überlegung lässt sich dieses Argument widerlegen. Rund drei Prozent der weltweiten Stromerzeugung stammen mittlerweile von der Photovoltaik. Die Kapazitäten dafür wurden in wenigen Jahren aufgebaut. Wären der Energiebedarf und die Kohlendioxidemissionen bei der Solarmodulherstellung tatsächlich so hoch, hätte das in entsprechenden Statistiken einen deutlichen Ausschlag nach oben erzeugen müssen. Das war aber nicht der Fall. Seit den 1990er-Jahren zeigen zahlreiche wissenschaftliche Berechnungen, dass eine Photovoltaikanlage ihre Herstellungsenergie relativ schnell wieder einspielt. Ein bis zwei Jahre braucht eine Photovoltaikanlage in Deutschland, bis sie durch die Verdrängung von Strom aus Kohle- und Gaskraftwerken genauso viel Kohlendioxid einspart, wie bei ihrer Herstellung entstanden ist. In Südeuropa oder Afrika geht es sogar noch schneller. Die Lebensdauer einer Photovoltaikanlage beträgt etwa 30 Jahre – viel Zeit, um erheblich mehr Kohlendioxid einzusparen, als bei der Herstellung erzeugt wird. Ein österreichischer Modulhersteller bietet bereits klimaneutral hergestellte Solarmodule an. Hier erübrigt sich diese Diskussion völlig. Ziel muss es sein, möglichst bald alle Solarmodule klimaneutral zu produzieren.

»*In einem Zeitraum von ein bis zwei Jahren spart eine Photovoltaikanlage derzeit in Deutschland so viel Kohlendioxid ein, wie bei der Herstellung entstanden ist. Die Lebensdauer von Photovoltaikanlagen beträgt etwa 30 Jahre.*«

Kritiker:innen der Photovoltaik behaupten gerne, Solarstrom in Deutschland wäre hoch subventioniert. In der Anfangszeit der Photovoltaik war die Einspeisevergütung in der Tat sehr hoch. Ziel war damals aber nicht, damit möglichst viel Kohlendioxid einzusparen, sondern eine wichtige Klimaschutztechnologie konkurrenzfähig zu machen. Diese Rechnung ist voll aufgegangen. Inzwischen gehört Solarstrom zu den preiswertesten Arten der Stromerzeugung weltweit. Die Markteinführung hat funktioniert. Nur bei kleineren Aufdachphotovoltaikanlagen ist im Gegensatz zu Freiflächenanlagen wegen der vergleichsweise hohen Installationskosten noch eine leicht erhöhte Einspeisevergütung für den wirtschaftlichen Betrieb nötig. Wenige Hundert Euro pro Jahr müssen dafür zusätzlich zu den Erlösen für den Solarstrom am Strommarkt für eine zehn Kilowatt große Photovoltaikanlage auf einem Einfamilienhaus gezahlt werden. Dafür spart diese auch locker sechs Tonnen Kohlendioxid pro Jahr ein und vermeidet damit jährliche Klimafolgeschäden von weit über 1000 Euro. Das ist doch für alle mehr als ein gutes Geschäft!

Immer wieder wird auch das Gerücht verbreitet, dass die Feuerwehr Häuser mit Photovoltaikanlagen bei Bränden nicht löschen würde, weil dies zu gefährlich sei und sie die Häuser lieber abbrennen lassen würde. Natürlich ist das totaler Nonsens. Eine Photovoltaikanlage ist eine normale elektrische Anlage. Strom gibt es auch überall sonst im Haus. Die Feuerwehr weiß, wie mit Bränden von elektrischen Anlagen umzugehen ist. Beim Löschen sind ganz normale Sicherheitsabstände einzuhalten: fünf Meter bei Vollstrahl, ein Meter bei Sprühstrahl – fertig. Eine Öl- oder Gasheizung birgt bei Bränden ein viel größeres Risiko als eine Photovoltaikanlage, und niemand hat deswegen gefordert, auf Öl- und Gasheizungen zu verzichten.

Und dann hört man immer wieder, Photovoltaikanlagen würden Elektrosmog verursachen. Photovoltaikanlagen bestehen aus den Solarmodulen auf dem Dach, die Gleichstrom erzeugen. Eine Leitung transportiert den Gleichstrom zum Wechselrichter, der den Gleichstrom in Wechselstrom umwandelt und ins Hausnetz einspeist. Oft wird der Wechselrichter im Keller montiert. Gleichströme erzeugen nur statische elektrische und magnetische Felder, die als vergleichsweise unproblematisch gelten. Durch Wechselrichter entstehen elektromagnetische Wechselfelder wie überall, wo sonst im Haus Wechselstrom verwendet wird. Der Abstand zum Menschen ist entscheidend, wie stark er diesen Feldern ausgesetzt ist. Kaum jemand wird sich im Abstand von wenigen Zentimetern dauerhaft vor Photovoltaikwechselrichter setzen. Fön, Rasierapparat, Elektroherd oder Nachttischwecker haben darum im Hinblick auf Elektrosmog ganz andere Auswirkungen auf Menschen als Photovoltaikanlagen. Wer also Angst vor Elektrosmog hat, sollte zuerst einmal auf all diese Elektrogeräte verzichten.

Der Weg zur eigenen Photovoltaikanlage

Stichhaltige Gründe gegen eine Anlage auf dem Hausdach gibt es also nicht. Der Weg zur eigenen Solaranlage ist auch nicht wirklich kompliziert. Wir wollen an dieser Stelle die wichtigsten Schritte kurz skizzieren. In der Regel sind in Deutschland Photovoltaikanlagen auf Dächern genehmigungsfrei. Probleme kann es geben, wenn der Denkmalschutz eine Rolle spielt. Es gibt aber auch zahlreiche Photovoltaikanlagen in Deutschland, die im Einklang mit dem Denkmalschutz gebaut wurden. Letztendlich liegt das im Ermessensspielraum der entsprechenden Denkmalschutzbehörden. Eine Baugenehmigung ist nur für große Freiflächenphotovoltaikanlagen nötig. Darum kann man sich gleich einen guten Solarinstallateur suchen und ein Angebot erstellen lassen. Die Auftragsbücher vieler Unternehmen sind inzwischen gut gefüllt, sodass es inzwischen häufiger zu Wartezeiten kommt.

> »Im Prinzip ist fast jedes Dach, das nach Süden, Osten oder Westen geneigt ist, für die Errichtung von Photovoltaikanlagen geeignet.«

Geeignet ist im Prinzip fast jedes Dach, das nach Süden, Osten oder Westen ausgerichtet ist. Bei einer Neigung um 38 Grad nach Süden ist der Jahresertrag am größten. Bei anderen Ausrichtungen fällt der Jahresertrag etwas niedriger aus, dafür gibt es andere Vorteile. Ein steileres Dach liefert im Winter mehr Strom als ein flacheres Dach. Während das Süddach vor allem mittags viel Strom liefert, können Ostdächer auch schon morgens und Westdächer abends einen Großteil des Strombedarfs decken. Auf Flachdächern lassen sich Solaranlagen einfach aufständern. Wichtig ist, dass das Dach in einem guten Zustand ist und die Lebensdauer der Photovoltaikanlage von 20 oder 30 Jahren auch noch übersteht. Sonst muss für eine Dachsanierung zuvor die Photovoltaikanlage abgebaut werden, was zusätzliche Kosten verursacht. Das Gewicht der Photovoltaikanlage muss das Dach auch tragen können. Das ist vor allem bei modernen Industrieleichtbauhallen ein Problem. Bei Hausdächern gibt es hingegen fast immer genug statische Reserven für eine Photovoltaikanlage.

Wichtiger als die Ausrichtung des Dachs ist die Verschattungsfreiheit. Ein großer Baum vor der Anlage kann den Ertrag empfindlich mindern. Auch Dachaufbauten wie Schornsteine, Blitzableiter oder Satellitenschüsseln sind ein Problem. Hier muss auf ausreichend Abstand geachtet werden. Es gibt technische Bauteile, sogenannte Optimizer, die im Verschattungsverfall verhindern, dass die betroffenen Solarmodule den Ertrag der Gesamtanlage vermindern. Solche Optimizer machen die Anlage aber teurer, und wenn sie kaputtgehen, ist der Austausch aufwändig. Sie sollten also nur zum Einsatz kommen, wenn sich Verschattungen nicht vermeiden lassen.

Bei Solarmodulen gibt es eine große Auswahl. Für die gediegene Optik bieten Hersteller sogenannte All-in-black-Module an. Diese haben ein gleichmäßig schwarzes Erscheinungsbild, sind aber auch etwas teurer. Seit einiger Zeit sind bifaziale Solarmodule im Angebot. Diese können auch Solarstrahlung von der Modulrückseite in Strom umwandeln. Werden sie direkt auf das Hausdach geschraubt, bringt das aber nicht wirklich etwas. Solarmodule können aber zum Beispiel auch bei Carports als Dachersatz genutzt werden. Dann liefern sie durch die Rückstrahlung von unten einen geringen Mehrertrag. Inzwischen werden auch Zaunanlagen mit Solarmodulen angeboten. Dann ist es natürlich klasse, wenn die Solarmodule auf beiden Seiten Strom produzieren.

Noch in den 2000er-Jahren zählte Deutschland zu den führenden Nationen bei der Produktion von Solarmodulen. Nachdem die Politik in den 2010er-Jahren den Ausbau der Photovoltaik in Deutschland um 80 Prozent eingebremst hatte, ging fast allen deutschen Solarmodulproduzenten die Puste aus. Lobbyisten der klassischen Industrie und der Energiekonzerne hatten zuvor mit dem Argument der angeblich hohen Kosten Stimmung gegen die Photovoltaik gemacht, weil sie durch die neue Konkurrenz um ihre alten Geschäftsmodelle fürchteten. Eine Insolvenzwelle in der Solarbranche mit Zehntausenden verlorenen Jobs war die Folge. Inzwischen kommen fast alle Solarmodule aus Asien. In jüngster Zeit gibt es auch wieder Neugründungen. Mit dem Label »Made in Germany« bedienen sie einen höherpreisigen Nischenmarkt. Im Vergleich zu den großen Herstellern in China sind deren Produktionsmengen aber recht gering.

Bei der Herstellung von Wechselrichtern, die den Gleichstrom der Solarmodule ins Wechselstromnetz einspeisen, sind deutsche und europäische Unternehmen hingegen noch gut im Rennen. Einen regelrechten Boom gibt es bei Solar-Batterie-Heimspeichern. Solche Systeme wurden in den letzten Jahren schon zu Hunderttausenden eingebaut. Eine Lithiumbatterie in der Größe eines kleinen Kühlschranks speichert dabei tagsüber überschüssigen Solarstrom und versorgt damit nachts das Haus. Die Unabhängigkeit vom Strombezug aus dem Netz lässt sich mit solchen Batteriespeichern deutlich steigern. Im Winterhalbjahr ist man in der Regel trotzdem auf den Netzanschluss angewiesen. Es gibt auch Systeme, die solare Überschüsse in Form von Wasserstoff über mehrere Monate speichern können, sodass gar kein Netzanschluss mehr nötig ist. Sie sind aber heute noch extrem teuer. Bei einfachen Batteriesystemen lässt sich auch eine Notstromfunktion integrieren. Wenn einmal das Netz ausfällt, übernimmt das Solar-Batteriesystem die Stromversorgung im Haus und kann dafür sorgen, dass es im Blackout-Fall zu Hause nicht dunkel wird.

Ganz billig sind die Batteriesysteme aber nicht. Allein für den Batteriespeicher liegen die Kosten zwischen 5000 und 10 000 Euro. Rein ökonomisch betrachtet, schneidet meist eine Solaranlage ohne Speicher besser ab. Für die reine Solaranlage muss man 1000 bis 1500 Euro pro Kilowatt installierter Leistung kalkulieren. Eine Zehn-Kilowatt-Hausdachanlage mit 25 bis 30 Solarmodulen und einer Fläche von 50 bis 60 Quadratmetern kostet dann inklusive Installation gut 10 000 Euro, zusammen mit einem Batteriespeicher 15 000 bis 20 000 Euro – je nachdem, wie groß der Batteriespeicher gewählt wird.

Rund 10 000 Kilowattstunden liefert solch eine Anlage an elektrischer Energie pro Jahr. 5000 Kilowattstunden beträgt der typische Stromverbrauch eines Einfamilienhauses. Für 10 000 Kilometer Elektroautofahren kommen noch einmal 2000 Kilowattstunden zusammen. Rein rechnerisch kann diese Solaranlage locker beides decken, und es bleibt sogar noch etwas für den Betrieb einer elektrischen Wärmepumpe zum Heizen übrig. Völlig zeitgleich sind aber Solarstromerzeugung und Verbrauch nie, weshalb immer auch Strom ins Netz eingespeist oder von dort wieder bezogen wird. Mit einem Solar-Batteriesystem lassen sich recht problemlos Autarkiegrade von 60 Prozent erreichen, was bedeutet, dass die Solaranlage 60 Prozent des gesamten jährlichen Strombedarfs direkt oder über den Umweg über den Batteriespeicher deckt. 40 Prozent des Stroms müssen vor allem im Winterhalbjahr weiter aus dem Netz bezogen werden. Dafür erzeugt die Solaranlage speziell im Sommerhalbjahr viel mehr Strom, als im Haus verbraucht werden kann. Die Überschüsse speist sie ins Netz ein. Über die Reduktion der Stromrechnung und die Einspeisevergütung erlöst solch eine Solaranlage pro Jahr zwischen 1000 und 2000 Euro. In zehn bis 15 Jahren machen sich die meisten Anlagen bezahlt. Solarmodule können locker 30 Jahre halten. Batterien und Wechselrichter müssen eventuell vorher einmal getauscht werden. Im Internet findet man verschiedene Onlinetools, die detaillierte Berechnungen ermöglichen.

Ziel einer echten Energierevolution müsste eigentlich sein, in den nächsten zehn bis 15 Jahren auf allen Dächern Solaranlagen zu installieren. Wenn alles glatt läuft und der Netzbetreiber mitspielt, kann der Bau einer Anlage schnell gehen. Manchmal stellt der sich aber quer und lässt den Anschluss einer neuen Photovoltaikanlage nicht zu, weil angeblich das Netz ausgelastet ist. Sofern es wirtschaftlich vertretbar ist, muss der Netzbetreiber dann sein Netz eben so ausbauen, dass der Anschluss der Solaranlage möglich ist. Man sollte in solchen Fällen nicht den Mut verlieren, sondern ordentlich Druck machen.

Ist die Anlage am Netz, fällt noch einige bürokratische Arbeit an.

Zunächst einmal muss die Anlage angemeldet und im Marktstammdatenregister eingetragen werden. Das ist im Prinzip ein umfangreiches Formular, das man im Internet findet. Wirft die Anlage Gewinne ab, müssen sie versteuert und in vielen Fällen auch Umsatzsteuer abgerechnet werden. Oft ist der Aufwand für das Eintreiben der Steuern bei kleinen Anlagen größer als der Nutzen für den Staat. Doch anstatt kleine und mittlere Anlagen von diesem bürokratischen Irrsinn auszunehmen, hat die Politik in den letzten Jahren nichts unversucht gelassen, den Bau von Photovoltaikanlagen weiter zu erschweren. Erst langsam werden die Fehler der Vergangenheit korrigiert. Es wird Zeit, dass Bürgerinnen und Bürger auf die Barrikaden gehen. Ihr Beitrag zur Energierevolution muss einfach und unkompliziert sein.

Ausgebremster Mieterstrom

Kompliziert wird es, wenn das eigene Haus nicht selbst bewohnt, sondern vermietet wird. Rechtlich wird das dann eine Stromlieferung an Dritte. Auch die Elektroautos der Nachbarschaft kann man nicht einfach mit dem eigenen Solarstrom aufladen – zumindest nicht legal, wenn dafür Geld fließt. Der bürokratische Aufwand steigt enorm, und für den Solarstrom ist dann eine Eigenverbrauchsumlage, also quasi eine Sonnensteuer, abzuführen. Mit einem Deckel wollte die alte Regierung den Solarenergieausbau von Privatpersonen im Jahr 2020 sogar völlig stoppen. Erst nach massivem Druck hob der ehemalige Wirtschaftsminister Peter Altmaier den Ausbaudeckel auf. Es bleibt zu hoffen, dass die jetzige Bundesregierung den Mut findet, all diese Hürden Stück für Stück wieder zu beseitigen. Ansonsten wird es ein Wunschtraum bleiben, alle Dächer in absehbarer Zeit mit Solaranlagen auszustatten. Werden alle Hürden beibehalten, dürfte die viel diskutierte Solarpflicht zu erheblichem Unmut in der Bevölkerung führen, bevor auch nur ansatzweise alle Dächer erschlossen sind.

»Mit komplizierten Regelungen, Abgaben und viel bürokratischem Aufwand hat die Politik bis zum Jahr 2021 verhindert, dass Menschen in Mietwohnungen von günstigem Solarstrom auf dem Hausdach profitieren können.«

Ein Grund, warum die Errichtung von eigenen Photovoltaikanlagen immer komplizierter und mit neuen Abgaben wie der Eigenverbrauchsumlage belegt wurde, war angeblich das Gerechtigkeitsprinzip. Während man im eigenen Haus trotz aller Hürden am Ende immer noch recht einfach Photovoltaikanlagen errichten und vom billigen Solarstrom profitieren kann, geht das in der Mietwohnung nicht. Prinzipiell lassen sich auf großen Mietshäusern Photovoltaikanlagen errichten und Solarstrom günstig an die Mieter:innen weitergeben. Aber auch hier ist der bürokratische Aufwand enorm und verlangt komplizierte Messeinrichtungen und Abrechnungen. Lange Zeit wurden durch die Errichtung von Photovoltaikanlagen vorher gewerbesteuerfreie Mieteinnahmen plötzlich steuerpflichtig. Spätestens dann wurden die meisten Projekte beerdigt. Es hat lange gedauert, bis die Politik diese Hürde beseitigt hat. Andere Bremsen wirken nach wie vor. In der Konsequenz sind Photovoltaikanlagen, bei denen Mieterinnen und Mieter wie in einem Einfamilienhaus vom günstigen Solarstrom profitieren, die große Ausnahme: Gerecht ist das nun auch nicht. Zu groß war lange Zeit die Angst der Politik vor einem starken Wachstum bei der Photovoltaik, der früher oder später einen schnellen, aber ungewollten Kohleausstieg erzwungen hätte. Bleibt zu hoffen, dass die neue Regierung ihre Versprechungen umsetzt, die Errichtung von Photovoltaikanlagen auf Mietshäusern in Schwung zu bringen. Und die Hoffnung stirbt ja bekanntlich zuletzt.

Strom aus Balkonien

Solange man in der Mietwohnung keinen günstigen Solarstrom vom Hausdach angeboten bekommt, bleibt noch die Installation von Guerilla-Phovoltaikanlagen. Dafür werden spezielle Steckersolaranlagen angeboten. Sie bestehen aus einem oder zwei Solarmodulen und einem kleinen Wechselrichter, von dem ein Kabel direkt in eine Steckdose, zum Beispiel auf dem Balkon, eingesteckt werden kann. Lange Zeit bewegte sich die Installation solcher Solaranlagen in einer rechtlichen Grauzone, daher werden sie auch manchmal Guerilla-Photovoltaikanlagen genannt. Inzwischen lassen sich solche Anlagen auch legal betreiben, auch wenn das der Gesetzgeber wieder einmal unnötig erschwert. Die Idee ist einfach: Ein oder zwei Solarmodule werden am Balkon befestigt. Wird die Solaranlage an der Betonbrüstung montiert, ist eine Zustimmung der Vermieter:in oder der Gemeinschaft der Wohnungseigentümer:innen erforderlich, da die Photovoltaikmodule die Außenansicht des Hauses verändern.

Die Balkonmodule verfügen über einen Miniwechselrichter, der den Gleichstrom der Solarmodule in haushaltsüblichen Wechselstrom umwandelt. Mit einem ganz normalen Netzstecker lässt sich dieser Wechselrichter einfach in eine Steckdose einstecken, wie wir es auch von normalen Elektrogeräten gewohnt sind. Wichtig ist ein spezieller Wechselrichter, der sich selbst sicher abschaltet, wenn einmal ein Kind den Stecker aus der Steckdose zieht. Das erkennt man daran, dass der Hersteller des Wechselrichters seine Konformität zur Richtlinie VDE-AR-N 4105 erklärt.

Der Strom wird dann in eine Steckdose auf dem Balkon oder in der Wohnung eingespeist und kann dann an anderen Stellen in der Wohnung verbraucht werden. Das reduziert die Stromrechnung und kann über längere Zeit auch Geld sparen. Guerilla-Photovoltaikanlagen sind relativ klein, sodass sie über das Jahr gesehen nur wenige Überschüsse produzieren. Physikalisch gesehen fließen auch mal ein paar Watt an Überschüssen ins öffentliche Stromnetz. Da das Zählen und

Abrechnen der geringen Energiemengen zu aufwändig ist, bleibt im Zählerschrank alles beim Alten. Wer auf Nummer sicher gehen will, kann vom Elektriker die Sicherungen überprüfen lassen. Die Haushaltsstromzähler sollten eine Rücklaufsperre haben, sodass der eingespeiste Strom einfach nicht gezählt wird. Dafür zu sorgen ist aber Aufgabe des Netzbetreibers.

Wie stark die Photovoltaikanlage die Stromrechnung drücken kann, hängt von vielen Faktoren wie der Ausrichtung des Balkons, der Leistung der Module oder der Höhe des Strombedarfs ab. Zehn bis 20 Prozent des eigenen Stromverbrauchs kann eine Steckersolaranlage decken. Ist der Balkon günstig ausgerichtet und wenig verschattet, kann sich eine Steckersolaranlage wie auch eine Photovoltaikanlage auf dem Einfamilienhaus in zehn bis 15 Jahren amortisieren. Während sich Netzbetreiber früher noch gegen die Installation gesperrt haben, dürfen auch Laien Steckersolaranlagen mit einer Leistung von bis zu 600 Watt in Betrieb nehmen, also in die Steckdose stecken. Nicht ganz klar geregelt ist, ob diese Anlagen dann auch angemeldet werden müssen. Wer auf Nummer sicher gehen möchte, meldet diese im Marktstammdatenregister und beim Netzbetreiber an. Weitere Informationen dazu stellt die Deutsche Gesellschaft für Sonnenenergie (2021) unter www.pvplug.de zur Verfügung.

Große Dächer mit großer Wirkung

Einen richtig großen Hebel für die Energiewende haben große Hallendächer von Gewerbeunternehmen. Dachanlagen können mehrere Tausend Kilowatt an Leistung erreichen. In Bürstadt bei Mannheim wurde bereits im Jahr 2005 eine Fünf-Megawatt-Photovoltaikanlage, also eine Anlage mit 5000 Kilowatt Leistung, auf einem Logistikzentrum errichtet. Im Jahr 2020 ging in Ungarn eine Anlage mit zwölf Megawatt bei einem Autoproduzenten in Betrieb. Um die gleiche Leistung mit Einfamilienhäusern zu erreichen, bräuchte man 1000 große

Hausdächer. Das zeigt, wie wichtig Gewerbedächer für eine schnelle Energiewende sind. Genau aus diesem Grund hat die letzte Bundesregierung den Bau von Megawatt-Aufdachanlagen praktisch zum Erliegen gebracht. Ab einer Größe von 750 Kilowatt, also einer Modulfläche von 3500 bis 4500 Quadratmetern, mussten Photovoltaikanlagen ausgeschrieben werden, um eine Einspeisevergütung zu erhalten. Außerdem müssen sie auf selbst verbrauchten Strom eine Eigenverbrauchsumlage, also die Sonnensteuer, zahlen. Das machte Großanlagen unwirtschaftlich. Bis zum Jahr 2020 wurden darum so gut wie keine Anlagen auf Dächern mehr errichtet, die größer als 750 Kilowatt waren. Im Jahr 2020 wurden die Regeln noch durch die alte Bundesregierung etwas aufgeweicht. Für den nötigen Ausbauboom von Aufdachphotovoltaikanlagen hat das aber nicht ausgereicht. Es bleibt zu hoffen, dass die neue Regierung das Potenzial der Solardächer endlich im vollen Umfang erkennt und deren Erschließung ermöglicht.

Die Dachflächenpotenziale für Solaranlagen sind enorm. In einer Studie der Hochschule für Technik und Wirtschaft Berlin (HTW Berlin) (2019) haben wir am Beispiel Berlins gezeigt, dass alle geeigneten Einfamilienhaus-, Mehrfamilienhaus- und Gewerbedächer sowie Dächer öffentlicher Gebäude Solarstrom in der Größenordnung von fast 40 Prozent des heutigen Strombedarfs erzeugen könnten. Gerade einmal rund ein Prozent des Potenzials wird derzeit ausgenutzt. Dazu kommen noch Solaranlagen, die an Gebäudefassaden oder auf überdachten Parkplätzen entstehen können. Um dieses Potenzial zu heben, muss die Politik die Rahmenbedingungen für den Solarenergieausbau deutlich verbessern. Auch eine solare Baupflicht wurde inzwischen verschiedenen Ortes beschlossen. Besser wäre es, wenn alle Menschen mit eigenen Häusern, Gebäuden oder Balkonen ihre Verantwortung für den Klimaschutz erkennen. Wir brauchen nicht immer nur Vorschriften oder zweitstellige Renditen, um im Rahmen unserer Möglichkeiten für den Klimaschutz aktiv zu werden. Eigenen Solarstrom zu nutzen muss zum guten Ton werden, und die Politik muss aufhören, das Engagement der Bürger:innen immer wieder zu blockieren.

KLIMANEUTRAL WOHNEN – MÜSSEN WIR KÜNFTIG IM WINTER FRIEREN?

Wie wir wohnen, ist ein Schlüssel zum erfolgreichen Klimaschutz. Die Treibhausgasemissionen des Bausektors sind enorm, und bei der Wärmeerzeugung in Deutschland wird mehr Energie benötigt als für den gesamten Stromverbrauch. In unseren Heizungen wird größtenteils immer noch fossiles Erdöl und Erdgas verfeuert. In kaum einem Bereich sind die Einsparpotenziale so groß wie im Wärmesektor. Die energetische Sanierung von Gebäuden verläuft aber so schleppend, dass wir damit kaum einen Beitrag zum Klimaschutz leisten können. Viele Einsparerfolge werden zudem durch den Bauboom wieder aufgefressen. Wollen wir auch im Gebäudebereich das Pariser Klimaschutzabkommen einhalten, müssen wir künftig anders bauen und dämmen. Vor allem dürfen wir nur noch auf klimaneutrale Energieträger bei der Wärmeerzeugung setzen. Eines schon mal vorweg: Frieren müssen wir deshalb nicht.

Vor allem im Wohnbereich entwickelt sich unser zunehmender Wohlstand zu einem immer größeren Klimaproblem. Während wir in Deutschland im Jahr 1991 im Durchschnitt noch auf 35 Quadratmetern Wohnfläche pro Person lebten, waren es 2019 bereits 47 Quadratmeter. Wir brauchen also eine kräftige Senkung der Treibhausgasemissionen der Gebäudebeheizung, um überhaupt nur die Steigerung der Wohnfläche der letzten 30 Jahren zu kompensieren. Die Emissionen, die durch den Bau der Gebäude selbst entstehen, fallen noch zusätzlich an. Der immer größere Wohnflächenbedarf pro Person und der Bauboom der letzten Jahre fressen alle Einsparerfolge praktisch wieder auf. Bevor wir Treibhausgase beim Heizen verursachen, wird das

Klima bereits beim Bauen und Sanieren von Häusern über Gebühr belastet.

Großer Klimafußabdruck des Bausektors

Kaum ein Bauwerk kommt heute ohne Beton aus. Für die Herstellung von Beton wird Zement mit Sand, Kies und Wasser gemischt. Die Produktion von Zement ist besonders treibhausgasintensiv. Über vier Milliarden Tonnen Zement wurden im Jahr 2020 weltweit verbaut. Rund 0,6 Tonnen Kohlendioxid entstehen bei der Herstellung einer Tonne Zement. Damit ist Zementherstellung allein für etwa sieben Prozent der weltweiten Kohlendioxidemissionen verantwortlich. In Deutschland ist der prozentuale Anteil der Zementindustrie am gesamten Kohlendioxidausstoß nur etwa halb so groß wie weltweit. Ganz so große Betonköpfe scheinen wir in Deutschland offenbar nicht mehr zu sein. Mit fast 50 Quadratmetern Wohnfläche und einer umfangreichen Infrastruktur haben wir aber schon viel Zement im Land verbaut. Viele andere Länder haben hingegen einen großen Nachholbedarf, wenn sie das Level reicher Länder erreichen wollen.

Auch bei der Herstellung anderer Baumaterialen wie Stahl oder Glas werden große Mengen an Treibhausgasen freigesetzt. 40 Tonnen Kohlendioxid können locker beim Bau eines einzigen massiven Einfamilienhauses entstehen.

»Sieben Prozent aller weltweiten Kohlendioxidemissionen entstehen bei der Zementherstellung.«

Natürlich können wir nicht einfach aufhören zu bauen. Trotzdem müssen einige Projekte dringend überdacht werden. Wir sollten – wie im Kapitel zum Auto erläutert – in Deutschland die Zahl der Autos deutlich reduzieren. Darum ist es wenig sinnvoll, weiterhin viel Beton in die Straßeninfrastruktur zu gießen. In einem reichen Land wie

Deutschland die Bautätigkeiten signifikant herunterzufahren dürfte aber dennoch eine Illusion bleiben. Darum müssen wir Lösungen suchen, den Klimafußabdruck des bestehenden Bausektors auf null zu senken.

Dazu muss zuerst die Klimabilanz von Zement verbessert werden. Für die Herstellung von Zement wird aus Tagebauen Kalkstein gefördert. Der Kalkstein wird mit anderen Rohstoffen fein vermahlen und bei Temperaturen von rund 1400 Grad Celsius in einem Ofen gebrannt. Etwa die Hälfte der Treibhausgasemissionen entsteht beim Mahlen und der Wärmeerzeugung im Ofen. Diese lassen sich recht einfach durch den Einsatz erneuerbarer Energien vermeiden. Schwieriger wird es bei der anderen Hälfte der Emissionen. Diese entstehen prozessbedingt. Im Ofen wird durch die hohen Temperaturen der gemahlene Kalkstein entsäuert und dabei Kohlendioxid ausgetrieben. Letztendlich landet der im Kalkstein gebundene Kohlenstoff bei der Zementherstellung als Kohlendioxid in der Atmosphäre. Derzeit wird an anderen Betonmischungen gearbeitet, bei deren Herstellung weniger Kohlendioxid entsteht. Völlig vermeiden lassen sich aber prozessbedingte Kohlendioxidemissionen bei der Zementherstellung nicht.

Zum Erreichen der völligen Klimaneutralität werden wir darum an der Abtrennung und Endlagerung von Kohlendioxid bei der Zementherstellung nicht vorbeikommen. Um die Transportwege für den Baustoff Beton klein zu halten, sind mehr als 50 Zementwerke über ganz Deutschland verteilt. Alle Werke umzurüsten, das Kohlendioxid abzutrennen und es dann zu Endlagerstätten zu transportieren dürfte eine ziemlich logistische Herausforderung werden. Da Kohlendioxidlagerstätten in Deutschland höchst unpopulär und damit schwer zu realisieren sind, ist vermutlich sogar der Transport von Kohlendioxid ins weiter entfernte Ausland und die dortige Endlagerung nötig. Das wird letztendlich die Kosten für Bauprojekte spürbar nach oben treiben. Für wirksamen Klimaschutz kommen wir an diesen Schritten aber nicht vorbei.

Ein sehr großes Einsparpotenzial besteht durch den Ersatz von Beton durch andere Baustoffe. Holz ist dafür in vielen Bereichen perfekt geeignet. Treibhausgase werden beim Holzbau nur durch den Maschineneinsatz beim Ernten und Verarbeiten von Holz freigesetzt. Dafür ist im Holz jede Menge Kohlendioxid gebunden. Ein Kubikmeter Holz entfernt eine Tonne Kohlendioxid dauerhaft aus der Atmosphäre – zumindest solange das Bauwerk steht. Einfamilienhäuser lassen sich heute entweder aus Stein oder als Fertighaus in Holzständerbauweise errichten. Aus Klimaschutzgründen muss der Holzbau zum Standard werden. Gut 20 Tonnen Kohlendioxid sind im Holz eines Einfamilienhauses gebunden, wenn es in Holzständerbauweise gebaut wurde.

Bei größeren Häusern war lange Zeit der Brandschutz ein Hemmnis für den Holzbau. Inzwischen hat sich der Holzbau aber weiterentwickelt. Heute gelingt es, auch Hochhäuser aus Holz zu bauen, die modernen Brandschutzanforderungen genügen. Es gibt weltweit immer mehr Projekte, und sogar Wolkenkratzer aus Holz sind in Planung. Damit ist der Holzbau die Chance, die Kohlendioxidemissionen im Bausektor deutlich zu senken. Durch den Holzbau lassen sich die benötigten Mengen an Beton und Stahl deutlich reduzieren. Werden diese künftig dann auch völlig klimaneutral produziert, wäre der Bausektor vollständig dekarbonisiert.

»20 Tonnen an Kohlendioxid lassen sich allein in einem Einfamilienhaus binden, wenn es in Holzständerbauweise anstatt als Massivhaus errichtet wird.«

Im Jahr 2020 haben die Grünen eine Diskussion darüber angefacht, ob wir in Deutschland aus Umwelt- und Klimagesichtspunkten überhaupt noch Einfamilienhäuser bauen können. Der Flächenbedarf und auch der Bedarf an Baumaterial pro Quadratmeter Wohnfläche sind bei Mehrfamilienhäusern geringer als bei Einfamilienhäusern. Bei Mehrfamilienhäusern ist es auch einfacher, gute Dämmstandards zu erreichen. Weil mehrere Wohnungen aneinandergrenzen, gibt es weniger Außenwände, die Verluste verursachen. Außerdem braucht man bei verdichteter Bauweise weniger Straßen für die Erschließung, und die Wege zum Arbeitsplatz oder Einkaufen sind in der Regel kürzer. Das sind alles Gründe, die die Position der Grünen untermauern. Da aber zwei Drittel aller Deutschen von einem Einfamilienhaus träumen, ist es politisch ziemlich ungeschickt, diese Träume mit dem Verweis auf Umwelt- und Klimaschutz zu beerdigen.

Sinnvoller wäre es, Rahmenbedingungen zu setzen, durch die sich die Klimabilanz von Einfamilienhäusern erheblich verbessert. Bei Neubauten könnte der Kohlendioxidausstoß begrenzt werden, wenn nur noch klimaneutraler Zement und Holz als Baustoff verwendet werden dürfen. Auch sollten die Dächer der Häuser weitgehend für Photovoltaikanlagen genutzt werden müssen. Damit ergibt sich eine Win-win-Situation. Wir brauchen für die Energierevolution ohnehin einen massiven Ausbau der Photovoltaik. Nutzen wir die Dachflächen, die bei Einfamilienhäusern reichlicher als bei Mehrfamilienhäusern vorhanden sind, müssen die Photovoltaikanlagen nicht auf der grünen Wiese entstehen. Das erspart dann dort Eingriffe in die Natur und Flächenversiegelungen. Auch könnte man Vorgaben für Gartengestaltung machen und beispielsweise Schottergärten und Pestizide verbieten, um die Artenvielfalt in den Gärten der Wohnhäuser zu erhöhen. Autofreie Siedlungen mit sehr guter Anbindung an den öffentlichen Personenverkehr könnten zudem den Bedarf an Straßen reduzieren. Wenn wir dann auch noch den Internetausbau deutlich vorantreiben und Homeoffice immer mehr zum Standard wird, fallen auch die weiteren Wege zur Arbeit nicht mehr stark ins Gewicht.

Auf die Dämmung kommt es an

Ist ein Haus erst einmal gebaut oder saniert, verursacht es durch die Heizung und wegen der steigenden Durchschnittstemperaturen auch durch die Kühlung weitere Kohlendioxidemissionen. Über die gesamte Lebensdauer des Hauses fallen meist die Treibhausgasemissionen durch das Heizen deutlich höher aus als beim Bau. Zwischen verschiedenen Häusern gibt es aber extreme Unterschiede. Moderne Gebäude lassen sich als Passivhaus oder sogar als Plusenergiehaus errichten. Bei einem Passivhaus ist der Heizwärmebedarf so stark reduziert, dass das Haus fast ohne Heizung auskommt. Bei einem Plusenergiehaus liefern die Solaranlagen auf dem Gebäude mehr Energie, als das Haus verbraucht. Auch das ist möglich. Ein unsanierter Altbau kann leicht zehn- oder 20-mal so viel Heizwärme benötigen wie ein gut gedämmtes Passivhaus. Prinzipiell ist es auch möglich, unsanierte Altbauten zu einem Passiv- oder sogar Plusenergiehaus umzubauen.

Um den Heizwärmebedarf eines Gebäudes deutlich zu reduzieren, müssen erst einmal alle Wände optimal gedämmt werden. Auch auf die Fenster kommt es an. Moderne dreifachverglaste Fenster lassen nur noch ein Viertel der Wärme einer Uralt-Doppelverglasung durch. Bei der Auswahl der Dämmstoffe gibt es die Qual der Wahl. Es gibt mineralische Dämmstoffe wie Glas- oder Steinwolle oder organische Dämmstoffe. Bei den organischen Dämmstoffen unterscheidet man zwischen Dämmstoffen aus nachwachsenden Rohstoffen wie Holzwolle oder aus fossilen Rohstoffen wie zum Beispiel Styropor. Dämmstoffe auf der Basis fossiler Rohstoffe dürfen möglichst bald nicht mehr verwendet werden. Nach dem Ende der Gebäudelebensdauer oder bei der Gebäudesanierung landen diese Dämmstoffe in der Regel in einer Müllverbrennungsanlage, wobei klimaschädliches Kohlendioxid entsteht. Prinzipiell lassen sich die fossilen Rohstoffe bei der Produktion organischer Dämmstoffe durch Biomasserohstoffe ersetzen. Das Umweltbundesamt (2016) kommt aber für alle Dämmstoffe zu einem klaren Urteil: »Über ihr ganzes Leben betrachtet, sparen alle

Wärmedämmstoffe deutlich mehr Energie, als ihre Herstellung benötigt. Auch die meisten anderen Umweltwirkungen (Luftschadstoffe, Flächenverbrauch bei der Gewinnung von [Energie-]Rohstoffen) gehen dadurch in der Bilanz zurück. Das heißt: Der höhere Energieverbrauch eines ungedämmten Gebäudes belastet die Umwelt stärker als die Herstellung des Dämmstoffs.« Natürlich sollten wir trotzdem darauf achten, die Umweltauswirkungen bei der Produktion und Entsorgung der Dämmstoffe möglichst gering zu halten.

>*Der höhere Energieverbrauch eines ungedämmten*
Gebäudes belastet die Umwelt stärker als die Herstel-
lung des Dämmstoffs.« (Umweltbundesamt)

Die Vorteile der Gebäudedämmung werden trotzdem häufig infrage gestellt. Heute dauert es oft noch sehr lange, bis sich eine optimale Wärmedämmung rechnet. Darum wird viel zu oft aus Kostengründen von einer optimalen Wärmedämmung abgesehen. Wenn man die Klimafolgekosten der Gebäudeheizung mit einbezieht, sieht die Rechnung aber ganz anders aus. Weil die Politik diese Kosten recht schnell umlegen muss, wird klimaschädliches Heizen mit Sicherheit bald teurer werden, wodurch sich eine Wärmedämmung am Ende viel schneller rechnen wird.

Eigentlich ist es simple Physik, dass eine Wärmedämmung den Heizenergiebedarf reduziert und damit auch den Einsatz von Erdöl, Erdgas oder Strom aus erneuerbaren Energien. Man findet aber auch immer wieder Behauptungen, dass trotz einer durchgeführten Wärmedämmungsmaßnahme der Heizwärmebedarf nicht gesunken ist. Das liegt dann aber nicht an der falsch verstandenen Physik der Wärmedämmung, sondern am Verhalten der Bewohnerinnen und Bewohner. Eine zentrale Frage ist dabei, wie gelüftet wird und wie lange die Fenster im Winter geöffnet bleiben. Das erklärt dann am Ende auch das angebliche Versagen einer Wärmedämmung: »Wir können bei geschlossenem Fenster nicht schlafen. Darum lassen wir es die ganze

Nacht offen. Was ich aber noch sagen wollte: Die Wärmedämmung bringt nix.«

Das richtige Lüften ist bei gut gedämmten Gebäuden mit dichten Fenstern essenziell. Mehrmals täglich Stoßlüften reduziert die Schimmelgefahr. Auf Dauerlüften sollte im Hinblick auf den Heizwärmebedarf unbedingt verzichtet werden. Optimal sind automatische Lüftungsanlagen mit Wärmetauschern. Sie saugen verbrauchte Luft ab und transportieren über einen Wärmetauscher Frischluft ins Gebäude. Das reduziert die Lüftungswärmeverluste erheblich. Wird ein Gebäude fachkundlich gedämmt und anschließend richtig gelüftet, kann es eigentlich nicht von Schimmel befallen werden. Wir, Cornelia und Volker, wohnen seit 2005 in einem hochgedämmten Haus mit Dreifachverglasung und kontrollierter Wohnraumbelüftung. Schimmel war in unseren Wohnräumen nie ein Thema. Wir würden heute auch nie wieder in ein schlecht gedämmtes Gebäude ohne automatische Belüftung ziehen wollen. Neben dem Klimaschutz gibt es noch andere Vorteile. Wir haben immer eine angenehme Raumtemperatur, auch auf der Toilette. Die automatische Belüftung saugt unangenehme Gerüche ab, sodass niemand beim nachfolgenden Klobesuch im Winter wegen geöffneter Fenster an der Toilettenbrille festfrieren muss.

Die beste Gebäudedämmung bringt aber nichts, wenn das Gebäude mit Erdöl, Erdgas oder Fernwärme von fossilen Heizkraftwerken beheizt wird. Eine Dämmung reduziert zwar den Heizwärmebedarf und damit auch die Kohlendioxidemissionen einer fossilen Heizung, kann sie aber nicht auf null senken. Bei rund 70 Prozent der Gebäude in Deutschland werden noch fossile Energieträger zum Heizen verwendet. Diese müssen nun in sehr kurzer Zeit vollständig durch erneuerbare Energien ersetzt werden. Für die Klimaneutralität brauchen wir natürlich völlig klimaneutrale Heizungen und nicht nur einen leichten Rückgang der Kohlendioxidemissionen. Was eigentlich eine Selbstverständlichkeit ist, hat die Politik in Deutschland sehr viele Jahre lang völlig ignoriert. In Dänemark wurde bereits 2013 der Einbau neuer Erdöl- und Erdgasheizungen verboten. Seit 2020 dürfen auch im Ölförderland Norwegen keine neuen Erdölheizungen mehr einge-baut werden.

Einen logischen Grund, warum solche Schritte in Deutschland nicht schon lange erfolgt sind, gibt es nicht. Deutschland hat keine nennenswerten eigenen Erdöl- und Erdgasvorkommen mehr, und wir sind ausschließlich von Importen abhängig. Fast alle Heizungsherstel-ler in Deutschland haben umfangreiche klimaneutrale Alternativen im Portfolio. Sicher gibt es Heizungsbauer:innen, die andere Heizun-gen als Erdöl- oder Erdgasheizungen nur widerwillig einbauen, dabei auch Fehler machen und damit den Ruf der Alternativen schädigen. Sicher würden entsprechende Entscheidungen die deutsche Mineral-öl- und Erdgaswirtschaft wirtschaftlich hart treffen. Natürlich gibt es auch Hausbesitzer:innen, die nicht einsehen wollen, dass ihre Wir-ha-ben-das-schon-immer-so-gemacht-Heizung nicht mehr einbaut wer-den darf. Das alles dürfen aber keine Gründe sein, weiterhin den Kli-maschutz im Gebäudebereich zu ignorieren.

Eine Universallösung für alle Gebäude gibt es nicht. Welche klima-neutrale Heizung zum Einsatz kommt, hängt von den jeweiligen Vor-aussetzungen ab. Darum wollen wir die wichtigsten Möglichkeiten zum klimaneutralen Heizen kurz erläutern

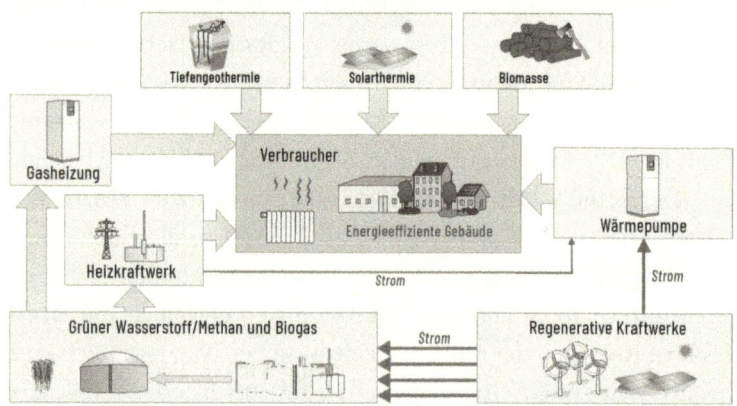

BILD 18 Möglichkeiten für eine klimaneutrale Wärmeerzeugung (basierend auf Quaschning [2021])

Tiefengeothermie, Solarthermie und Biomasse

In Island spielt die Tiefengeothermie eine wichtige Rolle beim Heizen. Während in Island hohe Temperaturen auch dicht unter dem Erdboden zu finden sind, muss man in Deutschland – wie bereits erläutert – sehr tief bohren. Das macht die Tiefengeothermie bei uns in den meisten Regionen zu teuer. Es gibt einige Ausnahmen, bei denen höhere Temperaturen auch in geringeren Tiefen zu finden sind. Dort lässt sich die Erdwärme anzapfen und über ein Fernwärmenetz zu den Häusern bringen. Ein Beispiel ist die Geothermieanlage in Unterhaching bei München. Diese Anlage wurde 2009 fertiggestellt und fördert aus einer Tiefe von rund 3500 Metern Wasser mit einer Temperatur von 133 Grad Celsius. Das Fernwärmenetz hat eine Länge von 49 Kilometern. Langfristig ist geplant, Unterhaching mit 75 Prozent geothermischer Fernwärme zu versorgen.

Eine weitere Nischentechnologie zur klimaneutralen Wärmeversorgung ist die Solarthermie. Solarthermische Kollektoren werden verwendet, um Wasser direkt durch die Sonne zu erwärmen. Man kennt sie von vielen Neubauten von Einfamilienhäusern, wo oft auf großen Dächern zwei einsame Kollektoren ihren Dienst verrichten. Für den Klimaschutz bringen sie wenig. In der Regel decken sie nur die Hälfte des Warmwasserbedarfs. Die andere Hälfte und den gesamten Heizwärmebedarf liefert hingegen meist eine klassische fossile Erdgasheizung. In der Summe deckt dann die Solarthermie gerade einmal zwischen fünf und 20 Prozent des gesamten Wärmebedarfs. In die Klimaneutralität führt dieser Weg nicht.

Es gibt aber auch deutlich größere solarthermische Heizungssysteme, die den kompletten Heizwärmebedarf abdecken. Für ein typisches Einfamilienhaus braucht man dazu eine rund 100 Quadratmeter große Kollektorfläche und einen etwa 40 Kubikmeter großen Wärmespeicher. Der Wärmespeicher wird dann mit Überschusswärme aus dem Sommer auf Temperaturen von 90 Grad Celsius aufgeheizt. Die gespeicherte Wärme reicht dann aus, um den Wärmebedarf in den sonnenärmeren Monaten abzudecken. In der Schweiz wurden auch schon Mehrfamilienhäuser gebaut, die nur mit der Sonne beheizt werden. In anderen Projekten wird die solarthermische Anlage etwas kleiner und damit preiswerter ausgeführt. Ein kleiner Holzofen liefert dann an wenigen besonders kalten Wintertagen die nötige Wärme. So elegant und beeindruckend solch große Solarthermiesysteme auch sind: Der Aufwand und die Kosten sind zu hoch, um diese in wenigen Jahren flächendeckend in ganz Deutschland einsetzen zu können. Trotzdem bleibt zu hoffen, dass die bereits realisierten, gut funktionierenden Projekte weiter Schule machen.

Die bisher am meisten verbreitete Heizung auf Basis erneuerbarer Energien ist derzeit noch die Biomasseheizung. Dabei wird fast immer auf den Brennstoff Holz zurückgegriffen. In einigen Fällen werden auch Biogas oder flüssige Brennstoffe aus Biomasse verwendet. Die technischen Lösungen für Biomasse-Heizungssysteme sind vielfältig. Gerne genutzt wird der Kaminofen. Heizungen mit Holzhackschnitzeln oder Holzpellets können vollautomatisch arbeiten, und in einigen Gemeinden versorgen Holzheizwerke ein Fernwärmenetz. Holz gilt – wie bereits erläutert – als klimaneutral. Das stimmt aber nur, wenn genauso viel Holz verbrannt wird, wie wieder nachwachsen kann. Optimal ist die Nutzung von Biomassereststoffen wie Sägeresten aus Sägewerken, die sowieso anfallen und zu Pellets gepresst werden können. Das Potenzial dafür ist aber begrenzt. Die Verbrennung von Biomasse hat aber mit Ausnahme der Kohlendioxidemissionen die gleichen Nachteile wie die von fossilen Energieträgern: Dabei entstehen Feinstaub, Stickoxide und andere Schadstoffe. Moderne Heizungsfilter können Feinstäube zurückhalten. Viele Biomasseheizungen arbeiten aber ohne Filter, und bis diese überall vorgeschrieben sind, wird noch einige Zeit vergehen. So lange wird bei bestimmten Wetterlagen die Atemluft vor allem in Einfamilienhaussiedlungen durch Kaminöfen eine bedenkliche Qualität haben.

Dennoch ist die Biomasse eine wichtige Säule bei der klimaneutralen Gebäudebeheizung. Über zwölf Prozent des Endenergieverbrauchs an Wärme wurden im Jahr 2020 bereits durch Biomasse gedeckt. Die Ausbaumöglichkeiten sind allerdings begrenzt. Die Menge an zusätzlicher Biomasse, die noch für Heizungszwecke nachhaltig gewonnen werden kann, ist überschaubar. Darum werden den Löwenanteil im Wärmebereich künftig andere Heizungssysteme übernehmen müssen.

Heizen mit Wärmepumpe und grünem Wasserstoff

Bereits im Kapitel zum Wasserstoff haben wir die Möglichkeiten zum Heizen mit grünem Wasserstoff ausführlich erläutert. Prinzipiell ließe sich fossiles Erdgas durch klimaneutrales Gas ersetzen, wodurch wir dann ganz einfach die bisherigen Erdgasheizungen klimaneutral weiterbetreiben könnten. Diese Story wird gerne von der Erdgaslobby verbreitet. Weil die Herstellung von grünen Gasen aber sehr ineffizient ist, würde der Bedarf an erneuerbarem Strom regelrecht explodieren und die Heizungskosten in extreme Höhen treiben. Weil fraglich ist, wie derart große Mengen an erneuerbarem Strom in dem für das Einhalten des Pariser Klimaschutzabkommens noch verbleibenden Zeitfenster erzeugt werden sollen, sollte unbedingt auf andere, effizientere Heizungssysteme gesetzt werden.

Der Hoffnungsträger dafür ist die elektrische Wärmepumpe. Bei einer Wärmepumpe verdichtet ein Kompressor ein Kältemittel, das bei sehr niedrigen Temperaturen verdampft. Der Kompressor wird durch elektrischen Strom angetrieben. Genau wie bei einer Luftpumpe, bei der man beim Pumpen mit dem Daumen das Auslassventil zuhält, entsteht dabei Wärme. Diese Wärme kann dann zum Heizen verwendet werden, wobei das Kältemittel kondensiert. Über ein Expansionsventil dehnt sich dann das flüssige Kältemittel wieder aus und kühlt sich auf Temperaturen von deutlich unter null Grad Celsius ab. Nun kann die Wärmepumpe Umgebungswärme nutzen, um das Kältemittel bei Temperaturen deutlich unter null Grad Celsius wieder zu verdampfen und damit elektrische Energie einzusparen. Dafür gibt es verschiedene Möglichkeiten. Die einfachste ist das Vorwärmen mit Außenluft. Hierzu wird oft vor dem Haus eine Kiste aufgestellt, die unter anderem einen großen Ventilator enthält. Sonderlich hübsch sind die Kisten nicht, und sie produzieren zudem noch Geräusche. Aber sie sind zweckmäßig, denn sie sind vergleichsweise preiswert.

Bei einer Sole-Wärmepumpe werden im Garten, zum Beispiel unter dem Rasen, viele Rohre vergraben, die die Wärme aus dem Erdreich entnehmen. Der Boden kühlt an besonders kalten Wintertagen nicht so stark ab wie die Umgebungsluft, wodurch die Wärmepumpe dann effizienter arbeitet. Eine dritte Variante nutzt Erdsonden, also Rohre, die senkrecht in die Tiefe reichen und dem Grundwasser Wärme entziehen. Anders als die Luftwärmepumpe fallen die beiden letzten Varianten nicht durch eine Ventilatorkiste auf. Sie sind aber bei der Installation deutlich teurer.

Vergleicht man die Wärmepumpe mit einer reinen Elektroheizung, ist die Stromeinsparung enorm. Die sogenannte Jahresarbeitszahl gibt in der Fachsprache an, wie viel mehr Wärme die Wärmepumpe über das Jahr gesehen im Vergleich zu einer reinen Elektroheizung erzeugt. Bei einer Jahresarbeitszahl von drei beträgt der Strombedarf nur noch ein Drittel. Zwei Drittel der Heizwärme stammen dann von der Umgebung. Eine gute Luftwärmepumpe erreicht typischerweise solche Werte. Wärmepumpen, die dem Erdreich oder dem Grundwasser die Wärme entziehen, schaffen noch höhere Werte in der Größenordnung von vier. Dann sinkt der Strombedarf auf ein Viertel.

»Eine Wärmepumpe heizt Häuser besonders effizient mit regenerativem Strom. Aus einer Kilowattstunde Strom erzeugt sie drei bis vier Kilowattstunden Wärme.«

Wärmepumpen lassen sich außerdem optimal mit Photovoltaikanlagen vor Ort kombinieren. Der Warmwasserbedarf im Sommerhalbjahr und die Heizungswärme in den Übergangszeiten können dann größerenteils durch eigenen Solarstrom besonders preiswert gedeckt werden. Im Jahresmittel ist es durchaus möglich, bei einem gut gedämmten Einfamilienhaus 60 Prozent des klassischen Strombedarfs und des Strombedarfs für die Wärmepumpe über eine Aufdachphotovoltaikanlage zu decken.

Optimalerweise werden durch Wärmepumpen Fußbodenheizungen betrieben, die nur niedrige Temperaturen benötigen. Sollen Heizkörper mit hohen Temperaturen über eine Wärmepumpe versorgt werden, sinkt die Effizienz der Wärmepumpe, da mehr Strom zum Erreichen der hohen Temperaturen benötigt wird. Besonders bei Altbauten laufen die Heizkörper oft mit sehr hohen Temperaturen. Diese lassen sich aber durch den Einbau größerer Heizkörper und eine bessere Gebäudedämmung senken. Im Vergleich zu einer Gasheizung, bei der grünes Gas aus erneuerbarem Strom mit vielen Verlusten hergestellt werden muss, spart auch eine ineffiziente Wärmepumpe noch viel Strom ein.

Die Achillesferse der Wärmepumpe sind klimaschädliche Kältemittel, die immer noch häufig verwendet werden. Einige der eingesetzten Kältemittel haben ein sehr hohes spezifisches Treibhausgaspotenzial, das durchaus Werte von 1000 oder mehr erreichen kann. Dann entwickelt ein Kilogramm Kältemittel die gleiche Klimawirkung wie 1000 Kilogramm Kohlendioxid. Üblicherweise sind die Kältemittel in einen geschlossenen Kreislauf eingebunden. Über die Jahre können aber kleine Mengen entweichen. Vor allem durch eine unsachgemäße Entsorgung kann ein erheblicher Klimaschaden entstehen. Der ist dann in den meisten Fällen immer noch deutlich kleiner als beim langjährigen Betrieb einer fossilen Erdgasheizung. Für das Erreichen unserer Klimaschutzziele muss die weitere Herstellung dieser Kältemittel, die übrigens auch gerne in Autoklimaanlagen zum Einsatz kommen, aber dringend eingestellt werden. Es gibt alternative Kältemittel, die beim Entweichen keinen Klimaschaden anrichten.

Kritiker:innen der Wärmepumpe mahnen allerdings auch, dass vor allem an extrem kalten Tagen der Strombedarf durch die Wärmepumpen stark ansteigt. Am meisten verbreitet sind heute Luftwärmepumpen. Wenn die Außentemperaturen an extrem kalten Tagen auf zweistellige Minuswerte sinken, ist die Stromeinsparung der Wärmepumpe sehr gering, da sie das Kältemittel mit der extrem kalten Außenluft nur noch sehr wenig oder gar nicht mehr vorwärmen kann. Der Strombedarf der Wärmepumpe steigt dann erheblich an. Das Argument ist durchaus berechtigt, und darum ist es nicht sinnvoll, bei der Wärmewende ausschließlich auf die Luftwärmepumpe zu setzen. Es müssen Win-win-Situationen geschaffen werden. Bei Fernwärmenetzen steigt der Wärmebedarf an besonders kalten Tagen ebenfalls empfindlich. Werden dafür Spitzenlastkessel installiert, die als Kraft-Wärme-Kopplungsanlagen neben Wärme auch Strom erzeugen, kann damit auch ein wichtiger Beitrag zur Deckung des Spitzenstrombedarfs von Wärmepumpen geleistet werden.

Kraft-Wärmekopplung und Fernwärme

Doch nicht überall ist der Einsatz von Kraft-Wärme-Kopplungsanlagen sinnvoll. Heute werden diese in kleineren Einheiten, die auch Blockheizkraftwerke genannt werden, noch stark gefördert. Sie arbeiten meist mit fossilem Erdgas und versorgen ganze Wohnkomplexe das ganze Jahr über mit Wärme. Gleichzeitig produzieren sie Strom – oft aber auch zu Zeiten mit ausreichend Solar- und Windstrom. Systeme mit fossilem Erdgas sind dabei alles andere als klimaverträglich. Für die völlige Klimaneutralität müssten sie ausschließlich mit grünen Gasen betrieben werden. Dann laufen sie aber in die Effizienzfalle. Heute gelten Blockheizkraftwerke im Vergleich zu reinen Gaskraftwerken noch als vergleichsweise sparsam. Arbeiten sie aber mit ineffizient hergestellten grünen Gasen, werden auch sie zu Energie-vernichtungsmaschinen. Strom aus Windkraftanlagen und Photovol-taikanlagen mit hohen Verlusten in grünes Gas umzuwandeln, um dieses dann in Blockheizkraftwerken zur Stromherstellung zu ver-wenden, ist ein extrem verlustbehaftetes Unterfangen. Das darf künf-tig nur noch über wenige Stunden im Jahr passieren, wenn an sehr kalten Tagen ein eklatanter Mangel an Strom und Wärme besteht. In den restlichen Zeiten sollten möglichst effiziente Wärmepumpen den Bedarf abdecken.

Auch bei den heute schon bestehenden Fernwärmenetzen muss die Klimaneutralität intelligent herbeigeführt werden. In den meisten Fällen werden die Fernwärmenetze noch mit Wärme aus Kohle- oder Erdgasheizwerken gespeist. Viele Betreiber von Heizkraftwerken hof-fen, Gasheizwerke weiterlaufen lassen zu können und diese dann ein-fach mit grünen Gasen zu betreiben. Diese Strategie wird aber in den meisten Fällen nicht aufgehen. Die grünen Gase sind auf absehbare Zeit gar nicht in den erforderlichen Mengen verfügbar, und sie wer-den die Wärmekosten explodieren lassen. Sinnvoller ist es, beim künf-tigen Betrieb von Fernwärmenetzen auf eine Kombination verschie-dener erneuerbarer Wärmeerzeuger zu setzen, die alle in das Fernwär-menetz einspeisen. In Dänemark kommen dazu beispielsweise große Solarthermiefelder zum Einsatz. Anders als bei Aufdachanlagen las-sen diese sich auf der grünen Wiese recht preisgünstig errichten. Gro-ße Wärmepumpen können mit dem Strom aus Solar- und Windkraft-anlagen nicht nur einzelne Häuser, sondern auch Wärmenetze sehr effizient mit Wärme versorgen. Sind große Wärmespeicher im Fern-wärmenetz vorhanden, können diese in Zeiten mit günstigem Über-schussstrom von Solar- und Windkraftanlagen gefüllt werden. Spitzen-lastkessel auf Basis von Biomasse oder grünen Gasen könnten dann an besonders kalten Tagen einspringen und durch Kraft-Wärme-Kopp-lung – wie bereits erläutert – auch bei der Deckung von Stromlücken helfen.

Die größte Herausforderung bei der schnellstmöglich klimaneutralen Deckung des Wärmebedarfs ist die enorme Anzahl an schlecht gedämmten Gebäuden mit vielen Millionen fossilen Erdgas- und Erdölheizungen. In der verbleibenden Zeit werden wir nur einen Teil der Gebäude energetisch sanieren können. Für alle Gebäude fehlt uns schlichtweg das nötige Fachpersonal. Bei vielen Gebäuden werden wir darum noch länger mit dem hohen Wärmebedarf leben müssen. Für das Erreichen der Klimaneutralität ist aber essenziell, alle fossilen Heizungssysteme vollständig zu ersetzen. Dazu müssen wir massiv auf die Wärmepumpe setzen. Die Politik sollte schnellstmöglich den Einbau neuer Erdöl- und Erdgasheizungen unterbinden. Auch muss sie helfen, mit massiven Umschulungs- und Weiterbildungsprogrammen den Fachkräftemangel bei der Installation neuer Heizungssysteme zu reduzieren. Ohne neues Personal wird es uns kaum gelingen, die große Zahl an Heizungen rechtzeitig zu ersetzen. Außerdem brauchen wir die Bereitschaft der Bevölkerung, vermehrt in Dämmmaßnahmen und den Austausch von Heizungen zu investieren.

Durch die Wärmewende kann es auch vereinzelt zu sozialen Härten kommen. In einigen schlecht gedämmten Gebäuden werden die Heizkosten durch den steigenden CO_2-Preis immer weiter zunehmen. Wärmepumpen in Kombination mit Photovoltaikanlagen versprechen in gut gedämmten Gebäuden stabile Heizkosten. Ärmere Menschen, die häufiger in schlecht gedämmten Gebäuden wohnen, profitieren davon oft erst einmal nicht. Darum ist es wichtig, auch für einen sozialen Ausgleich zu sorgen. Sonst gefährdet das am Ende möglicherweise sogar den Erfolg der Energierevolution. Gehen wir aber die Wärmewende geschickt und vor allem entschlossen an, werden wir am Ende ein Wärmesystem haben, das nicht nur klimaneutral ist, sondern auch vollkommen unabhängig von Erdöl und Erdgas und den damit verbundenen Preisschwankungen auf dem Weltmarkt.

WINDKRAFT? SCHLUSS
MIT DEN VORURTEILEN

Die Windkraft ist die wichtigste Säule einer klimaneutralen Energieversorgung in Deutschland. Echte Alternativen dazu haben wir nicht. Trotzdem gibt es Widerstände in vielen Teilen Deutschlands, aber noch immer befürwortet eine deutliche Mehrheit einen Ausbau der Windkraft. Um ihn zu verhindern, werden mit Vorurteilen Ängste geschürt. Und tatsächlich ist es den Gegner:innen gelungen, den Ausbau der Windkraft in Deutschland dramatisch einbrechen zu lassen. Machen wir so weiter, werden alle Klimaschutzziele unerreichbar. Grund genug, mit den wichtigsten Vorurteilen aufzuräumen, um damit den Windkraftausbau wieder flottzubekommen.

Fangen wir mit ein paar Zahlen an: Genau 29 608 Windkraftanlagen drehten sich Ende 2020 in Deutschland an Land und 1501 offshore auf hoher See. Deutschland ist das führende Land bei der Windkraftnutzung in Europa, gefolgt von Spanien, Großbritannien und Frankreich. Bezogen auf die Bevölkerung, liegt Dänemark deutlich an der Spitze. Im Jahr 2020 deckte die Windkraft in dem kleinen Land bereits rund die Hälfte des Strombedarfs. Wirklich rekordverdächtig ist die heutige Zahl der Windräder in Europa aber nicht. Bereits Mitte des 19. Jahrhunderts drehten sich rund 200 000 Windräder auf dem Kontinent: historische Windmühlen, die wir heute liebevoll instand setzen, in Freilichtmuseen neu aufbauen und zu denen wir als Ausflugsziel pilgern. Sicher gab es auch bei der Errichtung historischer Windmühlen Widerstände. In der Literatur bekämpfte sie Don Quichotte hoch zu Ross. In der echten Welt brannten hölzerne Windmühlen hin und wieder ab. Weil man die Technik noch nicht so richtig im Griff hatte, flogen auch ab und zu Teile des Rotors durch die Gegend. Einen guten Ruf hatten Müller seinerzeit auch aus anderen Gründen nicht. Interessant, wie die Zeit das Ansehen historischer Windmühlen zum Positiven verklärt hat.

Wie wir bereits erläutert haben, muss die Windkraft in Deutschland künftig rund die Hälfte unseres Energiebedarfs decken. Das ist technisch möglich, bezahlbar und wird die Versorgungssicherheit der Energieversorgung nicht gefährden. Sinnvolle Alternativen gibt es nicht. Mit der Photovoltaik kommen wir nicht über den Winter, und die Kosten und der Aufwand für Energieimporte in der nötigen Größenordnung sind extrem hoch. Wir haben auch schon erläutert, dass der Bau neuer Windräder in Deutschland einen neuen Tiefststand erreicht hat. Weil die Zahlen so dramatisch schlecht sind, wollen wir sie an dieser Stelle noch einmal weiter analysieren.

»Der Neubau an Windkraftanlagen ist zwischen 2017 und 2020 um über 70 Prozent eingebrochen.«

Nach einer Ermittlung der Deutschen WindGuard (2021) wurden im Jahr 2020 in Deutschland an Land gerade einmal 420 Windkraftanlagen mit einer Leistung von 1,4 Gigawatt errichtet. Weil im selben Jahr aber auch Altanlagen abgebaut wurden, kamen unterm Strich gerade einmal 217 Windkraftanlagen mit einer Leistung von 1,2 Gigawatt neu dazu. Von 2010 bis 2017 entwickelte sich der Zubau auf einem zum Einhalten des Pariser Klimaschutzabkommens sinnvollen Pfad. Im Jahr 2017 wurden insgesamt 1792 Windkraftanlagen mit einer Leistung von 5,3 Gigawatt an Land gebaut. Abzüglich Rückbau kamen 4,9 Gigawatt neu hinzu. Der Zubau hätte möglichst schnell auf möglichst 10 Gigawatt pro Jahr gesteigert werden müssen. Da auch noch Altanlagen ersetzt werden müssen, ist ein Bau von elf bis zwölf Gigawatt an Windkraftanlagen jährlich zum Einhalten des Pariser Klimaschutzabkommens erforderlich. Stattdessen kam es aber zu einem dramatischen Rückgang der Neubauzahlen von über 70 Prozent in gerade einmal drei Jahren. Würde der Zubau auf dem niedrigen Niveau verharren, wäre sogar zu befürchten, dass in den nächsten Jahren mehr Windkraftanlagen ab- als zugebaut werden. Auf einige Gründe für den besorgniserregenden Rückgang werden wir in diesem Kapitel noch eingehen. Die negative Entwicklung des Zubaus bei der Windkraft ist ein Paradebeispiel für die Klimaschutzbemühungen der letzten Regierungen, aber auch vieler Menschen in Deutschland: Alle wollen und versprechen Klimaschutz, sind aber nicht wirklich bereit, die nötigen Veränderungen dafür einzuleiten und mitzutragen.

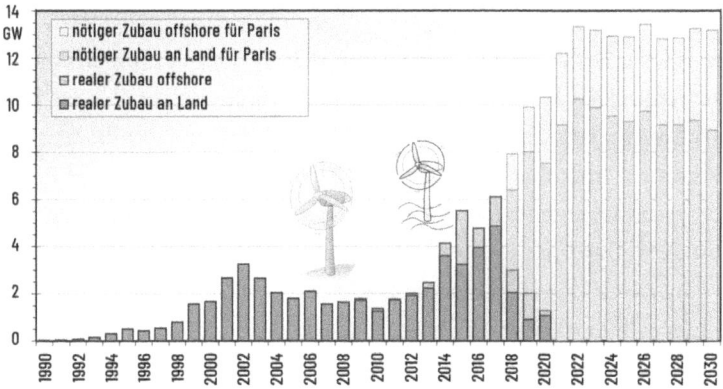

BILD 19 Jährlicher Zubau der Windkraft an Land und offshore bis zum Jahr 2020 sowie nötiger Zubau inklusive Ersatz von Altanlagen (Repowering) zum Erreichen des Pariser Klimaschutzabkommens (basierend auf Quaschning [2021a])

Auf Abstand gehalten

Die AfD hat das Thema Windkraft für sich entdeckt – oder besser gesagt das Thema Verhinderung der Windkraft. Im Programm zur Bundestagswahl (2021) bedient sie die ganze Bandbreite der Vorurteile gegen die Windkraft: »Studien zeigen seit Jahren die verheerende Wirkung von Windkraftanlagen auf Vögel, Fledermäuse und Insekten. Gravierend sind auch die gesundheitlichen Schadwirkungen durch

Schattenschlag, Infraschall und Lärmemissionen.« Folgerichtig fordert die Partei: »Windenergieanlagen sind nur noch an Standorten zuzulassen, an denen keine Beeinträchtigungen für Mensch, Tier oder das Landschaftsbild zu erwarten sind. Wald- und Schutzgebiete sind generell nicht anzutasten. Als Mindestabstand zur Wohnbebauung soll das 10-Fache der Gesamthöhe, mindestens jedoch 2,5 km, bundesweit eingehalten werden.«

Ganz nach dem Motto von Franz Josef Strauß »Rechts von der CDU/CSU darf es keine demokratisch legitimierte Partei geben« hat die CSU schon mal die wichtigste AfD-Forderung vorweggenommen und 2014 die schon erwähnte 10-H-Regel in Bayern durchgesetzt. Vermutlich erhoffte sich die Partei damit, den Aufstieg der AfD in Bayern zu verhindern. Wirklich gelungen ist ihr das aber nicht. Bei der Bayernwahl im Jahr 2018 erreichte die AfD aus dem Stand 10,2 Prozent der Stimmen, trotz des Anti-Windkraft-Kurses der CSU. Die 10-H-Regelung konnte eine Partei rechts von der CDU/CSU offenbar nicht verhindern. Dafür ist aber der Windenergiezubau in Bayern praktisch völlig zum Erliegen gekommen. Während 2014 noch über 160 Windräder in Bayern errichtet wurden, waren es 2019 gerade einmal noch sieben. Ein Jahr später stieg der Windenergiezubau um ein Windrad auf stolze acht. Mit ihrer Windkraftpolitik hat die CSU leider auch den Populismus der AfD übernommen. CSU-Chef Markus Söder verspricht für Bayern Klimaneutralität bis zum Jahr 2040. Wo die klimaneutrale Energie zu bezahlbaren Preisen dafür herkommen soll, erklärt er aber nicht. Zumindest wurde schon einmal klargestellt, woher sie nicht kommen soll: aus vielen neuen Windkraftanlagen in Bayern. Trotz aller Klimaschutzversprechungen hielt der bayerische Ministerpräsident bis zum Druck dieses Buches immer noch eisern an der 10-H-Regelung fest. Wir formulieren die Einschränkung »bis zum Druck« bewusst, denn in der CSU gibt es beispielsweise im Arbeitskreis Energiewende auch Kräfte, die sich für das schnelle Aufheben der 10-H-Regelung einsetzen. Die Hoffnung, dass sie irgendwann einmal Erfolg haben werden, stirbt zuletzt.

Anstatt parteiübergreifend eine neue Allianz für die Windkraft zu schmieden, eifern vor allem CDU-geführte Bundesländer in etwas abgeschwächter Form dem Beispiel Bayerns nach. CDU und FDP vereinbarten in ihren Koalitionsvereinbarungen in Nordrhein-Westfalen einen Mindestabstand von Windkraftanlagen zu Wohngebieten von 1,5 Kilometern. Das lag geringfügig unter den AfD-Vorstellungen und wurde später noch einmal auf einen Kilometer leicht abgeschwächt, nachdem die Bundesregierung diesen Abstand allen Bundesländern vorgeschlagen hatte. Dafür übernahmen die Koalitionsparteien die AfD-Forderung, Waldgebiete auszunehmen. Im linksregierten Thüringen übernahm man ebenfalls diese AfD-Position. Auch die schwarz-rot-grüne Koalition in Brandenburg hat Gefallen an neuen Abstandsregelungen für die Windkraft gefunden. Wenn es um Populismus beim Klimaschutz geht, verschwinden offenbar die Unterschiede zwischen den Parteien.

>*Wollen wir aus eigener Kraft das Pariser Klimaschutzabkommen einhalten, müssen auf zwei Prozent der Landesfläche Deutschlands Windparks errichtet werden. Mit den neu eingeführten Abstandsregeln ist das nicht möglich.*«

Mit den neuen Abstandsregeln und dem Ausschluss von Nutzwäldern reduzieren sich die Flächen, auf denen überhaupt noch Windparks gebaut werden dürfen, in einzelnen Bundesländern auf unter ein Prozent der Landesfläche. Um die Klimaneutralität in Deutschland erreichen zu können, muss aber die Errichtung von Windparks auf mindestens zwei Prozent der gesamten Landesfläche Deutschlands erlaubt sein. Dies geht aber nur, wenn die erweiterten Abstandsregeln und der Ausschluss des Nutzwaldes wieder aufgehoben werden. Ansonsten fehlen uns für die Klimaneutralität schlichtweg die erforderlichen Flächen.

Die Politik glaubt aber offenbar, dass wir Bürgerinnen und Bürger den Ausbau der Windkraft generell ablehnen und wir nur durch weit gefasste Abstandsregeln – Klimaschutz hin, Klimaschutz her – zu besänftigen sind. Wie auch in vielen anderen Politikbereichen prägt hier offenbar eine laute Minderheit die Wahrnehmung in Sachen Akzeptanz der Windenergienutzung. Die Fachagentur Windenergie an Land (2020) belegte das in einer repräsentativen Umfrage ganz klar. Die Nutzung und der Ausbau der Windenergie an Land fanden 79 Prozent der Befragten eher wichtig oder sehr wichtig. 83 Prozent waren sogar eher oder voll und ganz mit Windkraftanlagen in ihrem Wohnumfeld einverstanden. Gerade einmal zwölf Prozent der Befragten würden an einer Anti-Windkraft-Demonstration teilnehmen, jedoch 25 Prozent an Demonstrationen für die Energiewende, auch wenn dafür Windenergieanlagen im Wohnumfeld gebaut werden müssten. Die schweigende Mehrheit würde sich hingegen überhaupt nicht engagieren. Wenn die Politik die Notwendigkeit des Windenergiebaus besser kommunizieren würde und nicht flächendeckend den Eindruck vermittelte, dass wir den Klimaschutz auch ohne die Windkraft hinbekommen, würde eine Mehrheit diese Politik auch unterstützen.

»79 Prozent der Bevölkerung finden die Nutzung und den Ausbau der Windkraft wichtig oder sehr wichtig.«

Beim Infraschall verrechnet

Dies ist offenbar auch Gegnerinnen und Gegnern der Windenergie bewusst. Darum versuchen sie mit den absurdesten Argumenten Stimmung gegen die Windkraft zu machen. Interessant ist dabei auch die große Nähe zwischen Klimaleugner:innen und Windkraftgegner:innen. Für das Verhindern von Windparks ist es hinderlich, dass diese beim Kampf gegen die Klimakrise eine enorm wichtige Rolle spielen. Folgerichtig wird einfach die Klimakrise an sich oder der Beitrag der Windkraft zum Stoppen der Klimakrise infrage gestellt. Eines der hanebüchensten Argumente ist der angeblich krank machende Infraschall, der es mit dem Prädikat gesundheitsschädigend bereits ins AfD-Wahlprogramm geschafft hat. Fakt ist: Windkraftanlagen machen Geräusche und erzeugen auch Infraschall. Gefährlich ist das aber nicht. Schallwellen sind physikalisch nichts anderes als Druckschwankungen der Luft. Unter Infraschall versteht man Druckschwankungen mit einer sehr niedrigen Frequenz unterhalb der Hörschwelle. Was wir nicht mit unseren Sinnen wahrnehmen können, erzeugt erst einmal Ängste. Dabei gibt es viele natürliche Infraschallquellen wie Wind, Meeresrauschen, Erdbeben oder Gewitter. Würde jede Infraschallemission unsere Gesundheit ruinieren, könnten wir nur unter Lebensgefahr an der Nordsee spazieren gehen.

Lärm kann erwiesenermaßen krank machen. Schall ist aber nicht gleich Lärm. Unter Lärm versteht man Schall mit hoher Intensität. In der Physik sprechen wir dann von hohen Schalldruckpegeln. Damit Infraschall zumindest theoretisch eine negative Wirkung auf uns haben kann, muss er erst einmal recht hohe Schalldruckpegel erreichen. Bedenklich hohe Schalldruckpegel bei der Windkraft dokumentierte eine einfache Untersuchung der Bundesanstalt für Geowissenschaften und Rohstoffe (BGR). Das ZDF produzierte auf Basis der Untersuchungen der BGR und anderer Quellen in seiner Sendung »planet e.« einen reißerischen Beitrag zu Infraschall bei Windkraftanlagen und erklärte die Windkraft zu einem ernsthaften Gesundheitsproblem. Das Problem dabei war aber: In ihrer Untersuchung hatte sich die BGR um einige Größenordnungen verrechnet, und auch alle anderen Quellen waren mehr als fragwürdig.

»Die Infraschallbelastung in einem Auto liegt um Größenordnungen über der eines Windparks in sehr geringer Entfernung.«

Der Wissenschaftler Dr. Stefan Holzheu (2020) fand heraus, dass die Untersuchung der BGR völlig falsche Ergebnisse lieferte. Die Landesanstalt für Umwelt Baden-Württemberg (LUBW) (2020) hatte zuvor bereits in einer umfangreichen Studie gezeigt, dass schon in einer Entfernung von 700 Metern zu einer Windkraftanlage kein wirklicher Unterschied mehr zwischen den Infraschallmessungen bei ein- und ausgeschalteter Windkraftanlage feststellbar war. In der LUBW-Studie wurde auch die Infraschallbelastung im Autoinnenraum gemessen. Hier wurden Schalldruckpegel bestimmt, bei denen der Schalldruck um einige Zehnerpotenzen über den Messungen in 150 Metern Entfernung von Windkraftanlagen lag. Wer also Angst vor Infraschall hat, sollte einen sehr großen Bogen um Autos machen. Massenhafte Krankenhauseinweisungen durch Infraschallopfer nach Autofahrten wurden bisher aber nicht beobachtet. Das zeigt, wie unsinnig die Infraschalldiskussion bei Windkraftanlagen ist.

Die BGR tat sich aber schwer, den Rechenfehler zuzugeben. Erst auf öffentlichen Druck infolge der Publikationen von Dr. Stefan Holzheu, einer speziellen Folge zu Infraschall in unserem Podcast und der Kritik von Prof. Dr. Martin Hundhausen knickte die BGR ein. Sogar der für die BGR zuständige ehemalige Wirtschaftsminister Peter Altmaier entschuldigte sich daraufhin öffentlich für den Rechenfehler. Damit ist die Windkraft in Sachen Infraschall rehabilitiert. Eine ernst zu nehmende Gefahr gibt es nicht.

Eine andere Studie von Crichton et al. (2013) zeigt aber Gründe, warum das Thema Infraschall doch krank machen kann. Zwei Personengruppen wurden mit Infraschall beschallt. Der ersten Gruppe wurde zuvor von Risiken durch Infraschall erzählt, der zweiten Gruppen wurde erläutert, dass der Infraschall harmlos ist. Während es bei der zweiten Gruppe keine Effekte gab, klagten einige Personen der ersten Gruppe über gesundheitliche Probleme durch den Infraschall. In der Wissenschaft nennt man diesen Effekt den Nocebo-Effekt. Es ist nicht der Infraschall, der krank macht, sondern die Angst davor.

Wer sind die echten Vogelkiller?

Interessant ist auch, wie viele Menschen in Bezug auf die Windkraft plötzlich ihre Liebe zu Vögeln entdecken. Geht es um die Verhinderung von Windparks, gewinnt die Ornithologie plötzlich ganz neue Fans. Ein seltenes Vogelbrutpaar kann nämlich zu einem Volltreffer werden: einen Rotmilan entdeckt, und schon ist der geplante Windpark Geschichte. Nun brüten seltene Brutpaare nicht immer an derselben Stelle. Doch hat ein Vogelbrutpaar ein Windparkprojekt erst einmal beerdigt, ist auf absehbare Zeit nicht mehr viel zu machen. Rechtliche Grundlage ist das Bundesnaturschutzgesetz. Dieses verbietet, Tiere von besonders geschützten Arten zu töten, zu verletzen oder zu stören.

Als besonders schützenswert gilt dabei beispielsweise der Rotmilan, der in jüngster Vergangenheit unzählige Windparkprojekte verhindert hat. Die Fachagentur Windenergie an Land (2019) veröffentlichte eine Untersuchung im Landkreis Paderborn. Dort nahm die installierte Windkraftleistung zwischen 2010 und 2016 um mehr als das Doppelte zu. Der Rotmilanbestand blieb im Rahmen üblicher statistischer Schwankungen hingegen konstant. Ein negativer Einfluss auf den Vogelbestand durch den massiven Ausbau von Windenergie konnte in der Studie nicht festgestellt werden. Es gab nur sehr wenige Kollisionen von Rotmilanen mit Windkraftanlagen, was am Ende keinen Einfluss auf die Größe des Bestands hatte.

Trotzdem werden Windkraftanlagen von Windkraftgegner:innen gerne als Vogelschredder bezeichnet. Zahlen belegen das nicht, weil gar keine Statistik für Vogelkollisionen geführt wird. Diese ereignen sich sehr selten, und ihre Opfer werden meist nur zufällig gefunden. Ein bis fünf Vögel tötet eine Windkraftanlage nach Schätzungen pro Jahr, wobei die Zahlen je nach Standort sehr unterschiedlich ausfallen können. Auf alle Windkraftanlagen zusammen in Deutschland kommen somit jährlich etwa 100 000 tote Vögel.

Die wahren Vogelkiller lauern aber woanders. Von ihnen schießen wir auch noch süße Fotos und teilen sie auf Instagram: Katzen. Über 15 Millionen Katzen leben in Deutschland. Jede frei laufende Katze tötet mehrere Vögel pro Jahr. Die Schätzung der von Katzen getöteten Vögel reicht in die Größenordnung von bis zu 100 Millionen pro Jahr allein in Deutschland. Das sind tausendmal so viele tote Vögel durch Katzen wie durch Windkraftanlagen. Demonstrationen oder Bürgerinitiativen gegen Katzen hat es unseres Wissens in Deutschland aber noch nicht gegeben.

»Katzen und Fensterscheiben töten in Deutschland tausendmal mehr Vögel als Windkraftanlagen.«

Auch Hochspannungsmasten, Autos, Züge und Fensterscheiben töten ebenfalls deutlich mehr Vögel als Windkraftanlagen. Vor allem Glasscheiben bergen ein enormes Todesrisiko für Vögel. Die jährlichen Vogelopferzahlen an Fensterscheiben haben die gleiche Größenordnung wie die von Katzen. Dabei gäbe es eine einfache Abhilfe: spezielle Vogelschutzgläser. Schwarze aufgeklebte Vogelsilhouetten bringen nicht viel. Spezielle Folien oder Beschichtungen mit Mustern machen Fenster für Vögel sichtbar und verhindern Kollisionen. Es gibt inzwischen schon Beschichtungen, die im Wesentlichen nur UV-Licht reflektieren und somit für den Menschen kaum sichtbar sind. Sie werden aber nur von einem Teil der Vogelarten wahrgenommen. Die schnelle Verbreitung von Vogelschutzgläsern könnte viel mehr Vögeln das Leben retten als der komplette Verzicht auf Windkraftanlagen. Da sie die Aussicht aus dem Fenster etwas beeinträchtigen und zudem noch Geld kosten, ist der schnelle Durchbruch allerdings nicht zu erwarten. Wer aber aus Vogelschutzgründen die Windkraft ablehnt, jedoch das Eigenheim noch nicht mit Vogelschutzgläsern ausgestattet hat und dann noch eine Katze besitzt, kann es mit dem Vogelschutz nicht wirklich ernst meinen.

Im Gegensatz zu Windkraftanlagen stellt die Klimakrise eine eklatante Bedrohung für zahlreiche Vogelbestände dar. Insofern könnte das Verhindern von Windparks beim Schutz von Vogelarten am Ende genau das Gegenteil erreichen. Werden immer mehr Windparks verhindert, um einzelne Brutpaare vermeintlich zu schützen, wird die Klimakrise schon in wenigen Jahrzehnten vielen Arten endgültig den Garaus machen. Auch die Art und Weise, wie wir Landwirtschaft betreiben, hat ein dramatisches Vogelsterben ausgelöst. Hintergründe dazu werden wir im nächsten Kapitel ausführlicher erläutern.

Windkraftbremse Ausschreibungen

Doch von den Vorurteilen zurück zum lahmenden Windenergieausbau: Die immer weiter gefassten Abstandsregeln sind nicht die alleinigen Gründe für den dramatischen Einbruch beim Bau neuer Windparks. Bereits 2016 wurde durch die damalige Bundesregierung vom SPD-geführten Wirtschaftsministerium mit dem damals novellierten Erneuerbare-Energien-Gesetz ordentlich Axt an den Windenergieausbau angelegt. Auch die SPD hat damit große »Erfolge« beim Ausbremsen der Energierevolution vorzuweisen. Mit dem Argument, es brauche beim Windenergieausbau mehr Marktwirtschaft und niedrigere Kosten, wurden die über viele Jahre geltenden festen Einspeisevergütungen durch Ausschreibungen ersetzt. Seit 2017 finden regelmäßig Ausschreibungen statt. Windkraftfirmen müssen sich erst mit einem Angebot bei der Bundesnetzagentur erfolgreich bewerben, bevor sie eine Förderung bekommen können. Die Firmen, die die geringste Einspeisevergütung beanspruchen, erhalten den Zuschlag. Alle anderen gehen leer aus.

Ein wichtiger Erfolgsgarant beim Ausbau der Windenergie waren bis dahin Windprojekte mit direkter Beteiligung von Bürgerinnen und Bürgern. Sie konnten Anteile an Bürgerenergiegenossenschaften erwerben, die dann vor Ort Windparks bauten. Das führte zu einer starken Identifikation mit den Windparks und zu einer hohen Akzeptanz. Es ist ein wichtiger Unterschied, ob eine Windkraftanlage nur den Ausblick auf die Landschaft verstellt und dabei noch Geräusche verursacht oder ob jede Umdrehung Geld in die Haushaltskasse spült. Genau solche Projekte haben aber die neuen Regeln aus dem Markt gedrängt. Um sich bei einer Ausschreibung überhaupt bewerben zu können, muss erst einmal mit viel Geld in Vorleistung gegangen werden. Für die Bewerbung sind meist teure Umweltverträglichkeitsprüfungen nötig. Kommt man bei der Ausschreibung nicht zum Zuge, ist das dafür investiere Geld weg. Für Bürgerenergiegenossenschaften hat das neue Verfahren das Geschäftsmodell radikal verändert. Früher konnte man einen Windpark entwickeln und wusste lange Zeit im Voraus, wie viel Geld damit zu erwirtschaften war. Das war eine sichere Geldanlage. Heute heißt es: »Liebe Bürgerinnen und Bürger. Investiert in unseren Windpark. Wenn wir Glück haben, gewinnen wir eine Ausschreibung, und ihr bekommt euer Geld mit einer kleinen Rendite zurück. Gewinnen wir nicht, ist euer Geld halt weg.« So etwas funktioniert nicht. Das Geschäft machen darum nun finanzstarke Gesellschaften, die auch Misserfolge bei den Ausschreibungen finanziell wegstecken können.

Dennoch verkaufen alle an der Einführung der Ausschreibung beteiligten politischen Kräfte diese als vollen Erfolg der Marktwirtschaft. Durch die Ausschreibung seien die Kosten für Windparks und damit auch die Kosten für die Energiewende drastisch gefallen. Kunststück! Bei der Ausschreibung werden von der Regierung die Mengen vorgegeben. Diese wurden etwa nur halb so groß gewählt, wie der Markt vor Einführung der Ausschreibungen war. Liebe Autohersteller: »Nach einem Beschluss der Bundesregierung dürft ihr nächstes Jahr nur noch halb so viel Autos verkaufen. Den Preis der Autos werden wir auf Auktionen bestimmen. Alle, die zu teuer anbieten, werden leer ausgehen. Die preiswerten Autos werden wir dann interessierten Bürgerinnen und Bürgern zuteilen.« Wetten, dass so auch die Preise für Autos drastisch fallen würden? So könnten wir auch die für den Klimaschutz verträgliche Zahl an Autos festlegen. Lasst uns also Ausschreibungen für Autos einführen! Dass man dann vermutlich zehn Jahre auf die Zuteilung eines Autos warten müsste und damit sicher große Begeisterung bei der Bevölkerung auslösen würde: egal. Irgendwie erinnert uns das Modell aber eher an die Zeit des Trabis als an die viel gepriesene Marktwirtschaft.

Inzwischen fällt es sogar schwer, bei diesen geringen Ausschreibemengen genügend Anbieter für Windparks zu begeistern. Würde man bei der Ausschreibung die Mengen drastisch erhöhen, sodass die für wirksamen Klimaschutz benötigte Zahl an Windkraftanlagen gebaut werden könnte, würden auch die Preise bei den Ausschreibungen sehr stark ansteigen. Die wenigen verbleibenden Anbieter hätten dann praktisch keine Konkurrenz mehr und würden alle die höchstmöglichen Preise verlangen. Auch das sind die Regeln des Marktes. Und das wusste auch die Regierung. Sie hat deshalb die Kosten für die maximalen Gebotspreise schon einmal vorsorglich gedeckelt. Ganz klar, für wirksamen Klimaschutz können die Ausschreibungen nicht so bleiben, wie sie sind. Kleine Akteure wie Bürgerenergiegenossenschaften sollten dringend wieder einen sicheren Planungsrahmen außerhalb der Ausschreibungen erhalten.

Neue Ideen sind gefragt

Ist der Standort einer Windkraftanlage erst einmal genehmigt und das Fundament fertiggestellt, kann diese in einem guten Tag aufgebaut werden. Von der Idee eines Windparks bis zur Fertigstellung dauert es heute aber durchschnittlich vier bis fünf Jahre. Im Extremfall können auch mehr als zehn Jahre vergehen. Für den Bau sind erst einmal Flächen zu sichern, Regionalpläne und Flächennutzungspläne anzupassen, in vielen Fällen eine Umweltverträglichkeitsprüfung vorzunehmen und dann ein monatelanges, bei Überlastung der Behörden auch manchmal jahrelanges Genehmigungsverfahren zu durchlaufen. Windprojekte müssen öffentlich bekannt gemacht werden, Widersprüche sind möglich, und wenn diesen nicht stattgegeben wird, kann auch geklagt werden. Klagen können nicht nur betroffene Bürgerinnen und Bürger, sondern auch Verbände. Bis dann die Gerichte endgültig entschieden haben, kann es in Deutschland im schlimmsten Fall auch noch einmal Jahre dauern. Sind in der Zeit die beantragten Windkraftanlagen veraltet, muss die Planung an modernere Windkraftanlagen angepasst werden. Das kostet wiederum wertvolle Zeit und bietet Raum für neue Klagen.

Am meisten wird in den Bundesländern geklagt, die vergleichsweise wenige Windkraftanlagen haben. Bayern und Hessen sind bei der Klagefreudigkeit in der Spitzengruppe. Hauptklagegrund ist der Artenschutz. Die meisten Klagen werden von Umwelt- und Naturschutzverbänden eingereicht. Aber auch Privatpersonen und Bürgerinitiativen ziehen häufig vor Gericht. Es ist schon reichlich absurd, wenn der Artenschutz den Klimaschutz aushebelt. Bis ein Projekt vor Gericht scheitert, wurde bereits viel Zeit, Energie und Geld investiert. Besonders klagefreudig war in der Vergangenheit der Naturschutzbund Deutschland (NABU) und zog damit den Zorn der Klimaschutzbewegung auf sich. Inzwischen gibt es Ideen zur Befriedung der Lage. Damit nicht bei jedem einzelnen Windrad ein Klagemarathon droht, sollen Vogelausschlussgebiete bestimmt werden, in denen besonders viele gefährdete Vögel leben. Dafür sollen dann in anderen Regionen einzelne Brutpaare im Bereich von Windparks toleriert werden. Auch gegen solch sinnvolle Ideen gibt es bereits neue Widerstände. Andere Vorschläge fordern, aus Klimaschutzgründen spezielle Regelungen für Windkraftanlagen festzulegen, die klare und bundeseinheitliche Abstände zu gefährdeten Arten definieren und trotzdem genügend Raum für den Bau von Windkraftanlagen lassen.

Ein weiteres großes Hindernis für Windparkprojekte stellen Drehfunkfeuer der Flugsicherung, Interessen der Bundeswehr und Erdbebenmessstellen dar. Hier müssen Abstände von bis zu 15 Kilometern eingehalten werden. Technisch ist das in vielen Fällen gar nicht erforderlich. Es hat aber lange gedauert, bis diese Erkenntnis auch zu mehr Windkraftflächen führen wird. Bis zum Jahr 2025 sollen Funkfeuer der

Flugsicherung umgerüstet und vermehrt auf Satellitennavigation gesetzt werden.

Um den Windenergieausbau flottzubekommen, müssen überall verlässlich Flächen im Umfang von zwei Prozent der Landesfläche ausgewiesen werden. Der Nichtbau von Windparks verursacht hohe Klimafolgeschäden und treibt auch die Kosten für die Energierevolution deutlich nach oben. Landkreise und Bundesländer, die nicht die nötigen Flächen ausweisen wollen, sollten die dadurch verursachten hohen Kosten für teure Stromimporte zum Erreichen der Klimaneutralität schultern müssen. Bürgerinnen und Bürger sollten in Zukunft intensiver bei der Windkraftplanung bereits im Vorfeld beteiligt werden. Dabei sollte es aber nur um die Frage gehen, wo und nicht ob Windparks gebaut werden. Wichtig ist es auch, wieder mehr Bürgerenergieprojekte an den Start zu bekommen. Wenn Gemeinden mit ihren Bürgerinnen und Bürgern von den Windparkprojekten vor ihrer Haustür direkt profitieren, lässt sich auch die Akzeptanz für den für die Klimaneutralität nötigen Windenergiezubau erreichen.

ESSEN WIR UNSERE
ZUKUNFT AUF?

*Die bisherigen Kapitel haben sich mit verschiedenen Aspekten der Energie-
revolution inklusive Verkehrs- und Wärmewende beschäftigt. Doch selbst
wenn wir eine Energieversorgung aufgebaut haben, die ganz ohne Erdöl,
Erdgas und Kohle funktioniert und bei der kein klimaschädliches Kohlendioxid mehr ausgestoßen wird, haben wir den globalen Temperaturanstieg
immer noch nicht im Griff. Wir würden zwar deutlich langsamer in die Klimakrise schlittern, aber die Gefahr wäre noch längst nicht gebannt. Darum
lenken wir jetzt den Fokus auf eine tickende Zeitbombe, die bei den Auslö-
sern der Klimakrise nach unserer Energieversorgung direkt auf Platz zwei
folgt: unsere Ernährung und unsere Landwirtschaft. Weil unsere heutige
Landwirtschaft zudem auch ein zentraler Treiber für das aktuelle Massen-
aussterben ist, beschäftigen wir uns in diesem Kapitel mit den Fragen »Essen
wir unser Klima kaputt?« und vor allem »Was können wir dagegen tun?«.*

Je nachdem, welche Statistik und Studie man zitiert, schwankt der Anteil der Ernährung am Treibhauseffekt zwischen weniger als zehn Prozent und über 30 Prozent. Lässt sich das nicht genauer sagen, und woher kommt diese enorme Bandbreite?

Laut Umweltbundesamt (2021c) entfielen im Jahr 2020 in Deutschland 8,2 Prozent der Treibhausgasemissionen auf die Landwirtschaft.
Dafür sind vor allem Methanemissionen aus der Tierhaltung und
Lachgasemissionen aus landwirtschaftlichen Böden als Folge der
Stickstoffdüngung verantwortlich. Methan stammt zu 73 Prozent aus
der Rinder- und Milchkuhhaltung und macht gut die Hälfte der Emissionen der Landwirtschaft aus. Damit sind Rinder allein für knapp

drei Prozent der deutschen Treibhausgasemissionen verantwortlich. Damit liegt die Rinderhaltung sogar knapp über der deutschen Zementindustrie. Warum der Klimafußabdruck der Rinder so groß ist, werden wir später noch einmal genauer erläutern.

»Die Rinderzucht in Deutschland verursacht mehr
direkte Treibhausgasemissionen als die Zement-
industrie.«

Bei den genannten Emissionen handelt es sich nur um die direkten Emissionen der Landwirtschaft in Deutschland. Der Selbstversorgungsgrad in Deutschland liegt bei knapp 90 Prozent, wir sind also auf Nahrungsmittelimporte angewiesen und müssten uns deshalb Emissionen anrechnen, die im Ausland entstehen. Aber auch dann haben wir noch lange nicht alle Emissionen erfasst, die auf unsere Ernährung zurückzuführen sind. Bislang haben wir nur die direkten Emissionen der Landwirtschaft betrachtet. Zu denen kommen aber noch jede Menge indirekte Emissionen hinzu.

Bleiben wir erst einmal bei der Kuh. Für sie muss Viehfutter angebaut, geerntet, transportiert und gelagert werden. Für den Anbau des Viehfutters wird Dünger benötigt. Die Kuh braucht einen Stall, der gebaut und unterhalten werden muss. Am Ende wird sie mit einem LKW zum Schlachthof transportiert, dort getötet und zerlegt. Manchmal stammt das Rindfleisch aus weit entfernten Regionen wie Argentinien oder den USA. Dann sind Transporte über große Strecken im Schiff oder sogar im Flugzeug nötig. Am Ende bringt es der Kühllaster in den Großhandel und dann in den Supermarkt oder zum Boulettendealer unserer Wahl. Die Kühlkette muss aufrechterhalten werden, bis das Fleisch auf dem Grill oder in der Pfanne landet. All das braucht viel Energie. Um diese bereitzustellen, entsteht fast überall Kohlendioxid. Statistisch gesehen werden diese Emissionen dem Energieverbrauch zugeordnet, ursächlich ist aber unsere Ernährung dafür verantwortlich.

Für unseren Fleischkonsum brennt
der brasilianische Regenwald

Die größten indirekten Effekte der Land- und Viehwirtschaft entstehen allerdings bei der Vernichtung der Regenwälder. Im Jahr 2019 gab es in Deutschland eine Welle der Entrüstung, weil in Brasilien gigantische Regenwaldflächen brannten. Seitdem hat sich wenig geändert. Die Vernichtung der Wälder geht munter weiter, nur schauen wir aktuell nicht mehr so genau hin. In Brasilien verschwinden die Bäume aber nicht, weil dort Sägen aus irgendwelchen unerfindlichen Gründen ein Volkssport wäre. Durch Brandrodung werden neue Weideflächen oder landwirtschaftliche Flächen geschaffen, unter anderem, um Viehfutter für die deutsche Tierproduktion anzubauen. Wir haben 2019 viele Krokodilstränen um den brasilianischen Regenwald vergossen und auf die brasilianische Regierung geschimpft. Wenn wir aber die Waldzerstörung stoppen wollen, geht das nicht mit Appellen an die brasilianische Regierung, sondern nur mit einer schnellen Veränderung unserer Ernährungsgewohnheiten. Laut WWF (2021) war die EU im Jahr 2017 allein für die Emission von 116 Millionen Tonnen Kohlendioxid verantwortlich, die durch die Waldzerstörung für ihre Agrarimporte entstehen. Das entspricht den gesamten Kohlendioxidemissionen unserer Nachbarländer Österreich und Dänemark zusammen. Nur China zerstört weltweit mehr Wald als Europa.

Die Summe aller indirekten Emissionen ist nicht exakt zu ermitteln, und verschiedene Studien weichen stark voneinander ab. Wenn wir bei der Nahrungsmittelproduktion neben den genannten direkten Emissionen von etwa acht Prozent in Deutschland alle indirekten Emissionen berücksichtigen, dürfte aber ein Anteil von 20 bis 30 Prozent am Treibhauseffekt der Wirklichkeit nahe kommen. Das ist etwa doppelt so viel, wie der PKW-Verkehr in Deutschland verursacht.

»Die Nahrungsmittelproduktion hat einen Anteil von 20 bis 30 Prozent am von Deutschland verursachten Treibhauseffekt. Das ist etwa doppelt so viel, wie der PKW-Verkehr verursacht.«

Es reicht also beim Klimaschutz nicht, sich nur auf die Energiewende zu konzentrieren. Wir müssen auch unsere Ernährung und Landwirtschaft im Fokus haben. Dieser Bereich kommt in der öffentlichen Diskussion oft viel zu kurz.

Über Veränderungen unserer Ernährungsgewohnheiten will aber niemand so richtig reden. Die Grünen hatten 2013 das Thema etwas verunglückt mit dem Veggieday in den Wahlkampf gebracht und wurden daraufhin ziemlich abgestraft. Das hat sie so geschockt, dass ihnen das heute noch in den Knochen steckt. Selbst Klimaschutzorganisationen klammern das Thema gerne aus. Die Sorge ist groß, damit an Zustimmung zu verlieren.

Aber natürlich dürfen wir die Ernährung nicht dauerhaft ausblenden. Sie gehört zum Gesamtpaket Klimaschutz ganz klar dazu. Ein Teil der indirekten Emissionen der Landwirtschaft in den Bereichen Verarbeitung, Transport und Handel würde erheblich sinken, wenn wir sämtliche Energie mit erneuerbaren Energien abdecken. Aber es reicht nicht aus, und bis sämtliche Energie aus erneuerbaren Energiequellen stammt, werden selbst im besten Fall noch zehn bis 15 Jahre vergehen. Bis dahin gibt es durchaus auch andere Möglichkeiten, bei der Verarbeitung, dem Transport und im Handel einiges an Treibhausgasen einzusparen. Das Zauberwort heißt regionale Landwirtschaft. Je weniger die Nahrungsmittel transportiert werden müssen, desto weniger Emissionen fallen an.

Besonders mies ist die Klimabilanz, wenn Lebensmittel mit dem Flugzeug zu uns transportiert werden. Die Kohlendioxidemissionen können dann über hundertmal so groß wie beim Schiffstransport sein. Bei leicht verderblichen Waren aus fernen Ländern sollten die

Alarmglocken angehen. Frische Papayas sind lecker, aber schnell überreif. Darum ist für sie der Flieger das Transportmittel Nummer eins, genauso wie bei frischem Fisch oder Erdbeeren im Winter, die nicht aus Europa kommen. Den Waren sieht man den Flugtransport aber nicht an. Deshalb müssen wir Druck machen, dass Flugtransporte bei Lebensmitteln gekennzeichnet werden müssen. Das reicht aber nicht aus. Damit wir uns beim Einkauf orientieren können, muss künftig dringend der Klimafußabdruck auf Lebensmitteln angegeben werden.

Das Schiff ist pro Kilometer deutlich besser als das Flugzeug. Wenn aber Waren im Kühlcontainer um den halben Globus geschippert werden, ist die Klimabilanz auch nicht wirklich gut. Das spricht erst einmal dafür, regionale Lebensmittel zu kaufen. Aber dieses Argument stimmt auch nicht immer. Wenn regionale Lebensmittel sehr lange in Kühlhäusern lagern, braucht das auch viel Energie, und damit entstehen ebenfalls große Mengen an Treibhausgasen. Der Apfel aus Deutschland, der ein gutes halbes Jahr im Kühlhaus verbracht hat, ist nicht mehr unbedingt im Vorteil gegenüber dem frischen Apfel, der viele Tausend Kilometer per Schiff zurückgelegt hat.

Wer nach dem Grundsatz »Möglichst regional und möglichst saisonal« einkauft, wird in puncto Treibhausgasemissionen meist sehr gut abschneiden. Wobei das zugegebenermaßen nicht immer ganz einfach ist. Im Winter wächst Obst in Deutschland bestenfalls im Gewächshaus, und auch das braucht viel Energie. Grünkohl steht wiederum nicht unbedingt bei allen ganz oben auf der Liste der Lieblingsspeisen. Vielleicht sollten wir ein wenig Nachhilfe bei unseren Groß- und Urgroßeltern nehmen. Sie kennen oft noch leckere Rezepte mit saisonalen Produkten. Sie sind in einer Zeit groß geworden, wo man sich mit dem behelfen musste, was da war. Papayas und Erdbeeren im Januar stehen noch nicht so lange auf dem Speiseplan. Es ist schön, dass das Einkochen oder, wie man früher sagte, das Einwecken langsam wieder in Mode kommt. Es ist eine gute Möglichkeit, Obst und Gemüse aus der Region auch im Winter zu genießen. Für die eingeweckten Lebensmittel reicht dann auch ein kühler Keller aus, der für die weitere Lagerung keine Energie mehr braucht.

Neben Transport und Lagerung spielt die Verarbeitung eine große Rolle. Für ein Kilo Rindersteak entstehen über hundertmal mehr Treibhausgasemissionen als für ein Kilo Kartoffeln. Werden die Kartoffeln zu Tiefkühlpommes weiterverarbeitet, verschlechtert sich ihre Klimabilanz etwa um den Faktor 30. So richtig groß ist der Abstand zum Rindersteak dann nicht mehr. Je stärker ein Lebensmittel verarbeitet ist, desto schlechter ist die Klimabilanz.

Je stärker ein Lebensmittel verarbeitet ist, desto ungesünder ist es auch in den meisten Fällen. Insofern gibt es sogar zwei Gründe, um auf stark verarbeitete Lebensmittel zu verzichten. Einige Menschen haben aber inzwischen das Kochen regelrecht verlernt. Natürlich ist es bequem, einfach eine Tiefkühlpizza in den Ofen zu schieben. Wenn man das ab und zu einmal macht, kann das das Klima und unsere Gesundheit noch verkraften. Für viele Menschen gehört es aber inzwischen zum Alltag, was sicherlich auch mit unserem zunehmend stressigeren Leben zusammenhängt. Für den Klimaschutz und unsere Gesundheit sollten wir lernen, öfter mal wieder richtig zu kochen und ganz bewusst dafür Zeit einzuplanen.

Für alle chronischen Kochmuffel gibt es auch noch Hoffnung. Vielleicht finden sich ein paar Freundinnen und Freunde, die gut, gesund und auch noch gerne kochen. Im Zeitalter der Klimakrise könnte diese Kompetenz den eigenen Beliebtheitsgrad deutlich steigern. Wenn wir schnell mit der Energiewende vorankommen, können wir uns ein paar der Ernährungssünden auch weiter leisten, wenn die Energie dafür klimaneutral erzeugt wird. Dann fallen zumindest die indirekten Emissionen beim Transport, der Verarbeitung und dem Handel nicht mehr wirklich ins Gewicht. Wer also gerne weiter Tiefkühlprodukte oder saisonfremde frische Lebensmittel konsumieren möchte, sollte Druck machen, dass die Energierevolution und die Verkehrswende im Expresstempo vorankommen.

Einen Punkt haben wir auch noch nicht besprochen: den Weg zum

Supermarkt. Auch hier gibt es entscheidende Unterschiede. Legt man ihn zu Fuß oder mit Fahrrad zurück, fällt die Klimabilanz nicht weiter ins Gewicht. Auch das Elektroauto, das mit grünem Strom geladen wurde, schneidet noch ganz gut ab. Wer aber für eine Handvoll Lebensmittel mit einem alten Diesel anrückt, kann selbst die Klimabilanz der besten regionalen und saisonalen Bioprodukte völlig ruinieren.

Lachgasemissionen und Artensterben

Kommen wir zu den Emissionen zurück, die wir nicht durch die Energierevolution in den Griff bekommen können: die direkten Emissionen aus der Landwirtschaft und die indirekten Emissionen aus der Waldzerstörung. Zu den direkten Emissionen der Landwirtschaft zählen, wie bereits erwähnt, Methan und Lachgas.

Ein Kilogramm Lachgas verursacht einen etwa 300-mal größeren Klimaschaden als ein Kilogramm Kohlendioxid. Etwa sechs Prozent des weltweiten Treibhauseffekts gehen auf das Konto von Lachgas. Rund 80 Prozent der Lachgasemissionen in Deutschland werden von der Landwirtschaft verursacht. Hauptquelle ist die mineralische und organische Stickstoffdüngung. Durch natürliche Prozesse im Boden wird ein Teil der Düngemittel in Lachgas umgewandelt und an die Atmosphäre abgegeben. Je intensiver gedüngt wird, desto größer sind die Lachgasemissionen.

Die Politik hat versucht, mit einer Düngeverordnung die Stickstoffmenge zu begrenzen. Zwischen 1990 und 2018 nahmen die Lachgasemissionen aus landwirtschaftlichen Böden darum um gut 14 Prozent ab. Viel wirkungsvoller wäre die großflächige Umstellung auf ökologische Landwirtschaft. Im Vergleich zur konventionellen Landwirtschaft entstehen dabei 40 Prozent weniger Lachgasemissionen pro Hektar. Fairerweise muss man dazusagen, dass auch die Erträge der ökologischen Landwirtschaft pro Hektar oftmals etwas niedriger sind. Trotzdem bleibt unterm Strich eine deutliche Reduktion der Lachgasemissionen, und es gibt neben dem Klimaschutz noch andere Gründe, die für die deutliche Ausweitung des Ökolandbaus sprechen.

Wenn man sich einen konventionell bewirtschafteten Acker anschaut, ist er nahezu klinisch tot. Die Nutzpflanzen stehen in Reih und Glied in fest genormten Abständen. Außer den Nutzpflanzen gibt es auf den Äckern so gut wie kein anderes Leben. Pestizide sorgen dafür, dass kein anderes Kraut mehr wächst. Man sieht auch kaum mehr Insekten und mangels Nahrung auch kaum mehr Vögel. Wir befinden uns mitten im größten Artensterben seit dem Aussterben der Dinosaurier. Wer es sehen will, muss nur einen genauen Blick auf unsere Äcker werfen.

Eine Untersuchung von Hallmann et al. (2017) in verschiedenen Naturschutzgebieten in Deutschland kam zu dem Ergebnis, dass in 27 Jahren die Menge an Fluginsekten um über 75 Prozent zurückgegangen ist. Wer etwas älter ist und Auto fährt, kann diese dramatische Entwicklung aus eigener Erfahrung bestätigen. Früher musste man auf Urlaubsfahrten die Windschutzscheibe regelmäßig reinigen, weil sich so viele Insektenreste angesammelt hatten, dass man irgendwann kaum mehr etwas sehen konnte. Heute bleibt die Scheibe bis auf wenige kleine Flecken fast klinisch rein. Mit den Insekten verschwinden dann auch viele andere Arten. Von den Insekten ernähren sich viele Vögel. Nach Gerlach et al. (2016) hat Deutschland zwischen 1992 und 2016 etwa 14 Millionen Brutvögel verloren. Wenn man sich das bildlich vorstellt, wäre das ein Drehbuch für einen perfekten Horrorfilm. Aber das ist keine Fiktion. Das ist unsere Welt. Und es wird nicht dabei bleiben, dass wir beim Spaziergang weniger Insekten und Vögel sehen. Eher früher als später sind auch wir Menschen betroffen. Wir sind das letzte Glied in der Nahrungskette.

Für das Insektensterben gibt es verschiedene Ursachen. Zu den Hauptursachen zählt aber der Einsatz von Pestiziden und Insektiziden in der intensiven Landwirtschaft. Diese töten nicht nur das Leben auf den intensiv bewirtschafteten Flächen, sondern werden mit dem Wind und dem Regen auch weit über das Land verteilt. Wir brauchen bei der Nahrungsmittelproduktion einen radikalen Kurswechsel. Unsere Landwirtschaft muss mit viel weniger Kunstdünger auskommen, um den Lachgasausstoß zu verringern. Außerdem müssen wir den Einsatz von Pflanzenschutzmitteln reduzieren, damit die Insekten und am Ende auch wir selbst überleben können.

Sie, liebe Leserinnen und Leser, können einen aktiven Beitrag zum Erhalt der Arten leisten: Kaufen Sie Ihre Lebensmittel möglichst aus biologischem Anbau. Damit ist nicht alles perfekt, aber es würde die Probleme deutlich reduzieren. Es gibt allerdings auch Menschen, die sagen, wir könnten gar nicht alle Menschen der Erde nur mit biologischer Landwirtschaft ernähren. Die Erträge pro Hektar würden sinken, und wir könnten durch den Ernterückgang nicht mehr alle Menschen satt bekommen.

Flächenräuber Viehwirtschaft

Der angeblich maßlose Flächenverbrauch der Biolandwirtschaft gehört zu jenen Behauptungen, die verhindern sollen, dass sich irgendetwas ändert. Dabei stehen wir mit dem Rücken zur Wand. Wenn wir nicht schnell und radikal Veränderungen einleiten, wird uns das Artensterben vor Probleme stellen, die wir uns lieber nicht ausmalen wollen. Flächenprobleme entstehen aber nicht durch den möglichen Ernterückgang bei der Umstellung auf Biolandwirtschaft, sondern unsere Sucht nach tierischen Lebensmitteln.

Die Heinrich-Böll-Stiftung et al. (2021) liefert dazu spannende Zahlen. Etwa 70 Prozent der gesamten landwirtschaftlichen Nutzfläche werden für Viehzucht als Weideflächen oder für den Futteranbau genutzt. Dabei liefert die Viehwirtschaft nur 37 Prozent des Proteins und gerade einmal 18 Prozent der Kalorienversorgung der Weltbevölkerung.

»Die Viehwirtschaft stellt nur 18 Prozent der Kalorien-
versorgung der Weltbevölkerung bereit. Dafür werden
aber 70 Prozent der landwirtschaftlichen Nutzfläche
für den Anbau von Viehfutter oder die Viehzucht
genutzt.«

Wenn wir den Konsum tierischer Nahrungsmittel deutlich reduzieren, werden genug Flächen frei, damit sich alle aus biologischem Anbau ernähren können. Es bleiben dann sogar noch Flächen übrig, die
wir in Naturschutzgebiete umwandeln oder wiederaufforsten können, womit sich weitere Treibhausgase einsparen lassen. Wir müssen
es nur wollen. Mehr als die Hälfte des in Deutschland genutzten Ge-
treides wird als Tierfutter eingesetzt. Wir könnten es einfach selbst
essen und gewinnen dadurch jede Menge freie Flächen. Der Konsum
tierischer Nahrungsmittel ist weltweit extrem ungleich verteilt. Während der Fleischverbrauch in Deutschland pro Kopf und Jahr bei
über 80 Kilogramm liegt, beträgt er in Indien etwa fünf Kilogramm.
Deutschland konsumiert etwa genauso viel Fleisch wie das extrem be-
völkerungsreiche Indien mit 1,4 Milliarden Menschen.

Die Probleme des Konsums tierischer Nahrungsmittel werden wie
so viele andere Probleme auf diesem Planeten überwiegend von den
reichen Ländern verursacht. Ärmere Länder versuchen unserem Vorbild zu folgen. In China ist der Fleischkonsum von knapp vier Kilogramm im Jahr 1960 bis heute auf rund 60 Kilogramm angestiegen.
Wollten alle Menschen auf der Erde so viel Fleisch essen wie wir in
Deutschland, dürften die Flächen des Planeten dafür kaum ausreichen. Weil wir so viel Fleisch essen und immer mehr andere Länder
sich unserem Fleischkonsum annähern, nimmt der Druck auf die Regenwälder immer mehr zu. Nur mit einer deutlichen Reduktion unseres Konsums tierischer Nahrungsmittel können wir die Regenwälder
auf Dauer erhalten.

Die Regenwälder mit ihrem Artenreichtum sind für die gesamte

Menschheit von existenzieller Bedeutung. Mit dem Verschwinden der Regenwälder nimmt auch das Risiko für weitere Pandemien spürbar zu. Weil wir die Lebensräume von Wildtieren immer mehr vernichten, kommt es zu immer mehr Kontakten von Wildtieren und Menschen. Dadurch steigt die Wahrscheinlichkeit von Zoonosen, also das Überspringen von Viren vom Tier zum Menschen. Viele Menschen sind sich der Probleme, die der Konsum tierischer Nahrungsmittel verursacht, gar nicht bewusst. Viele denken gerade noch an gequälte Tiere und das Tierwohl. Kaum jemand bringt aber die Vernichtung der Regenwälder, Pandemien, das dramatische Artensterben und den Treibhauseffekt mit tierischen Nahrungsmitteln in Verbindung.

Kühe rülpsen das Klima kaputt

Mit der Waldzerstörung und deren Ursachen haben wir einen der wichtigsten Einflüsse auf den Treibhauseffekt erläutert. Der Konsum tierischer Nahrungsmittel verstärkt aber auch an anderer Stelle den Treibhauseffekt: durch die Emissionen großer Mengen an Methan. Methan ist nach Kohlendioxid das zweitschädlichste Treibhausgas. 62 Prozent der Methanemissionen in Deutschland stammen aus der Landwirtschaft. 37 Prozent der Methanemissionen weltweit werden durch die Viehhaltung verursacht.

> *»Der Methanausstoß einer einzigen Kuh verursacht pro Jahr den gleichen Klimaschaden wie 18 000 Kilometer Dieselautofahren.«*

Das Methan wird zu großen Teilen von Wiederkäuern ausgestoßen. Beim Verdauungsprozess der Kuh entsteht unweigerlich Methan. Eine Kuh rülpst bis zu 100 Kilogramm Methan pro Jahr in die Atmosphäre. Methan ist vergleichbar mit Erdgas. Ein Feuerzeug vor die Kuh gehalten, und wir hätten einen Drachen. (Bitte nicht ausprobieren!) Eine

Kuh verursacht damit den gleichen Klimaschaden wie 18 000 Kilometer Auto fahren mit einem Dieselmotor. Darum schaden Rindfleisch und Milchprodukte dem Klima mit Abstand am meisten. Schaf und Ziege sind ebenfalls Wiederkäuer und damit für das Klima ähnlich problematisch. Wer nicht auf Fleisch verzichten will, sollte zumindest auf andere Sorten umsteigen. Weil Schweine oder Hühner ein anderes Verdauungssystem haben, rülpsen sie kein Methan. Riesige Flächen für ihr Futter brauchen sie aber auch. Trotzdem verursacht Schweinefleisch nur ein Viertel der Treibhausgase von Rindfleisch, Hühnerfleisch sogar nur ein Fünftel.

Ein veganes Grundnahrungsmittel ist in puncto Methanemissionen ebenfalls ein großes Problem: der Reis. Mikroorganismen in den gefluteten Reisfeldern erzeugen große Mengen an Methan. Reis hat damit einen 20-mal so großen Klimafußabdruck wie die Kartoffel, aber nur wenn die Kartoffeln nicht zu Tiefkühlpommes verarbeitet wurden. Dann lieber Reis. Auch im Vergleich zu Fleisch schneidet Reis besser ab. Der Abstand zu Rindfleisch liegt immerhin noch beim Faktor acht. Ganz einfach sind die Betrachtungen also nicht.

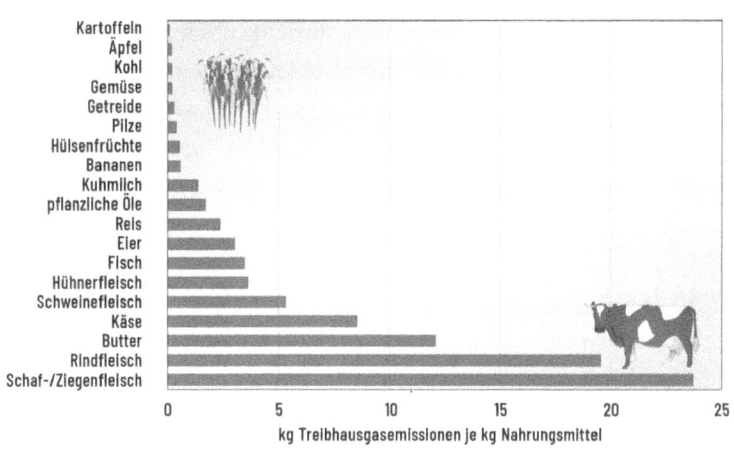

BILD 20 Treibhausgasemissionen in Kilogramm Kohlendioxidäquivalenten je Kilogramm Nahrungsmittel (Daten: Wolbart [2019])

Der hohe Fleischkonsum ist zudem alles andere als gesund. Er verursacht oder verschlimmert zahlreiche Krankheitsbilder wie Darmkrebs, Arthrose und Rheuma, Diabetes, chronische Entzündungen, Herz-Kreislauf-Erkrankungen und treibt so auch die Kosten unseres Gesundheitssystems in die Höhe.

Es gibt also auch hier gute Gründe, den Fleischkonsum deutlich zu reduzieren. Wollen wir den Treibhauseffekt im Griff behalten, müssen wir in Deutschland unseren Konsum tierischer Nahrungsmittel unter ein Fünftel drücken.

Vegane Ernährung für konsequenten Klimaschutz

Noch besser wäre, wenn sich die meisten Menschen bei uns überwiegend vegetarisch oder – noch besser – vegan ernähren. Viele machen um das Thema einen großen Bogen und können sich eine solche radikale Veränderung nicht wirklich vorstellen. Dabei können wir aus eigener Erfahrung sagen, dass Veränderungen der Ernährungsgewohnheiten am Ende ganz leicht sind, wenn man sich erst einmal dafür entschieden hat. Wir können die Bedenken durchaus verstehen, weil wir uns lange Zeit auch nicht vorstellen konnten, auf Butter und Eier beim Backen zu verzichten. Außerdem haben wir mit Käse Überbackenes geliebt: Lasagne, Pizza, Aufläufe. Das Unterbewusstsein liefert dann tausend Gründe und Ausreden, warum man doch schon genug für den Klimaschutz macht und darum problemlos weiter Milchprodukte verwenden kann. Wir wollten lange Zeit die Missstände in der Milchindustrie nicht wahrhaben und dachten, wir machen es doch schon richtig, wenn wir überwiegend Bioprodukte kaufen.

Erst als unsere Tochter im Zuge der Fridays-for-Future-Bewegung ein veganes Familienexperiment angestoßen hat, haben wir uns auf das Wagnis eingelassen, auf tierische Nahrungsmittel vollständig zu verzichten. Jetzt sind wir richtig glücklich damit. Wenn man dann bewusst in den Supermarkt geht, stellt man fest, wie extrem unsere Ernährung auf tierische Nahrungsmittel abgestellt ist. Vielen Produkten ist Ei oder Milchpulver zugesetzt und über meterlange Kühlregale sind Milchprodukte aller Art verteilt. Meistens ist der Zusatz von Ei oder Milchpulver völlig unsinnig. Vergleichbare vegane Lebensmittel schmecken mindestens genauso gut.

In den ersten Tagen ist die Umstellung schon eine kleine Herausforderung. Man muss die Zutatenliste aller Nahrungsmittel studieren und den eigenen Warenkorb umstellen. Vor allem im Bioladen gibt es aber tolle Alternativen. Außerdem bringt einen das vegane Leben auch automatisch dazu, mehr selbst und frisch zu kochen und so dem Klima und der eigenen Gesundheit zu helfen.

Wer auf vegane Ernährung umsteigen möchte, sollte Menschen mit Erfahrungen aus dem Umfeld oder entsprechende Gruppen im Internet nach den besten Produkten, nach bewährten Rezepten und nach Tipps und Tricks fragen. Viele glauben, sie müssten bei einer veganen Ernährung auf viele Lieblingsgerichte verzichten. Das stimmt aber nicht. Für fast alles gibt es inzwischen vegane Alternativen. Für Wurst, Hackfleisch und Bouletten gibt es die verschiedensten veganen Ersatzprodukte. Ausgangsstoffe sind Sojabohnen, Weizeneiweiß oder Erbsenproteine. Manche Fleischersatzprodukte kommen so nah an das Original heran, dass sie nur noch schwer von tierischer Wurst oder Fleisch zu unterscheiden sind. Wer wirklich will, findet unter den Fleischersatzprodukten sicher etwas für den eigenen Geschmack. Fleischersatzprodukte sind aber auch stark verarbeitet und für die Gesundheit nicht unbedingt besser als Fleisch. In der Umwelt- und Klimabilanz jedoch schlagen sie Fleisch um Größenordnungen.

Gesündere Alternativen sind Linsen-, Bohnen- und Vollkorngerichte. Die sind auch perfekt geeignet, um sich mit Eisen und Protein zu versorgen. Man muss Fleischprodukte auch nicht immer eins zu eins ersetzen. Unser Renner bei Grillpartys ist veganes Grillgemüse: verschiedene Gemüsesorten wie Paprika, Zucchini, Champignons, Zwiebeln oder grünen Spargel in handliche Stücke schneiden, in eine Schüssel geben und in kräftig gewürztem Olivenöl schwenken und dann in einer Grillschale rösten. Lecker. Das Zaziki dazu machen wir mit Sojaquark.

Manche Familien legen statt Fleisch auch Fisch auf den Grill. Fisch taugt in Sachen Umwelt- und Klimaschutz aber auch nicht als Alternative zu Fleisch. Bereits heute sind viele Meere überfischt, mit dramatischen Konsequenzen für die marinen Ökosysteme. Wenn nun alle Fleischesser auf Fisch umsteigen, würden die marinen Ökosysteme völlig kollabieren. Schleppnetze entreißen dem Meeresboden gigantische Mengen an dort gebundenem Kohlendioxid. Fischkutter und die Kühlkette benötigen viel Energie. Fischzuchtfarmen brauchen große Mengen an Fischfutter, das auch produziert werden muss und Flächen beansprucht. Deshalb schneidet Fisch bei der Treibhausgasbilanz auch nicht besser ab als Geflügelfleisch. Die für unsere Gesundheit wichtigen Omega-3-Fettsäuren kann man auch über Algen bekommen und muss nicht den Umweg über den Fisch nehmen.

Für wirksamen Klimaschutz müssen wir Fleisch und Fisch weitgehend ersetzen. Wer sich überwiegend vegetarisch ernährt, leistet schon einmal einen großen Beitrag zur Reduktion des Verzehrs tierischer Nahrungsmittel. Ein Großteil des Rinderbestands wird aber zur Produktion von Milch und Milchprodukten gehalten. Es ist also kaum sinnvoll, wenn wir uns alle nur noch vegetarisch ernähren und weiter unvermindert auf Milch und Milchprodukte zurückgreifen. Was machen wir dann mit all den Kühen, wenn sie nicht mehr genug Milch geben? Die Kühe werden heute ganz schnell ausgemustert. Eigentlich beträgt die Lebenserwartung einer Kuh rund 20 Jahre. Die Hochleistungsmilchkühe werden schon nach vier bis fünf Jahren zu Hackfleisch verarbeitet. Auch eine Biokuh lebt nicht viel länger.

Ersatz für Milch und Milchprodukte

Bislang konnten sich Vegetarierinnen und Vegetarier beim Konsum von Milchprodukten sicher sein, dass andere Menschen am Ende auch noch das Rindfleisch essen. Wirklich konsequent ist es also, nicht nur den Fleischkonsum, sondern auch den Konsum aller tierischen Nahrungsmittel drastisch zu reduzieren. Bei der Milch ist Ersatz inzwischen besonders einfach. Es gibt mittlerweile in allen Supermärkten zahlreiche Milchersatzprodukte auf Basis von Soja, Hafer, Dinkel, Reis, Kokos oder Mandeln. Im Gegensatz zur Milch gibt es dabei auch einen Vorteil: Bei Milchersatzprodukten gibt es nicht nur einen Einheitsgeschmack, sondern eine gigantische Auswahl. Hier sollten eigentlich alle eine Alternative finden. Natürlich kann man aus der Ersatzmilch auch Kakao machen, Pudding, Milchreis oder Grießbrei kochen oder sie für allerlei Kuchenrezepte einsetzen.

> *»Hafermilch, die nicht Hafermilch heißen darf, verursacht im Vergleich zur Kuhmilch 80 Prozent weniger Treibhausgasemissionen. Trotzdem wird Kuhmilch mit einer niedrigen Mehrwertsteuer von sieben Prozent subventioniert, während für Hafermilch 19 Prozent gezahlt werden müssen.«*

Die Entlastungen für das Klima sind enorm. Ein Liter Hafermilch verursacht im Vergleich zur Kuhmilch 80 Prozent weniger Treibhausgase, eine 79 Prozent geringere Landnutzung und einen um 60 Prozent niedrigeren Energieverbrauch. Ersatzmilch entwickelt sich immer mehr zum Trendprodukt. Jeder zehnte Liter Milch stammt inzwischen aus Ersatzprodukten. Kurioserweise dürfen Ersatzmilchprodukte in Deutschland aber nicht als Milch bezeichnet werden. Das ist ziemlich absurd. Uns drängt sich die Frage auf, warum Sonnenmilch dann Sonnenmilch heißen darf, obwohl diese auch nicht von der Kuh stammt.

Es ist außerdem schwer nachzuvollziehen, warum die meisten Milchersatzprodukte deutlich teurer sind als Kuhmilch. Die Kuh frisst mehr Kraftfutter, das aus Hafer oder Soja besteht, als Rohstoffe in der Ersatzmilch enthalten sind. Salopp gesagt: Kuhmilch enthält mehr Hafer als Hafermilch. Der ganze Aufwand der Rinderzucht kommt noch obendrauf. Wir brauchen dringend einen Milchpreis, von dem die Bäuerinnen und Bauern auch leben können und der den wahren Umwelt- und Klimaschaden widerspiegelt. Dann gäbe es auch einen klaren Preisvorteil für Ersatzmilchprodukte, was deren Verbreitung weiter beschleunigen würde. Die Politik erschwert stattdessen die Ernährungswende. Während für Kuhmilch der ermäßigte Mehrwertsteuersatz von sieben Prozent gilt, müssen für Ersatzmilchprodukte, die nicht Milch heißen dürfen, 19 Prozent gezahlt werden. Warum die Politik klimafreundlichere Alternativen zur Kuhmilch mit Strafsteuern belegt, ist überhaupt nicht nachzuvollziehen.

Auch für Milchprodukte gibt es inzwischen vegane Alternativen. Joghurt und Quark lassen sich auch aus Soja, Hafer oder anderen pflanzlichen Rohstoffen herstellen. Es gibt auch verschiedene Varianten an Pflanzensahne, die hervorragend zum Kochen eingesetzt werden können. Im normalen Supermarkt findet man auch pflanzliche Schlagcreme, die sich mit dem Rührgerät zu Schlagsahne aufschlagen lässt. Damit muss man bei der veganen Ernährung nicht einmal auf die Schwarzwälder Kirschtorte verzichten. Auch der Käsekuchen gelingt sehr gut mit Sojaquark. Im Internet finden sich zahlreiche auf vegane Zutaten optimierte Rezepte für Kuchen und Backwaren aller Art.

Kommen wir zum letzten Milchprodukt: dem Käse. Auch hier gibt es einige leckere Ersatzprodukte, die sehr gut für vegane Pizza oder Lasagne geeignet sind. Selbst Mozzarella-Ersatz, Blauschimmelkäse- oder Camembert-Ersatz auf Basis von Cashewnüssen gibt es im Handel.

Beim Ersatz von Eiern sollte man spezielle vegane Rezepte suchen. Das ist einfacher, als alte Rezepte anzupassen. Heute fragen wir uns, warum wir uns so sicher waren, dass wir unbedingt Eier für Kuchen und Backwaren brauchen. Geschmacklich gibt es da keinen Unterschied. Wahrscheinlich haben wir die Eier nur verwendet, weil wir schon immer Eier verwendet haben. Sogar für Rührei gibt es eine Alternative, die es geschmacklich sehr gut ersetzen kann. Die Basis sind Seidentofu und indisches Schwarzsalz.

Es finden sich inzwischen also für fast alle tierischen Nahrungsmittel Produkte, die diese gut ersetzen können. Niemand braucht beim Umstieg auf vegane Ernährung auf etwas zu verzichten. Geschmacklich gibt es hier und da kleine Veränderungen. Nicht selten schmecken die Alternativen am Ende aber sogar besser. Geschmack hat auch viel mit Gewohnheit zu tun. Wer auf vegane Ernährung umsteigt, kann natürlich auch eine Vielzahl neuer spannender Rezepte ausprobieren. Damit kann die Umstellung auf vegane Ernährung am Ende eine große Bereicherung und damit alles andere als ein Verzicht werden.

Am Ende sollten wir noch mal ganz kurz mit den Vorurteilen über Vitamin- und Nährstoffmangel bei veganer Ernährung aufräumen. Wobei die Argumente gerne von Menschen kommen, bei denen Gemüse nicht ganz oben auf dem Speisezettel steht. Auch für Menschen, die gerne Fleisch essen, gilt: Mindestens drei Portionen Gemüse pro Tag, das sind 400 Gramm, gehören bei einer ausgewogenen Ernährung auf den Speiseplan. Das erreichen viele Menschen nicht. Darum wirkt es etwas komisch, wenn Gemüsemuffel über Nährstoffprobleme einer veganen Ernährung philosophieren. Die wenigsten Menschen ernähren sich heute wirklich ausgewogen. Auch mit Fleisch und Milchprodukten kann es recht schnell zu einem Nährstoffmangel kommen. Unabhängig davon, ob man sich vegan ernährt oder nicht, sollten alle überprüfen, ob der eigene Ernährungsstil zu einem Nährstoffmangel führen kann. Wenn das der Fall ist, helfen sowieso nur eine Umstellung des täglichen Speiseplans oder gegebenenfalls Nahrungsergänzungsmittel.

Sehr häufig wird ein möglicher Vitamin-B12-Mangel als Argument gegen eine vegane Ernährung genannt. Vitamin B12 wird in der Natur durch einige Pflanzenwurzeln, aber vor allem durch Mikroorganismen produziert. Der Mensch, aber auch Zuchttiere wie Schweine sind auf eine Versorgung mit Vitamin B12 über ihr Futter angewiesen. Masttiere erhalten völlig selbstverständlich einen ganzen Cocktail an Nahrungsergänzungsmitteln. Über Schweinefleisch oder andere Fleischsorten gelangt dann das Vitamin B12 in den Menschen, zusammen mit all den anderen Zusätzen im Mastfutter wie beispielsweise Antibiotika.

Die Ablehnung eines Vitamin-B12-Zusatzes in der menschlichen Ernährung ist ziemlich grotesk. Wir lassen ein Schwein eine Vitamin-B12-Tabette fressen und essen dann das Tier auf, um stolz sagen zu können: »Durch unsere Ernährung brauchen wir keine Vitamin-B12-Tabletten.« Ist es nicht sinnvoller, die Vitamin-B12-Tablette selbst zu essen, als ein Tier das für uns machen zu lassen?

Den tierischen Nahrungsmitteln wird eine enorme Wichtigkeit zugemessen, die völlig fehl am Platz ist. Es gibt sehr viele Gründe, die für den Umstieg auf eine vegane Ernährung sprechen, und keine echten dagegen. Tierische Nahrungsmittel sind für unser Leben und unsere Gesundheit definitiv nicht notwendig. Man kann bei rein veganer Ernährung problemlos 100 Jahre alt werden. Bei einem hohen Fleischkonsum wird das schon schwieriger. Wenn wir weltweit den Fleischkonsum immer weiter nach oben treiben, dürfte die Lebenserwartung der kommenden Generationen durch die damit verursachten Folgen für die Umwelt und das Klima, aber auch die negativen Auswirkungen auf die Gesundheit signifikant sinken. Von der Hundert können dann die meisten vermutlich nur noch träumen.

WARUM IST HANDELN IN
DER KLIMAKRISE SO SCHWER?

Viele Menschen haben die Hoffnung bereits aufgegeben, dass wir die Klimakrise noch rechtzeitig stoppen können. Wir haben aber in diesem Buch gezeigt, dass es immer noch möglich ist, das Pariser Klimaschutzabkommen einzuhalten und damit die schlimmsten Klimafolgen abzuwenden. Die nötigen Technologien und Konzepte sind schon lange entwickelt. Leisten können wir uns den nötigen Wandel auch. Es gibt also keine unüberwindbaren technischen und ökonomischen Hürden. Das Problem ist der Mensch und seine mangelnde Fähigkeit für Veränderungen. Wir laufen direkt auf einen gigantischen Abgrund zu und glauben nicht, dass wir einfach stehen bleiben können. Warum eigentlich nicht? Warum nur fällt uns das Handeln in der Klimakrise so schwer?

Viele Menschen haben durchaus verstanden, dass wir ein Klimaproblem haben. In einer Umfrage der Europäischen Union (2021) gaben 93 Prozent der EU-Bürgerinnen und -Bürger an, dass für sie der Klimawandel ein »ernstes« Problem sei, für 79 Prozent sogar ein »sehr ernstes«. Doch der Weg von der Erkenntnis zum Tun ist weit. Viele haben nicht verstanden, dass wir mit unserem täglichen Handeln auch Verantwortung tragen und dass wir unsere Gewohnheiten und auch unsere Gesellschaft zum Stoppen der Klimakrise komplett verändern müssen.

In einer Umfrage der Unternehmensberatung Kearney (2019) gaben 22 Prozent aller Befragten an, dass der Verzicht auf die Plastiktüte die wichtigste Maßnahme zur Verringerung von Kohlendioxid sei. Plastiktüten verursachen ein enormes Müllproblem und tragen damit erheblich zur Umweltverschmutzung bei. Extreme Auswirkungen auf die globale Erwärmung haben sie aber nicht. Der durchschnittliche Plastiktütenkonsum verursacht gerade einmal drei Kilogramm an Kohlendioxidemissionen pro Jahr. Eine längere Flugreise schlägt mit mehreren Tausend Kilogramm zu Buche. Während 56 Prozent der Befragten auf Plastiktüten verzichten wollen, waren nur 17 Prozent bereit, auf einen Flug pro Jahr zu verzichten. Das zeigt, wie enorm wichtig beim Thema Klimakrise Aufklärung und Wissensvermittlung sind. Klimaschutz muss fester Bestandteil der Lehrpläne in allen Klassen werden – fachübergreifend. Nur so können wir die eklatanten Wissenslücken schließen. Nur wenn wir wissen, was wirklich zu tun ist, können wir es auch umsetzen. Das ist auch ein Grund, warum wir dieses Buch geschrieben haben. Liebe Leserin und lieber Leser: Helfen Sie mit, die Wissenslücken in Ihrem Umfeld zu schließen.

»In einer Umfrage wollten 56 Prozent der Befragten für den Klimaschutz auf Plastiktüten verzichten, nur 17 Prozent auf Flugreisen. Dabei verursachen Plastiktüten nur etwa drei Kilogramm an Kohlendioxidemissionen pro Person pro Jahr, Flüge leicht weit über tausend.«

Die Medien haben dabei auch eine sehr wichtige Aufgabe, der sie im Moment nicht im nötigen Umfang gerecht werden. Über Jahrzehnte haben viele Medien den Eindruck vermittelt, die Wissenschaft sei sich über die Klimakrise noch nicht einig. In vielen Beiträgen wurden allzu oft zwei Meinungen mit dem Argument »Journalismus muss ausgewogen berichten« gegenübergestellt. Allerdings ist es nicht ausgewogen, wenn man die erdrückende Mehrheitsmeinung der Wissenschaftlerinnen und Wissenschaftler einer Meinung von einer Minderheit an Klimaleugner:innen gegenüberstellt. Für die Leserschaft oder das Talkshow-Publikum werden diese Mehrheitsverhältnisse nicht ersichtlich. Am Ende bleiben viele mit dem Eindruck zurück, die Wissenschaft sei sich noch nicht einig. Bis das der Fall ist, kann man noch beruhigt warten und braucht nichts zu unternehmen. Unter dem Aspekt ist es völlig unbegreiflich, dass wir über Jahrzehnte mit »Börse vor acht« unterhalten wurden, die Sender aber nie selbst auf die Idee kamen, mit »Klima vor acht« über die Klimakrise zu informieren. Medien und Schule haben einen ganz großen Bildungsauftrag in Bezug auf die Klimakrise, der dringend erfüllt werden muss. Ein bisschen verbessert hat sich die Berichterstattung in den Medien seit der Fridays-for-Future-Bewegung durchaus. Aber sie wird lange noch nicht der Größe des Problems gerecht. Nur wer die ganze Dimension der Klimakrise erfasst hat, kann auch angemessen handeln.

Unsere Politikerinnen und Politiker haben bequemen Zugriff auf die wissenschaftlichen Fakten zum Klimaschutz. Zumindest, dass das Klima durch den Verzicht auf die Plastiktüte nicht gerettet ist, sollte bei den meisten angekommen sein. Trotzdem sind die meisten nicht bereit zu handeln. Auch bei vielen Bürgerinnen und Bürgern gibt es starke Diskrepanzen zwischen dem Wissen um die Klimakrise und dem eigenen Tun. In der erwähnten Umfrage von Kearney wurde immerhin nach der Plastiktüte der Verzicht auf eine Flugreise auf Platz zwei der wichtigsten persönlichen Maßnahmen zu Klimaschutz genannt. Bei den geplanten persönlichen Maßnahmen zur Verringerung der Kohlendioxidemissionen landete der Verzicht auf eine Flugreise aber auf dem vorletzten Platz. Hier bleibt man ratlos zurück. Warum fällt es den Menschen so schwer zu handeln, wenn sie die Zusammenhänge doch verstanden haben?

Die Macht des Unterbewusstseins

Um das erklären zu können, müssen wir uns ansehen, wie es zur Diskrepanz zwischen Wissen und Handeln kommt. Viele Menschen glauben, dass sie immer die volle Kontrolle über ihr Tun haben. Ihnen ist gar nicht klar, dass der allergrößte Teil ihres täglichen Handelns aus dem Unterbewusstsein gesteuert wird. Die Kontrolle, die ihnen so wichtig ist, gibt es also gar nicht. Wenn Menschen das Gefühl von Kontrollverlust haben, reagieren sie oft recht irrational, zum Beispiel mit dem Kauf von gigantischen Mengen an Klopapier in der ersten Welle der Coronakrise. Es fällt uns schwer zu akzeptieren, dass wir unsere Handlungen nicht wirklich kontrollieren, sondern das Unterbewusstsein das meiste steuert.

Dabei ergeben sich aus der Steuerung durch das Unterbewusstsein sehr viele Vorteile, aber eben auch einige Nachteile, die man aber mit bestimmten Techniken in den Griff bekommen kann. Die Steuerung aus dem Unterbewusstsein spart unserem Körper viel Energie und schützt uns vor Überforderung. Permanent prasseln enorm viele Sinneseindrücke auf uns ein. Würden wir auf alles mit dem Bewusstsein reagieren müssen, wären wir nach kurzer Zeit völlig überlastet und überfordert. Deshalb steuert uns das Unterbewusstsein nach bestimmten Routinen und mit alten Erfahrungen. Zu den Nachteilen gehört aber offensichtlich, dass genau diese Routinen das Handeln in der Klimakrise in vielen Bereichen völlig blockieren. Wir kennen das auch aus anderen Zusammenhängen, wenn man beispielsweise mit dem Rauchen aufhören möchte, abnehmen oder einfach mehr Sport treiben will. Wir wissen, dass das alles gut für uns ist, tun uns aber mit der Umsetzung oft unendlich schwer.

Um hier Auswege finden zu können, müssen wir erst einmal erklären, wie das Unterbewusstsein geprägt und geformt wird. Das Unterbewusstsein wird größtenteils in einem Alter zwischen null und sechs Jahren durch das, was wir in dieser Zeit erleben, bestimmt: durch Dinge, die uns immer wieder gesagt werden und die uns immer wieder vorgemacht werden. In dieser Zeit werden Werte geprägt, festigen sich Glaubenssätze und Routinen. An sie glauben wir dann oft unser ganzes Leben, es sei denn, wir hinterfragen sie irgendwann einmal. Es gibt viele klimaschädliche Beispiele, die sich bei Werten einprägen können: Das Auto ist ein Statussymbol. Es ist toll, sich mit dem Auto individuell zu bewegen. Das Fahrrad hat man für die Freizeit oder zu Sportzwecken. Einen tollen Job erkennt man an einem schicken Firmenwagen. Ein Urlaubsflug auf die Malediven ist das Größte. Fleisch gehört zur gesunden Ernährung dazu. Echte Männer wissen, wie man ein Nackensteak grillt.

Später prägen sich dann Dinge ein, die wir viele Male wiederholen. Bleiben wir beim Auto. Wenn wir das Autofahren erlernen, müssen wir uns zu Beginn auf viele Dinge gleichzeitig konzentrieren. Wir lernen, wann welche Pedale zu drücken sind, wann geschaltet wird, und müssen jeden einzelnen Schritt noch sehr bewusst ausführen. Das ist für uns sehr anstrengend, weil wir gleichzeitig auf den Verkehr achten müssen. Irgendwann aber wird alles zur Routine und ist im Unterbewusstsein abgelegt. Wenn dann ein Kind vors Auto springt, wird man ganz automatisch eine Vollbremsung hinlegen, ohne viel darüber nachzudenken – gesteuert aus dem Unterbewusstsein. Somit hat das Unterbewusstsein einen wichtigen Sinn und Zweck. Leider kann es uns aber auch sehr im Weg stehen, wenn wir uns verändern müssen oder wollen.

Zum einen können uns eingeprägte Verhaltensmuster, Ansichten und Glaubenssätze bei Veränderungen sehr behindern. Automatisch verfallen wir immer wieder in unsere alten Routinen, und es kostet viel Energie und Durchhaltevermögen, diese Routinen zu ändern. Dabei ist es extrem wichtig, für die Veränderung wirklich motiviert zu sein.

Gerade beim Auto ist eine rationale Diskussion häufig kaum möglich. Das merkt man, wenn man Gespräche über die Bahn oder das Lastenfahrrad anzettelt. Die meisten wissen, dass sie auf diese klimafreundlichen Verkehrsmittel umsteigen sollten. Aber trotzdem beten sie tausend Gründe herunter, warum sie auf ihr Diesel- oder Benzinauto nicht verzichten können. Deutlich einfacher ist es, die Menschen mit einem hippen Elektrosportwagen vom Weg ins Elektroautozeitalter zu überzeugen. Das passt viel besser in ihre gewohnten Routinen. Da müssen sie sich kaum verändern.

Menschen, die sich in der Klimaschutzbewegung engagieren, fällt es oft unheimlich schwer zu begreifen, dass viele für rationale Argumente nicht wirklich zugänglich sind. Sie denken, dass die Wissenschaft die Dringlichkeit der Klimakrise und die Notwendigkeit der Veränderung unmissverständlich aufgezeigt hat und dass das für alle genug Motivation sein sollte, auch sofort etwas zu ändern. Warum das nicht funktioniert, versteht man, wenn man sich die Bedeutung der alten Routinen klarmacht.

Wenn wir uns verändern möchten, hat das Unterbewusstsein die Auswahl zwischen zwei Wegen. Der eine alte Weg mit den bekannten Routinen ist eine breite asphaltierte Straße: breit, bequem, und ihn gehen viele Menschen, genau wie wir selbst. Es ist der anerkannte Weg. Darum glauben wir, dass es genau der richtige Weg ist, obwohl er hinter dem nahen Horizont direkt zu einem lebensgefährlichen Abgrund führt. Die Veränderung ist hingegen ein ganz schmaler neuer Trampelpfad durch ein dorniges Gebüsch. Wir wissen aber: Dort geht der Weg lang, der uns sicher zum Ziel führt. Man braucht eine Machete, um den Weg frei zu machen. Es ist anstrengend. Wir müssen uns konzentrieren, und wenn wir Pech haben, steht noch jemand in der Nähe, der sich fürchterlich aufregt, dass wir den neuen Weg gehen möchten. Eine Freundin sagt: »Was machst du da für einen Unsinn?« Die eigene Mutter sagt: »Wir haben doch immer schon den breiten Weg genommen, warum willst du jetzt einen neuen Weg gehen?« Ein guter Freund will wegen der Veränderung die Freundschaft aufkündigen und allein den breiten Weg weitergehen, und der eigene Vater sagt: »Der neue Weg führt nirgendwohin. Es ist gar nicht möglich, dass er zum Ziel führt.« Das Unterbewusstsein merkt die negativen Gefühle, die mit dem neuen Weg verbunden sind, es will uns schützen, lenkt uns automatisch wieder auf den breiten ausgetrampelten Weg und liefert wunderbare Ausreden und Gründe, warum der neue Weg nirgendwohin führt und warum der Abgrund für uns kein Problem sein wird. Es macht das, damit es uns wieder gut geht.

> *»Wollen wir die nötigen Veränderungen zur Bewältigung der Klimakrise durchsetzen, brauchen wir pain and pleasure: Leidensdruck und Motivation.«*

Damit wir trotzdem den kleinen Pfad der Veränderung gehen können und damit am Ende auch den Weg für andere frei machen und breittrampeln, brauchen wir zwei P, oder wenigstens eines davon muss richtig groß sein: *pain* und *pleasure*. *Pain* bedeutet, dass wir einen Schmerz oder besser Leidensdruck haben müssen. Dieser muss so groß sein, dass wir bereit sind, etwas anderes zu machen. *Pleasure* bedeutet, dass uns die Veränderung entweder großen Spaß machen muss oder zumindest zu einem sehr erfreulichen Ziel führen muss: einem Ziel, das uns richtig gute Emotionen bereitet, und zwar schon jetzt, bevor wir das Ziel erreicht haben.

Eigentlich ist der *pain* der Klimakrise bereits heute extrem groß. Die ungebremste Klimakrise droht am Ende unsere gesamte Zivilisation zu zerstören. Hungersnöte, einen Zusammenbruch der Trinkwasserversorgung in vielen Regionen, Kriege um immer knapper werdende Ressourcen und unvorstellbare Flüchtlingsströme sollten doch eigentlich Leidensdruck genug sein. Doch der gefühlte Leidensdruck ist für viele Menschen noch lange nicht groß genug. Brände in Australien, Amerika oder Brasilien sind weit weg. Selbst wenn wir Brände oder Überschwemmungen hier in Deutschland haben, sind viele von uns nicht direkt betroffen. Die Hitze im Sommer kann man auch positiv finden, endlich ein Grund für den Swimmingpool im eigenen Garten! Die richtig schlimmen, existenzbedrohenden Folgen kommen erst auf unsere Kinder und Enkel zu. Bis dahin vergeht noch viel Zeit, und so kann man sich mit dem beliebten Argument »Die werden bis dahin sicher noch eine tolle neue Technik erfinden, die dann alle rettet« prima aus der Verantwortung ziehen.

Wenn man die Menschen an ihre Verantwortung erinnert, empfinden sie das als unangenehm und reagieren häufig aggressiv. Anfang 2020 ging durch die Presse, dass bei den dramatischen Waldbränden in Australien 500 Millionen Tiere durch das Feuer gestorben seien. Volker schrieb in einem Tweet, dass die Klimakrise eine Hauptursache für die Brände und die toten Tiere ist. Da Deutschland zwei Prozent der Treibhausgase verursacht, sind wir damit für zehn Millionen tote Tiere verantwortlich. Verbrannte Koalas in Australien durch unsere Dieselautofahrten und das leckere Rindersteak auf dem Grill: Das war für viele Menschen zu viel, und er erntete einen regelrechten Shitstorm. Der Volksverpetzer (2020) hat das später noch mal genauer analysiert und kam sogar zu dem Schluss, dass die Verantwortung von Deutschland wegen historischer Emissionen und weiter gestiegener Opferzahlen noch größer ist und wir durch unseren Ausstoß an Treibhausgasen für den Tod von 30 Millionen Tieren in Australien verantwortlich sind.

Selbstverleugnung und kognitive Dissonanz

Warum reagieren die Menschen so aggressiv, und warum erntet man einen Shitstorm, wenn sie anhand von krassen Ereignissen auf die Folgen ihrer Handlungen aufmerksam gemacht werden? Eine Ursache liegt in der Abkoppelung der einzelnen Schritte. Wir schaffen es sehr gut, die Konsequenzen von unserem Handeln abzukoppeln und zu verdrängen. Das ist bequem. Wer Fleisch isst, weiß nicht oder will nicht wissen, was mit dem Schnitzel passiert ist, bevor es in die Pfanne wanderte. Es ist schlimm, wenn Tiere unwürdig gehalten werden und am Ende ein quiekendes Schwein massakriert wird. Auf dem Grillteller ist davon nichts mehr zu sehen. Das Fleisch hat nichts mehr mit einer lebenden, fühlenden und intelligenten Spezies gemein. Alle

Menschen, die auf diese Verdrängung hinweisen, werden dann zu Bösewichten. So können wir mit uns selbst im Reinen bleiben.

Dabei ist der Handlungsspielraum jeder und jedes Einzelnen enorm. Wir haben in diesem Buch gezeigt: Wenn wir alle auf Urlaubsflüge verzichten, das Auto mit Verbrennungsmotor abschaffen und uns vegan ernähren würden, würden wir einen extrem starken Rückgang der Treibhausgasemissionen erreichen. Unser Lebensstil hat einen enormen Einfluss auf die Klimakrise. Wenn man aber eine solch radikale Veränderung des Lebensstils in den verschiedensten Bereichen umsetzen will, verlangt das starke Motivation und tiefe Überzeugung

Viele haben auch vor den Veränderungen durch ambitionierten Klimaschutz Angst. So entsteht ein Gegen*pain*, der das Handeln erschwert oder ganz verhindert. Viele haben Angst, dass sie ihren Job verlieren, fürchten um ihre Freiheit, um ihre Lebensqualität oder haben einfach nur Angst vor Überforderung. Viele erkennen auch unbewusst die Widersprüche zwischen ihrem Wissen um die Klimakrise und ihrem Handeln. Die Sozialpsychologie hat auch dafür einen Begriff: kognitive Dissonanz. Unser Unterbewusstsein möchte uns schützen und die Dissonanzen beseitigen und findet dafür dann jede Menge Ausreden und Ausflüchte, die bis hin zur totalen Verleugnung zum Beispiel des vom Menschen gemachten Klimawandels gehen können.

Um das zu überwinden, müssen wir uns erst einmal weiter intensiv informieren und auf die Konsequenzen und Ursachen der Klimakrise hinweisen. Es ist enorm wichtig, mit den Zusammenhängen und Folgen des eigenen Handelns konfrontiert zu werden. Das erschwert erst einmal die Ausrede: Die anderen sind schuld. Wer zum Beispiel keinen grünen Strom bezieht und damit auch Kohlestromanbieter unterstützt, trägt Verantwortung dafür, dass Dörfer weggebaggert werden und Menschen ihre Heimat verlieren. Wer regelmäßig ein großes Schnitzel verspeist, trägt Mitverantwortung dafür, dass der Regenwald in Brasilien für den Anbau von Futtermitteln niedergebrannt wird.

Genauso wichtig ist es, den Menschen die Ängste vor der Veränderung zu nehmen. Viele Ängste werden von Menschen und Unternehmen, die keine Veränderung wollen, ganz bewusst geschürt. Kohlekonzerne warnen beispielsweise vor einem schnellen Ausbau erneuerbarer Energien, weil dann die Stromversorgung zusammenbrechen würde. Die Automobilindustrie hat jahrelang vor einer unausgereiften Technik und massiven Jobverlusten bei der schnellen Einführung der Elektromobilität gewarnt und wundert sich jetzt, dass sie beim Verkauf von Elektroautos mit ihren eigenen Argumenten zu kämpfen hat. Das Argument mit den Jobverlusten in der Automobilindustrie hält sich wacker, obwohl sich das problemlos widerlegen lässt. Auf der einen Seite werden tatsächlich weniger Arbeitskräfte zur Produktion der E-Autos gebraucht, und der regelmäßige Ölwechsel fällt auch weg. Auf der anderen Seite entstehen aber auch viele neue Jobs, beispielsweise bei der Batterieproduktion oder dem Aufbau der Ladeinfrastruktur. Betrachtet man die Energierevolution als Ganzes, werden deutlich mehr Jobs entstehen als wegfallen. Nur werden die Jobs nicht mehr die gleichen sein wie heute. Es ist Aufgabe der Politik, massive Umschulungs- und Weiterbildungsprogramme aufzulegen und dafür zu sorgen, dass die Menschen beim Jobwechsel finanziell nicht schlechtergestellt werden. Gelingt es uns, diesen Wandel auf den Weg zu bringen und gut zu kommunizieren, haben wir eine der Hauptsorgen beseitigt.

Wir werden durch den Klimaschutz auch keine echten Freiheiten einschränken müssen. Natürlich brauchen wir Regeln. Regeln, um die künftigen Generationen, also unsere Kinder, zu schützen. Im Straßenverkehr werden Regeln aber auch akzeptiert. Kein vernünftiger Mensch behauptet, dass seine Freiheit eingeschränkt ist, wenn er nicht auch bei Rot über die Ampel fahren kann, und dass man die Ampeln wieder abschaffen sollte: »Bußgelder für das Missachten roter Ampeln sind Mist. Lasst uns doch einfach eine freiwillige Selbstverpflichtung zum Halten bei roten Ampeln einführen. Am besten, wir starten damit gleich nach den großen Sommerferien, direkt nach der Einschulung.« Hier haben alle verstanden, dass wir Regeln akzeptieren müssen, um andere Menschen und uns selbst zu schützen. Wir akzeptieren das, obwohl dadurch unsere Freiheit eingeschränkt wird, frei und ungehindert durch die Gegend zu fahren. Dieses Verständnis brauchen wir auch beim Klimaschutz. Hier werden nicht willkürlich irgendwelche Regeln festgelegt, sondern wir sichern den folgenden Generationen das Überleben auf diesem Planeten und machen gleichzeitig unser Leben besser und gesünder.

> *»Niemand würde sich bei roten Ampeln über die Einschränkungen der Freiheit beschweren. Dieses Verständnis brauchen wir auch beim Klimaschutz. Hier werden nicht willkürlich irgendwelche Regeln festgelegt, sondern wir sichern den folgenden Generationen das Überleben auf diesem Planeten und machen gleichzeitig unser Leben besser und gesünder.«*

Die Energierevolution verspricht neue Freiheiten. Deutschland ist derzeit massiv vom Import fossiler Energieträger wie Erdöl und Erdgas abhängig. Was diese Abhängigkeit bedeutet, haben wir während der Ölkrisen in den 1970er- und 1980er-Jahren gesehen. Damals gab es autofreie Sonntage. Als kleine Kinder waren wir enorm beeindruckt, als wir in der Tagesschau plötzlich Radfahrer auf der Autobahn gesehen haben. Die Fahrverbote wurden aber nicht beschlossen, um das Klima zu schützen, sondern weil das importierte Erdöl schlichtweg knapp und extrem teuer war und der Zusammenbruch der Wirtschaft drohte. Wenn wir uns künftig durch heimische erneuerbare Energien versorgen, befreien wir uns von diesen Abhängigkeiten. Die eigene Solaranlage auf dem Hausdach macht uns selbst auch ein ganzes Stück unabhängiger, denn der Preis für den eigenen Solarstrom wird nicht steigen. Eine eigene Photovoltaikanlage mit einem Batteriespeicher kann uns zumindest zeitweise unabhängig von der restlichen Stromversorgung machen. Dann haben wir eine sichere Versorgung, selbst wenn das gesamte Stromnetz zusammenbricht. Das ist dann ein ganz neuer Grad der Freiheit und Unabhängigkeit.

Wichtig ist auch, den Menschen die Angst vor der Überforderung zu nehmen. Wollen wir die Klimakrise wirklich stoppen, brauchen wir große Veränderungen. Die Regierung muss die Menschen dabei ein Stück weit an die Hand nehmen, alle Hürden beseitigen und es so einfach wie möglich machen. Stattdessen macht die Regierung meist genau das Gegenteil. Warum müssen wir ein mehrseitiges Antragsformular ausfüllen, wenn wir eine Kaufprämie für ein Elektroauto haben wollen? Wir müssen dort Hürden aufstellen, wo wir etwas nicht mehr haben wollen, und nicht permanent die Veränderungen erschweren. Dieselfans sollten deshalb künftig jährlich ein zehnseitiges Formular ausfüllen müssen, warum sie immer noch ein klimaschädliches Auto brauchen. Der Kauf und Betrieb von Photovoltaikanlagen müssen genauso einfach sein wie die eines Handys. Wer aber keine Solaranlage auf seinem Dach installiert, sollte das jährlich begründen müssen, und das in einem möglichst komplizierten und unübersichtlichen Formular.

Klimaschutz als positives Lebensgefühl

Wenn es uns jetzt noch gelingt, die *pleasures*, also die Lebensfreude der Energiewende und des Klimaschutzes, zu kommunizieren, dann haben wir das Klima eigentlich schon fast gerettet. Unser Alltag ist von Lärm, Stress und Umweltgiften geprägt. Stellen wir uns einfach einmal eine Stadt vor, in der wir an der Hauptdurchgangsstraße draußen in einem Straßencafé sitzen und ohne Gestank in guter, frischer Luft ein Buch lesen können, weil viel weniger Autos unterwegs sind und die restlichen fast lautlos mit einem Elektromotor dahingleiten. Die Städte werden sauberer und leiser, was den gesamten Alltagsstress verringert, die Lebensqualität steigert und Krankheiten reduziert.

Der viel zu hohe Fleischkonsum ruiniert nicht nur das Klima, sondern sorgt auch für eine Vielzahl ernährungsbedingter Krankheiten. Steuern wir hier um, geht es nicht nur unserer Umwelt besser, wir leben auch gesünder und damit am Ende glücklicher und länger. Einige glauben, eine vegane Ernährung sei schrecklich langweilig und würde nicht wirklich schmecken. Aber der Veganismus entwickelt sich zum Glück immer mehr zum Lifestyle. Immer mehr Menschen verstehen: Gesundes Essen bedeutet heute keinen Verzicht mehr, sondern einen enormen Gewinn für die Speisekarte und den Genuss. Gutes und gesundes Essen hat auch noch weitere Vorteile. Wir können es ohne Schuldgefühle genießen, ohne im Hinterkopf zu haben, dass Tiere durch uns extrem leiden und sterben müssen und dass wir dabei auch noch die Klimakrise immer weiter anfeuern. Unseren Cholesterinspiegel und das Darmkrebsrisiko treiben wir auch nicht mehr nach oben. Damit entlasten wir auch das stark gebeutelte Gesundheitssystem, wodurch wir auch wieder neue finanzielle Freiheiten gewinnen.

Auch in anderen Bereichen können wir wieder guten Gewissens in den Spiegel schauen. Die Überseeflugreise, die Karibik-Kreuzfahrt oder der fette SUV mit Dieselmotor sind schon lange keine unbelasteten Statussymbole mehr. Das neue Pedelec, das Lastenfahrrad mit Elektromotor, oder das sportliche, schnelle und leise Elektroauto versprechen hingegen klimaverträglichen Fahrspaß. Wer im Schlafwagen mit der Bahn nach Rom, Wien oder Budapest fährt, kommt nicht nur ausgeschlafen an, sondern kann zu Hause auch noch über eine klimafreundliche Reise berichten. Dieser Wertewandel ist schon jetzt zu spüren, und es liegt auch jetzt schon an uns, wie wir reagieren, wenn uns jemand von der Flugreise oder der Kreuzfahrt vorschwärmen will.

Als mir, Cornelia, eine Freundin einmal von einer Kreuzfahrt vorschwärmte, hörte ich ihr geduldig zu, fragte sie dann aber doch, ob sie nicht einen ähnlich erholsamen Urlaub auch auf andere, klimafreundliche Weise genießen könne. Sie antwortete genervt: »Du bist nun schon die Dritte, die mich das fragt. Das war wohl meine letzte Kreuzfahrt.« Es ist nicht nur wichtig, was wir tun, sondern es hat auch Auswirkungen, wenn wir etwas nicht tun, wenn wir also weiter schweigen. Mit achtsamer Kommunikation ist es möglich, Menschen darauf hinzuweisen, dass der nächste Urlaub doch bestimmt klimafreundlicher sein wird, ohne dass es im Streit endet.

Die junge Generation von Fridays for Future hält seit 2019 der älteren Generation schonungslos den Spiegel vor. Wir haben viele Menschen in der mittleren und älteren Generation erlebt, die mit schlechtem Gewissen herumgedruckst haben, weil sie wissen, dass die junge Generation recht hat. Wer möchte schon verantwortlich für die Zerstörung der Lebensgrundlagen der eigenen Kinder und Enkelkinder sein? Gerade die mittlere und die ältere Generation haben jetzt die Chance, den entscheidenden Hebel umzulegen. Anders als die junge Generation sitzen nicht wenige von ihnen in den Unternehmen und der Politik an Schlüsselpositionen, und viele haben das Geld, die nötigen Investitionen in die Energierevolution voranzutreiben.

> *»Wir alle können etwas tun, um den nötigen Ruck für*
> *die Veränderungen zu erreichen.«*

Unabhängig von ihrem Alter können aber alle etwas tun, um den nötigen Ruck für die Veränderungen zu erzeugen. Wir müssen den Leidensdruck aufrechterhalten und alle Menschen über die dramatischen Folgen der Klimakrise aufklären. Material gibt es dazu in diesem Buch, auf unserer Website, in unserem Podcast und bei vielen anderen tollen Akteur:innen wie Scientists for Future.

Wichtig ist dabei, Menschen mit ihren Ausreden nicht abzustempeln, sondern sie mit ihren Bedürfnissen und Ängsten abzuholen und dann erst auf die Fehler in der Argumentation aufmerksam zu machen. Was noch viel wichtiger ist: Wir müssen den Menschen so oft wie möglich erzählen, wie viel besser und schöner eine Welt sein wird, in der wir die Klimakrise gestoppt und eine nachhaltige Lebensweise in der gesamten Bevölkerung etabliert haben. Rahmenbedingungen und Regeln machen Sinn, denn sie schützen uns, die Tierwelt, die Umwelt und das Klima. Außerdem ziehen wir dann alle an einem Strang, und wir haben nicht mehr das Gefühl, das eigene Handeln nützt doch nichts.

Damit sich Politikerinnen und Politiker trauen, die Rahmenbedingungen und Regeln festzulegen, brauchen wir möglichst viele Menschen, die ihre Bereitschaft für Veränderungen signalisieren. Dafür müssen wir alle so oft wie möglich positiv über Dinge reden, die wir schon verändert haben. Schwärmen wir von der Solaranlage auf dem Dach, dem schicken Elektroauto, der entspannten Zugreise im Schlafwagen, dem tollen Fahrradurlaub, dem Wechsel zu einem grünen Stromanbieter oder dem leckeren veganen Essen, das vielen Tieren unendlich viel Leid erspart hat.

Wichtig dabei ist, immer die eigenen Gefühle zu erwähnen und zu erzählen, was es Positives gebracht hat. Man muss sehen und hören, dass es uns damit wirklich gut geht. Die Menschen, denen wir von den Veränderungen erzählen, müssen richtig Lust bekommen, es uns nachzumachen. Wenn wir wollen, dass möglichst viele Menschen mitmachen, dann müssen wir gute Emotionen verbreiten. Unser neuer Weg muss *pleasure* bringen.

Wir können das Stoppen der Klimakrise auch auf Erfolg programmieren. Aus dem Hochleistungssport ist bekannt, dass Spitzensportler:innen ihre Mentalkräfte für ihren Erfolg einsetzen. Die Sportler:innen haben gelernt, die Macht ihres Unterbewusstseins positiv für sich zu nutzen. Das geht, indem man sich in entspanntem Zustand vorstellt, wie die Höchstleistung zu erreichen ist. Man spielt das alles von vorne bis hinten in Gedanken schon einmal durch, und am Ende begibt man sich in das tolle Gefühl des Sieges hinein. Das Unterbewusstsein hat den Erfolg dann schon einmal erlebt und auch gespürt, was für ein gutes Gefühl er mit sich bringt. So fällt es viel leichter, auch in der Realität zum Erfolg zu gelangen. Auch im Business wird die Methode schon lange angewendet. Stellen wir uns vor, wie es sein wird, wenn wir es schaffen, bis 2035 klimaneutral zu werden. Wie sieht dann unser Leben aus? Wo werden wir wohnen? Wie gut wird die Luft sein?

Was werden wir essen, wo werden wir arbeiten? Lassen wir unserer Fantasie freien Lauf und fühlen uns in das gute Gefühl hinein.

Ein Beispiel aus der Geschichte kann uns zeigen, wie viel Großes solche Visionen bewegen können. Der amerikanische Präsident John F. Kennedy wandte sich 1962 an die amerikanische Nation und schwärmte von dem neuen Ziel der Regierung, Menschen zum Mond zu bringen. Er beschwor die Nation, die Herausforderungen zu meistern und dieses große Ziel gemeinsam zu erreichen. Sogar die Steuern wurden dafür erhöht. Doch anstatt zu rebellieren, folgten die Amerikaner:innen begeistert seiner Vision, und nur sieben Jahre später betrat der erste Mensch den Mond. Machen Sie, liebe Leserinnen und Leser, die Energierevolution und den Klimaschutz zu ihrem *Man-to-the-moon*-Projekt.

Was gibt es Schöneres, als in einigen Jahren mit der Enkelin im Schaukelstuhl auf der Terrasse zu sitzen und zu erzählen, wie wir damals das Unmögliche geschafft haben, indem wir allen Mut zusammengenommen haben. Wir können unseren Enkel:innen erzählen, was wir dazu beigetragen haben, die Welt für sie lebenswert zu erhalten, und dass wir genau zu dem Zeitpunkt damit begonnen haben, als viele schon geglaubt haben, dass es zu spät sei. Wir können unseren Enkel:innen zeigen, dass wir alles erreichen können, wenn wir nur daran glauben und – man muss es so drastisch sagen – endlich den Arsch hochbekommen und Spaß an der Veränderung haben. Die Geschichte der Klimakatastrophe und der ungebremsten Erderhitzung ist noch nicht fertig erzählt. Wir haben es selbst in der Hand, die Klimakrise noch rechtzeitig aufzuhalten.

LITERATUR

AfD, Alternative für Deutschland (2021): *Programm zur Bundestagswahl 2021.*

Agora Verkehrswende, Agora Energiewende und Frontier Economics (2018): *Die zukünftigen Kosten strombasierter synthetischer Brennstoffe*, Berlin.

Agora Verkehrswende (2019): *Klimabilanz von Elektroautos. Einflussfaktoren und Verbesserungspotenzial*, Berlin.

ARD-Magazin Kontraste (2019): https://twitter.com/ARDKontraste/status/1178663685243490304, auf Twitter am 30.9.2019.

BASE, Bundesamt für Sicherheit der nuklearen Entsorgung (2021): *Small Modular Reactors – Was ist von den neuen Reaktorkonzepten zu erwarten?* Internet: https://www.base.bund.de/DE/themen/kt/kta-deutschland/neue_reaktoren/neue-reaktoren_node.html

BGR, Bundesanstalt für Geowissenschaften und Rohstoffe (2021): *Kernbrennstoffe.* Internet: https://www.bgr.bund.de/DE/Themen/Energie/Kernbrennstoffe/kernbrennstoffe_node.html

BMEL, Bundesministerium für Ernährung und Landwirtschaft (2021): *Ergebnisse der Waldzustandserhebung 2020*, Berlin.

Bundesverfassungsgericht (2021): *Pressemitteilung vom 29.4.2021: Verfassungsbeschwerden gegen das Klimaschutzgesetz teilweise erfolgreich*, Karlsruhe. Internet: https://www.bundesverfassungsgericht.de/SharedDocs/Pressemitteilungen/DE/2021/bvg21–031.html

Crichton, Fiona; Dodd, George; Schmid, Gian; Gamble, Greg; Petrie, Keith J. (2013): Can Expectations Produce Symptoms From Infrasound Associated With Wind Turbines? In: *Health Psychology* 33 (4), S.360–364.

Der Volksverpetzer, Philip Kreißel (2020): *Faktencheck: Hat Deutschland 10 Millionen Tiere in Australien getötet?* Internet: www.volksverpetzer.de/klima/australien-10-mio/

Deutsche WindGuard (2021): *Staus des Windenergieausbaus an Land und Offshore in Deutschland*, Varel, verschiedene Jahrgänge.

DGS, Deutsche Gesellschaft für Sonnenenergie (2021): *PV-Plug-Portal für steckbare Solargeräte*. Internet: www.pvplug.de

EUA, Europäische Umweltagentur (2020): *EUA Signale 2020 – Der Fahrplan für Null Verschmutzung in Europa*, Kopenhagen.

Europäische Kommission (2020): *EU energy statistical pocketbook and country data-sheets*. Internet: https://ec.europa.eu/energy/data-analysis/energy-statistical-pocketbook_de#eu-energy-in-figures

Europäische Union (2021): *Eurobarometer: Europäerinnen und Europäer halten den Klimawandel für das derzeit größte globale Problem*. Internet: https://ec.europa.eu/germany/news/20210705-eurobarometer-klimawandel_de

Fabeck, Wolf von (2005): *Merkels Vorurteile gegen Erneuerbare Energien*, Aachen, Solarenergie Förderverein Deutschland e. V. Internet: https://sfv.de/lokal/mails/wvf/vorurtei

Fachagentur Windenergie an Land e. V. (2019): *Rotmilan und Windenergie im Kreis Paderborn*, Berlin.

Fachagentur Windenergie an Land e. V. (2020): *Umfrage zur Akzeptanz der Windenergie an Land im Herbst 2020*, Berlin.

Fraunhofer-Institut für Solare Energiesysteme ISE (2021): *Energy Charts*. Internet: www.energy-charts.de

Gerlach, B.; Dröschmeister, R.; Langgemach, T.; Borkenhagen, K.; Busch, M.; Hauswirth, M.; Heinicke, T.; Kamp, J.; Karthäuser, J.; König, C.; Markones, N.; Prior, N.; Trautmann, S.; Wahl, J. & Sudfeldt, C. (2019): *Vögel in Deutschland – Übersichten zur Bestandssituation*, DDA, BfN, LAG VSW, Münster.

Germanwatch (2020): *Climate Change Performance Index CCPI 2021*, Berlin.

Gössing, Stefan; Humpe, Andreas (2020): The global scale, distribution and growth of aviation: Implications for Climate Change. In: *Global Environmental Change 65* (2020) 102194.

Greenpeace Energy (2020): *Blauer Wasserstoff – Perspektiven und Grenzen eines neues Technologiepfades*, Hamburg.

Hallmann, Caspar A.; Sorg, Martin; Jongejans, Eelke; Siepel, Henk; Hofland, Nick; Schwan, Heinz; Stenmans, Werner; Müller, Andreas; Sumser, Hubert; Hörren, Thomas; Goulsin, Dave; de Kroon, Hans (2016): More than 75 percent decline over 27 years in total flying insect biomass in protected areas. In: *PLoS ONE* 12 (10): e0185809. Internet: https://doi.org/10.1371/journal.pone.0185809

Heinrich-Böll-Stiftung, Bund für Umwelt und Naturschutz Deutschland und Le Monde Diplomatique (2021): *Fleischatlas 2021*, Berlin.

Hochschule für Technik und Wirtschaft Berlin (HTW Berlin); Bergner, Joseph; Siegel, Bernhard; Quaschning, Volker (2019): *Das Berliner Solarpotenzial*, Berlin.

Holzheu, Stefan (2020): *Falsche Schalldruckpegel der BGR*, Bayreuther Zentrum für Ökologie und Umweltforschung. Internet: http://www.bayceer.uni-bayreuth. de/infraschall/

IEA, International Energy Agency (2020): *Key World Energy Statistics*, Brüssel.

IPCC, Intergovernmental Panel on Climate Change (2013): Summary for Policymakers. In: *Climate Change 2013: The Physical Science Basis. Contribution of Working Group I to the Fifth Assessment Report of the IPCC*, Cambridge University Press, Cambridge.

IPCC, Intergovernmental Panel on Climate Change (2018): *Global Warming of 1.5 – Summary for Policymakers*, Genf.

IRENA, International Renewable Energy Agency (2020): *Renewable Energy and Jobs*. Masdar City.

Janich, Nina (2019): *Pressemitteilung: Wahl des 29. »Unworts des Jahres« vom 13.1.2020*, Darmstadt.

Kearney (2019): *Im Oktober 2019 haben wir 1000 Deutsche zu persönlichen Maßnahmen beim Klimaschutz befragt*. Internet: www.de.kearney.com

LUBW, Landesanstalt für Umwelt Baden-Württemberg (2020): *Tieffrequente Geräusche inkl. Infraschall von Windkraftanlagen und anderen Quellen*, Karlsruhe.

Marcott, Shaun A.; Shakun, Jeremy D.; Clark, Peter U.; Mix, Alan C. (2013): A Reconstruction of Regional and Global Temperature for the Past 11,300 Years. In: *Science* 339, 1198 (2013), DOI: 10.1126/science.122802

Mora, C.; Dousset, B.; Caldwell, I. et al. (2017): Global risk of deadly heat. In: *Nature Climate Change* 7, S. 501–506. Internet: https://doi.org/10.1038/nclimate3322

NASA (2021): *Global Climate Change – Global Temperature*. Internet: https://climate. nasa.gov

Otto, Friederike (2016): Attribution of Weather and Climate Events. In: *Annual Review of Environment and Resources* 42, S. 627–646.

Quaschning, Volker (2021): *Erneuerbare Energien und Klimaschutz*, 6. Auflage, Hanser, München.

Quaschning, Volker (2021b): *Regenerative Energiesysteme*, 11. Auflage, Hanser, München.

Rahmstorf, Stefan (2019): *Können Bäume das Klima retten*, SciLogs KlimaLounge. Internet: https://scilogs.spektrum.de/klimalounge/koennen-baeume-das-klima-retten/

SAPEA, Science Advice for Policy by European Academies (2018): *Novel Carbon Capture and Utilisation Technologies: Research and Climate Aspects*, Berlin.

Shakun, Jeremy D.; Clark, Peter U.; He, Feng; Marcott, Shaun A.; Mix, Alan C.; Liu, Zhengyu; Otto-Bliesner, Bette; Schmittner, Andreas; Bard, Edouard (2012): Global

Warming Preceded by Increasing Carbon Dioxide Concentrations During the Last Deglaciation, In: *Nature* 484, S. 49–55.

SRU, Sachverständigenrat für Umweltfragen (2020): *Umweltgutachten 2020, Pariser Klimaziele erreichen mit dem CO₂-Budget*, Berlin.

Statista (2014): *Typische Lebensdauer von Autos in Deutschland nach Automarken*. Internet: https://de.statista.com/statistik/daten/studie/316498/umfrage/lebens-dauer-von-autos-deutschland/

Statistisches Bundesamt (2020): *Sterbefallzahlen im August 2020: 6% über dem Durchschnitt der Vorjahre, Pressemitteilung Nr. 399 vom 9. Oktober 2020*, Wiesbaden.

Sterchele, Philip; Brandes, Julian; Heilig, Judith; Wrede, Daniel; Kost, Christoph; Schlegl, Thomas; Bett, Andreas; Henning, Hans-Martin (2020): *Wege zu einem klimaneutralen Energiesystem*, Freiburg, Fraunhofer-Institut für Solare Energiesysteme ISE.

Umweltbundesamt (2012): *Klimawirksamkeit des Flugverkehrs*, Dessau.

Umweltbundesamt (2016): *Hintergrund Wärmedämmung*, Dessau.

Umweltbundesamt (2019): *Geplante Abstandsregeln für Windkraftanlagen gefährden Klimaschutzziele*. Internet: https://www.umweltbundesamt.de/themen/geplante-abstandsregeln-fuer-windraeder-gefaehrden

Umweltbundesamt (2020): *Methodenkonvention 3.1 zur Ermittlung von Umweltkosten – Kostensätze*, Dessau.

Umweltbundesamt (2020b): Pressemitteilung 9/2020: *Tempolimit auf Autobahnen mindert CO₂-Emissionen deutlich*. Internet: https://www.umweltbundesamt.de/presse/pressemitteilungen/tempolimit-auf-autobahnen-mindert-co2-emissionen

Umweltbundesamt (2021): *Treibhausgasemissionen in Deutschland*. Internet: https://www.umweltbundesamt.de/daten/klima/treibhausgas-emissionen-in-deutschland#emissionsentwicklung

Umweltbundesamt (2021b): *CO₂-Rechner des Umweltbundesamtes*. Internet: https://uba.co2-rechner.de/de_DE/

Umweltbundesamt (2021c): *Beitrag der Landwirtschaft zu den Treibhausgas-Emissionen*. Internet: https://www.umweltbundesamt.de/daten/land-forstwirtschaft/beitrag-der-landwirtschaft-zu-den-treibhausgas

Umweltbundesamt (2021d): *Emissionsquellen*. Internet: https://www.umweltbundesamt.de/themen/klima-energie/treibhausgas-emissionen/emissionsquellen#energie-stationar

UNFCCC, United Nations Framework Convention on Climate Change (2015): *The Paris Agreement*, Paris.

Wirth; Harry (2021): *Aktuelle Fakten zur Photovoltaik*, Freiburg, Fraunhofer-Institut für Solare Energiesysteme ISE.

Wolbart, Nadine (2019): *Treibhausgasemissionen österreichischer Ernährungsweisen im Vergleich. Reduktionspotentiale vegetarischer Optionen*, Social Ecology Working Paper 176, Wien, Institute of Social Ecology.

WWF, World Wide Fund For Nature (2021): *Europa: Vizeweltmeister der Waldzerstörung*. Internet: https://www.wwf.de/themen-projekte/waelder/waldvernichtung/europa-vizeweltmeister-der-waldzerstoerung

Volker Quaschning bei Hanser

Regenerative Energiesysteme

Technologie – Berechnung – Klimaschutz

2021, 11., aktualisierte Auflage, 472 S.

gebunden, auch als E-Book erhältlich

Dieses Standardwerk behandelt die volle Bandbreite der regenerativen Energiesysteme – von Solarthermie und Photovoltaik über Wind- und Wasserkraft bis hin zu Geothermie und Nutzung der Biomasse. Es richtet sich an Studierende der Elektro-, Energie- und Umwelttechnik sowie Ingenieure in Forschung und Industrie.

Das Buch geht auf Entwicklungen wie die Power-to-Gas-Technologie sowie nötige Technologiepfade für eine erfolgreiche vollständige Energiewende ein. Berücksichtigt werden auch aktuelle Entwicklungen bei Batteriespeichern in der Photovoltaik sowie bei Speicherformen in Wasserkraftwerken. Zu den überarbeiteten Themen in dieser Auflage zählen der aktuelle Stand der Energiewende in Deutschland, die Erfordernisse zur Einhaltung des Pariser Klimaschutzabkommens sowie die Einsatzmöglichkeiten und Grenzen des Wasserstoffimports. Zahlreiche Berechnungsbeispiele und Grafiken veranschaulichen die verschiedenen Technologien und Berechnungsverfahren.

www.volker-quaschning.de bietet eines der größten unabhängigen Informationsangebote zu regenerativen Energien und Klimaschutz. In einem exklusiven Zugangsbereich für Buchkäufer werden eine umfangreiche Auswahl an Links zu Simulationsprogrammen für regenerative Energiesysteme, sämtliche Abbildungen aus dem Buch sowie zusätzliche Inhalte bereitgestellt.

Volker Quaschning bei Hanser

Erneuerbare Energien und Klimaschutz
Hintergründe – Techniken und Planung –
Ökonomie und Ökologie – Energiewende

2021, 6., aktualisierte Auflage, 420 S.
gebunden, auch als E-Book erhältlich

Um die Klimakrise nicht außer Kontrolle geraten zu lassen, muss unsere Energieversorgung in den nächsten 20 Jahren vollständig auf regenerative Energien umgestellt werden. Doch wie kann das gelingen? Auf solche und andere Fragen rund um erneuerbare Energien und Klimaschutz geht dieses anschaulich aufbereitete Buch ein. Es setzt keine Fachkenntnisse voraus und richtet sich an alle, die sich für das Thema interessieren.

Das Buch behandelt die gesamte Bandbreite der erneuerbaren Energien, angefangen bei der Solarenergie über die Wind- und Wasserkraft bis hin zur Nutzung von Erdwärme und Biomasse. Neben allgemein verständlichen Beschreibungen der jeweiligen Technik, des Entwicklungsstandes und künftiger Potenziale enthält es konkrete Anleitungen zur Planung und Umsetzung eigener regenerativer Anlagen. Hinweise auf Vorschriften und Fördermöglichkeiten geben zusätzliche Hilfestellungen. Darüber hinaus erläutert das Buch die Umweltverträglichkeit sowie das Zusammenspiel der verschiedenen Technologien und deren Wirtschaftlichkeit. Es liefert interessante Hintergrundinformationen und zeigt anhand von bereits realisierten Beispielen eindrucksvoll, dass eine komfortable Energieversorgung ganz ohne schädliche Klimaeinflüsse möglich ist. Damit leistet dieses Buch einen wichtigen Beitrag zur Klimadebatte.

Die 6. Auflage berücksichtigt die neuesten technologischen Trends (insbesondere im Bereich Wasserstofftechnik), geht auf die aktuellen Entwicklungen in der internationalen Klimapolitik ein und analysiert die Probleme der deutschen Energiewende.